U0896449

生命的进化

——动物遗传育种及转基因技术研究

杨又兵 著

煤炭工业出版社
·北 京·

图书在版编目(CIP)数据

生命的进化：动物遗传育种及转基因技术研究/杨又兵著.--北京:煤炭工业出版社,2017
ISBN 978-7-5020-6357-3

Ⅰ.①生… Ⅱ.①杨… Ⅲ.①动物—遗传育种—研究②动物—转基因技术—研究 Ⅳ.①Q953 ②Q785

中国版本图书馆 CIP 数据核字(2017)第 325276 号

生命的进化

——动物遗传育种及转基因技术研究

著　　者　杨又兵
责任编辑　马明仁
封面设计　崔　蕾

出版发行　煤炭工业出版社(北京市朝阳区芍药居 35 号　100029)
电　　话　010—84657898(总编室)
010—64018321(发行部)　010—84657880(读者服务部)
电子邮箱　cciph612@126.com
网　　址　www.cciph.com.cn
印　　刷　三河市铭浩彩色印装有限公司
经　　销　全国新华书店

开　　本　710mm×1000mm 1/16　**印张**　19.25　**字数**　249 千字
版　　次　2018 年 5 月第 1 版　2024 年 9 月第 2 次印刷
社内编号　9273　**定价**　67.00 元

前言

自20世纪80年代以来，随着分子遗传学、现代生物技术和生物信息学的迅速发展，动物的育种技术取得了长足的进展，一门以遗传学为理论指导的新型学科——动物遗传育种学正在悄然兴起，并展现出强大的生命力与应用前景。同时，转基因技术在动物中的应用不但可提高动物的生产效率；而且可开发和延伸动物用途的新领域及方向。目前，动物遗传育种已在动物起源分化、杂种优势分析、标记辅助选择、基因（QTL）定位、转基因动物生产和遗传资源保护等领域展现出日益广阔的应用前景。因此，动物遗传育种已成为该领域的研究热点和发展前沿。

动物遗传育种是直接在DNA水平上对动物个体进行选择改良、品种遗传资源保护和杂种优势利用等的一种新型育种技术，其目的不仅仅是改良家畜、家禽的重要生产性状，也将创造一些非常规性的经济性状。与传统的动物育种方法相比，其选种的准确性大大提高，且能够克服传统选择方法的效率低、遗传进展缓慢的不足，在育种过程中具有快速、高效的特点。

为了使动物遗传育种技术在育种实践中得以更好地应用，作者结合多年来在该领域科学研究的工作积累与研究成果，以目前能查阅到的相关文献资料为基础，撰写了本书，旨在介绍动物分子育种研究的现状和发展趋势，力图全面反映国内外近年来在该领域取得的令人振奋的新成就。在撰写时，作者力求以动物育种环节为主线，以理论知识够用、实践技能过硬为原则，以职业性内容为主，以学术性内容为辅，充分体现了实用性、针对性、新颖性和操作性。书中融入本学科发展的最新技术，如转基因技术、动物育种软件应用和动物克隆技术的内容。期望这些内容和书中论述的观点能对动物分子育种学的发展起到积极的推动作用。

全书共分为八章。第一章为动物遗传育种基础,第二章为性状的变异,第三章为质量性状和数量性状的遗传,第四章为种畜选择与选配,第五章为品种与品系的培育,第六章为育种技术,第七章为动物转基因技术,第八章为动物克隆技术。

在撰写过程中,作者参考了大量的书籍、专著和文献,引用了一些图表和数据等资料,在此向这些专家、编辑及文献原作者一并表示衷心的感谢。由于作者水平所限以及时间仓促,书中难免存在一些不足和疏漏之处,敬请广大读者和专家给予批评指正。

作 者

2017 年 9 月

目　　录

第一章　动物遗传育种基础 …………………………………… 1
第一节　对动物遗传育种的基本认识 ………………………… 1
第二节　动物遗传育种对发展畜牧业的意义 ……………… 3
第三节　遗传的物质基础 ……………………………………… 4
第四节　遗传的基本规律 …………………………………… 36
第五节　家猪染色体核型分析 ……………………………… 50
第六节　鸡伴性性状观察与遗传分析 ……………………… 53

第二章　性状的变异 …………………………………………… 56
第一节　变异及变异的普遍性 ……………………………… 56
第二节　基因突变和染色体变异 …………………………… 59
第三节　基因突变和染色体变异在育种中的应用 ……… 84

第三章　质量性状和数量性状的遗传 ………………………… 88
第一节　质量性状及遗传特点 ……………………………… 88
第二节　常见家畜的质量性状 ……………………………… 89
第三节　数量性状及其遗传特征 …………………………… 92
第四节　常见家畜数量性状的遗传参数 …………………… 98
第五节　CAPN1 基因和 CASP9 基因 mRNA 表达与肌纤维性状相关性分析 …………………………… 108
第六节　两个黄河鲤鱼群体肌纤维特性及肌肉营养成分分析 ……………………………………………… 114
第七节　两个黄河鲤鱼群体遗传多样性的微卫星标记分析 ………………………………………………… 125

第四章 种畜选择与选配 …… 136
第一节 种畜的鉴定 …… 136
第二节 种畜选择的原理与方法 …… 146
第三节 常用育种软件应用 …… 156
第四节 选配及选配方法 …… 159
第五节 近交程度分析 …… 164
第六节 选配计划的制订 …… 170

第五章 品种与品系的培育 …… 175
第一节 品种与品种资源 …… 175
第二节 某地方优良品种保种方案的设计 …… 188
第三节 本品种选育 …… 191
第四节 地方品种和引入品种的选育 …… 193
第五节 品系培育 …… 199
第六节 专门化品系的培育 …… 203

第六章 育种技术 …… 207
第一节 杂交育种 …… 207
第二节 动物分子标记辅助育种 …… 212
第三节 基因芯片育种技术 …… 220
第四节 杂种优势的表现规律及其在商品畜禽生产中的利用 …… 223
第五节 豫西黑猪 8 个微卫星基因座的多态性分析 …… 239

第七章 动物转基因技术 …… 242
第一节 认识转基因 …… 242
第二节 全球转基因动物及其产品研发情况 …… 244
第三节 动物转基因技术 …… 249
第四节 提高转基因效率的策略 …… 254
第五节 动物转基因技术成功应用的案例 …… 256

第六节 转基因动物及其产品在安全性方面存在的问题 …… 261

第八章 动物克隆技术 …… 265

第一节 我们身边的克隆现象之人类身体中的克隆——干细胞 …… 265

第二节 动物转基因技术和克隆技术的比较 …… 275

第三节 动物克隆技术的操作程序 …… 276

第四节 利用克隆技术制备优秀种畜和转基因家畜 … 286

第五节 动物克隆存在的问题 …… 288

参考文献 …… 292

第一章　动物遗传育种基础

20 世纪动物生产取得了巨大成就，其中，动物遗传育种学理论的发展及其应用发挥了重要作用。可以预言，在 21 世纪，生物技术和计算机技术等高新技术将对动物遗传育种产生划时代的影响，动物遗传育种的理论和实践将会有更大的突破和发展，使动物生产模式发生根本性的转变。

第一节　对动物遗传育种的基本认识

一、动物遗传育种的研究内容和任务

动物遗传育种学是动物科学的一门重要分支。动物遗传学是研究动物遗传物质、遗传规律和遗传变异机理的科学，是动物育种学最主要的理论基础。

动物遗传学的原理用于育种主要有两大任务：一是基于对遗传性状的预测，选择最理想的种畜；二是通过育种规划和交配系统生产基因型最好的商品动物。动物育种学是人类应用遗传学理论指导动物育种实践的科学知识体系，通过人为控制动物个体的繁殖机会，利用适当的育种方法，尽可能"优化"地开发和利用动物遗传变异的一系列理论和方法。

二、对动物遗传育种技术的展望

当今世界正在兴起一场广泛而深刻的新技术革命浪潮。全

球动物育种正朝着高产、优质与高效相结合的方向发展。21世纪将是遗传育种技术应用与发展的时代,动物育种面临着飞速发展的大好机遇,同时也面临着新技术革命的严峻挑战。

1. 加快畜禽品种优良化

畜牧生产现代化首先必须是畜禽品种优良化。在畜牧生产中,畜产品的数量、质量和经济效益3个指标与畜禽品种有着密切的关系。动物遗传育种所提供的优良种畜、种禽,对畜牧生产的影响是长期和深远的。例如,一头优秀种公牛,通过人工授精,可以产生成千上万头高产后代。一头本地黄牛年产乳量400kg左右,经过选育的荷斯坦奶牛群体平均产乳量可以达到10000kg以上,最高产的母牛在365d中,每天两次挤奶,可产奶25248kg。如果没有人工选择和培育,自然界中是不会产生这种高产奶牛的。

2. 基因组学将大显身手

基因组学是研究基因组的组成结构与功能的学科,其核心是把基因组当作一个完整的整体和灵巧的系统,而不是由核苷酸、蛋白质简单堆积起来的产物。基因组是生物遗传、生长和发育的基础,与动物育种关系十分密切。目前,国际上研究猪、牛、羊、鸡的基因组学发展迅速,例如,由猪基因组数据库收集的猪基因及DNA标记已达2000多个。基因组学在动物育种学中的运用将体现在分子标记辅助选择、动物品种资源保护和转基因工程等方面。

3. 克隆动物大量问世

克隆动物一旦和动物育种结合,将会真正地造福于人类。高产优质的克隆动物不仅可以为人们提供乳、肉、蛋等生活资料,还可以为人类提供保健蛋白,并对人类器官移植作出重大贡献。

4. 动物育种信息化、智能化

计算机的应用和不断发展促进了动物育种信息化程度的提

升。21世纪将是电脑大规模用于动物育种的时代，神经元电脑、生物电脑、超导电脑等新型电脑，将开拓动物育种信息的辉煌未来。育种舍将采用电脑管理温度、湿度、气味、光照、消毒、饲料，封闭育种舍将通过计算机视觉识别动物个体的体型外貌，再将图像进行信息处理，既可大大提高育种效率，又可避免动物的应激。特别是智能机器人也将应用于现代动物育种，使动物育种朝着信息化、智能化的方向快速发展。

第二节　动物遗传育种对发展畜牧业的意义

动物遗传育种是指导畜牧业发展的主要理论基础之一，目的在于提高畜禽产品的数量和质量，不断增加畜牧业生产的经济效益。提高畜禽产品的产量、改善其品质特性，最直接的手段是选育品种。动物育种工作包括选育提高现有畜禽品种、培育高产优质新品种以及利用杂种优势等几个方面。畜禽品种在畜牧业生产中具有极其重要的意义。

一、通过品种选育提高畜禽生产力

品种选育可提高畜禽群体内的良种覆盖率，使群体不断得到改良，以保证畜禽生产力的提高。种畜是畜牧业的生产资料，没有良种则不可能大幅度地增加畜产品的数量和改善其质量。有资料表明，遗传育种对动物生产总的贡献率可超过40%。所以，在畜群中不断选择优良畜禽作为种用和淘汰品质低劣的畜禽，就有可能将畜禽群体质量逐步提高。

二、通过育种可以改变畜禽的生产方向

由于各地自然条件和育种工作不同，所形成的畜禽和它们的

产品类型有很大的差别。例如,原始粗毛羊、役用牛、小型土种猪等,随着社会经济的发展,通过先进的育种技术,可以改变其生产方向,即将粗毛羊改变为细毛羊,役用牛改变为奶用牛或肉用牛,小型土种猪改变为瘦肉型猪,从而使生产的畜禽产品更符合人们的需要。

三、通过杂交育种可培育新品种和品系

为了满足市场需求的高质量畜产品,开展杂交育种,可以提高畜禽的品种数量,这对畜牧业生产的发展有着重要意义。北京黑猪、新淮猪、黑白花奶牛和草原红牛的培育都是具体例证。

四、通过育种可实现杂种优势

通过育种可以培育杂交配套系或筛选“优化”杂交组合,充分利用杂种优势,为工厂化畜牧业生产提供高产、低耗的畜禽商品。在工厂化畜牧业中,特别是工厂化养猪、养鸡企业,对畜禽的个体大小及生长快慢均有一定的规格与要求,通过适当的育种工作,可以满足这些要求,以适应“全进全出”的生产流程,从而便于科学的经营管理,提高生产效率和经济效益。

第三节 遗传的物质基础

一、遗传物质的分子基础

(一)遗传物质——核酸

1. 细菌的转化

1928年,英国人Frederick Griffith的肺炎链球菌(*Streptococus pneumoniae*)转化实验导致了遗传物质的发现。肺炎链球菌

有两种类型，一种是光滑型（S型），在培养基上形成光滑菌落，其细胞壁的外面有一层多糖荚膜，具有毒性，感染小鼠会导致小鼠患败血症而死亡，但经热处理被杀死后便丧失感染能力。另一种为粗糙型（R型），在培养基上形成粗糙型菌落，无荚膜和毒性，感染小鼠不会令小鼠死亡。S型和R型还可按血清免疫反应不同，分成许多抗原型，如ⅠS、ⅡS、ⅢS、ⅠR、ⅡR等。

Griffith将加热杀死的ⅢS型细菌和活ⅡR型细菌混合后感染小鼠，产生了一个出人意料的结果：小鼠发病死亡，并在其心血中检出有活的ⅢS型细菌。Griffith反复分析认为一定有一种什么物质，能够从死的ⅢS型细菌中进入活的ⅡR型细菌中，改变了活的ⅡR型细菌的遗传性状，把它变成了有毒细菌（图1-1）。这

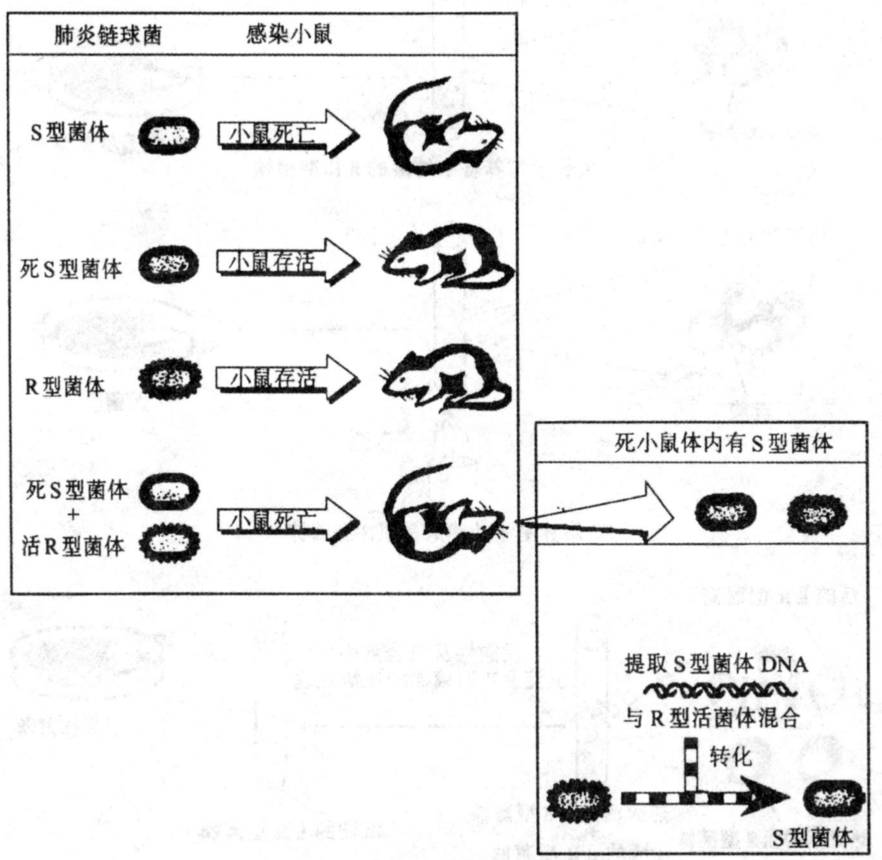

图1-1　肺炎链球菌转化实验

种能转移的物质,Griffith 把它叫作转化因子(transforming principle)。那么究竟是什么物质使 S 型细菌发生了转化呢? Griffith 当时并不知道死亡 S 型细菌中与转化有关的物质是 DNA,而是认为“死细菌可能提供了某些特异性的蛋白质原料,使 R 型细胞能制造荚膜”。

1931 年,Richard Sia 和 Martin Dawson 在体外重复了 Griffith 的实验:将有荚膜的ⅢS 型细菌灭活后与有活性的ⅡR 型细菌在培养液中共同培养,收集ⅡR 型细菌,然后在培养板上培养,结果长出光滑、明亮的ⅢS 型菌落。这个实验证明在细菌转化过程中小鼠并无作用(图 1-2)。

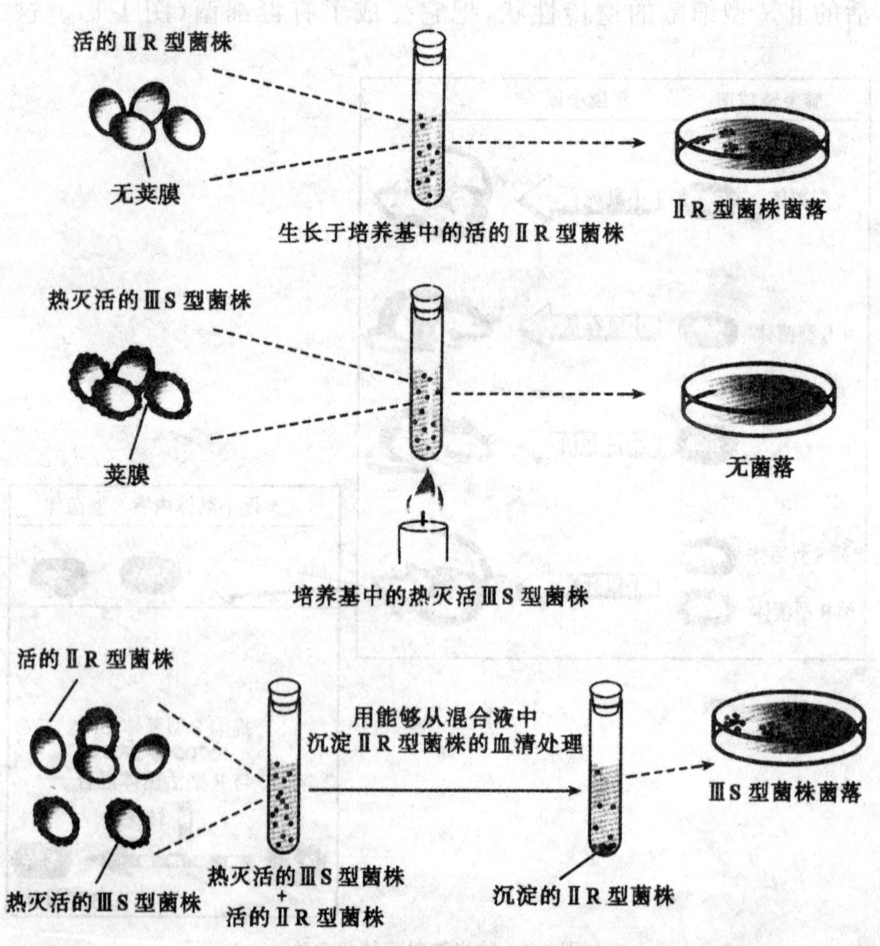

图 1-2 肺炎球菌的体外转化实验

1944 年，Oswald Avery、Colin MacLeod 和 Maclyn McCarty 通过实验证实，肺炎球菌中的“转化因子”就是 DNA（图 1-3）。首先，他们对用有机溶剂去除ⅢS 型菌株抽提物中的蛋白质后，发现剩余部分仍能转化；紧接着分别用胰蛋白酶和胰凝乳蛋白酶对抽提物中各种蛋白质和酶进行破坏、用 RNA 酶降解 RNA 后对转化都没有影响，说明蛋白质和 RNA 均不是转化中被转移物质；然而，当用 DNA 酶处理破坏 DNA 后，致病性（ⅢS 型）菌株的抽提物失去对非致病性（ⅡR 型）菌株的转化能力。这说明被转移物质的本质是 DNA。

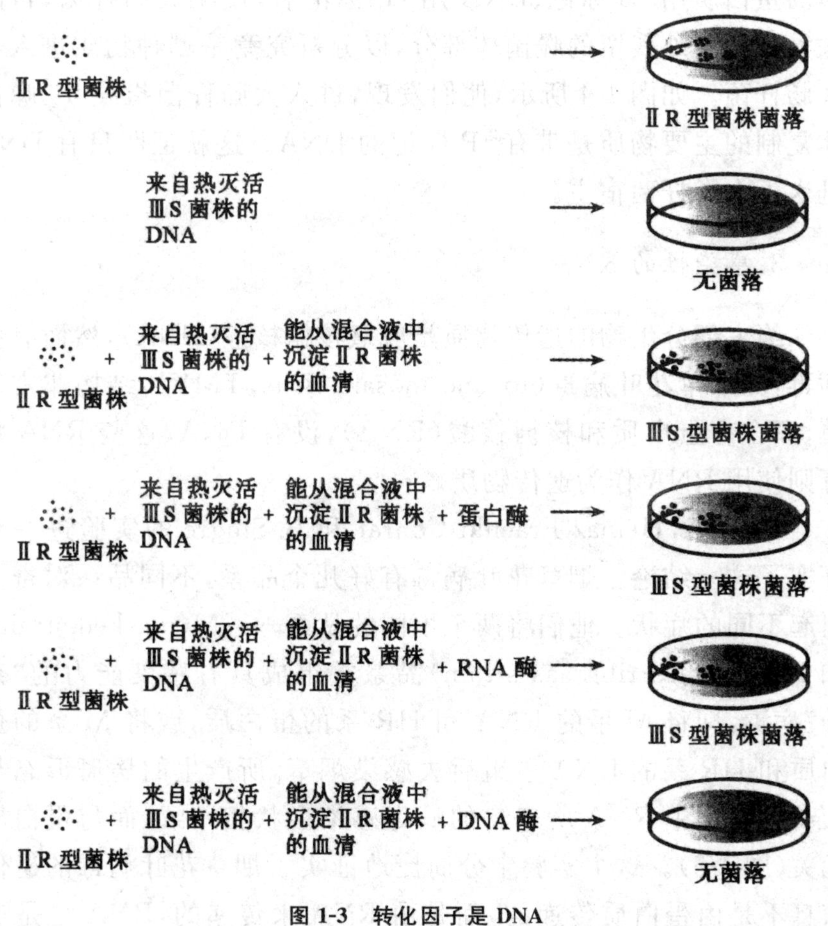

图 1-3 转化因子是 DNA

2. 噬菌体的侵染

尽管 Avery 等人的肺炎链球菌体外转化实验非常精确和严密,但当时仍有很多科学家不相信 DNA 是遗传物质,直到 1952 年 A. D. Hershey 和 Martha Chase 完成了 T_2 噬菌体感染大肠杆菌的实验进一步确证了遗传物质就是 DNA 的结论。T_2 噬菌体是一种结构简单的细菌病毒,只由蛋白质和 DNA 构成。噬菌体复制时,遗传物质进入大肠杆菌宿主,指导新噬菌体的合成。那么,遗传物质是蛋白质还是 DNA? Hershey 和 Chase 将 T_2 噬菌体的蛋白质用 ^{35}S 标记、DNA 用 ^{32}P 标记后,侵染大肠杆菌,再除去大肠杆菌外残留的噬菌体部分,以分析究竟是哪种物质进入了大肠杆菌。如图 1-4 所示,他们发现,进入大肠杆菌指导 T_2 噬菌体复制的主要物质是带有 ^{32}P 标记的 DNA。这就证明只有 DNA 进入了大肠杆菌宿主。

3. 感染性的 RNA

绝大部分生物的遗传物质是脱氧核糖核酸(DNA),然而有些病毒,如烟草花叶病毒(tobauo mosaic virus, TMV),结构非常简单,只含有蛋白质和核糖核酸(RNA),没有 DNA,这些 RNA 病毒则使用 RNA 作为遗传物质。

1957 年,Heinaz Fraenki Conrat 和 B. Singre 的实验进一步证实了这一结论。烟草花叶病毒有好几个品系,不同品系对寄主引起不同的症状。他们将两个不同的品系——M(masked strain)和 HR(holmes ribgrass strain)品系重组成具有感染能力的"杂种"病毒,即将 M 系的 RNA 和 HR 系的蛋白质,或将 M 系的蛋白质和 HR 系的 RNA 重组后去感染烟草,所产生的病斑形态与"杂种"病毒中 RNA 所来自的病毒感染症状相一致,而与蛋白质无关(图 1-5)。这个实验十分简捷地证实了烟草花叶病毒的遗传信息不是由蛋白质传递的,而是由 RNA 来传递的,RNA 也是遗传物质。

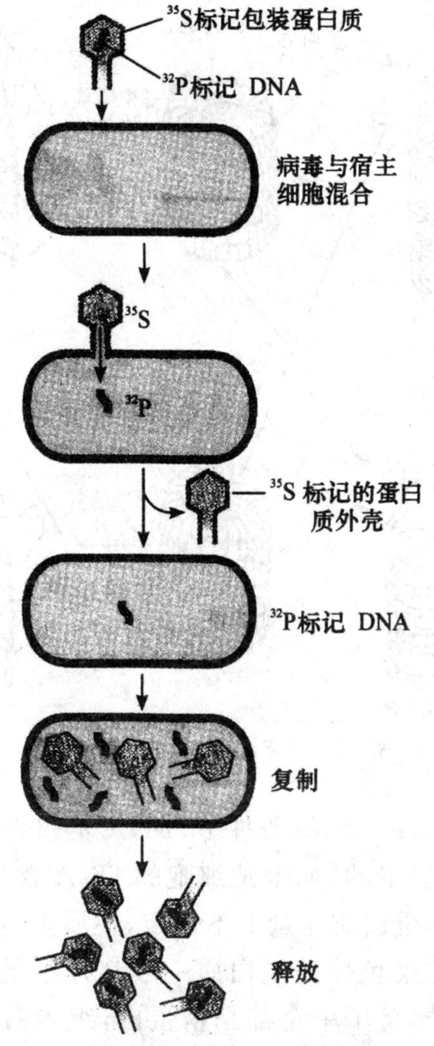

图 1-4　Hershey 和 Chase 的噬菌体感染实验

4. DNA 是主要遗传物质的间接证据

(1)大部分 DNA 存在于染色体上，而 RNA 和蛋白质在细胞质内也很多。从噬菌体、病毒、细菌到动植物的染色体中都含有 DNA。而蛋白质则不同，噬菌体、病毒的蛋白质不是存在于染色体上，而是存在于外壳上；细菌的染色体上也没有蛋白质；只有真核生物的染色体，核蛋白质才是其组成成分。

(2)DNA 在细胞中含量稳定。一种生物不同组织的细胞不

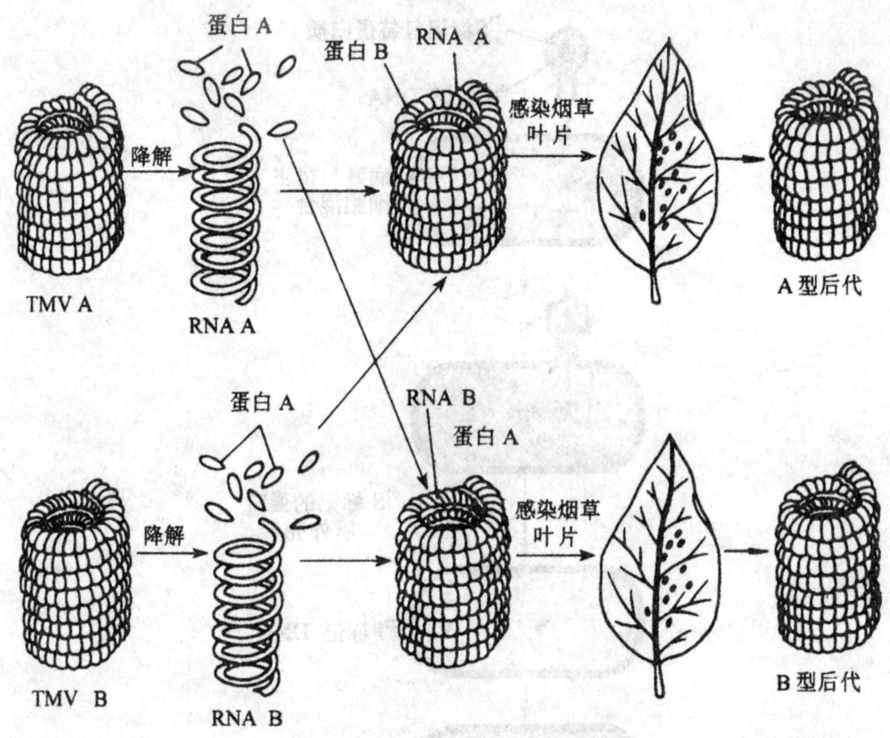

图 1-5 烟草花叶病毒的感染实验

论其大小和功能,在一定的条件下,DNA 不仅在量上是恒定的,而且在质上也是恒定的,如生殖细胞的 DNA 含量正好是体细胞的一半。相反地,蛋白质在量上不恒定,在质上也不恒定,如在某些鱼类中,体细胞染色体的蛋白质一般都是组蛋白,且含有少量的 RNA;但在成熟精子中全都是精蛋白,组蛋白完全消失了,同时也检测不到 RNA 的含量。

(3)DNA 在代谢上也是比较稳定的。利用具有放射性的元素进行标记,知道一种元素的原子一旦成为 DNA 分子的组成成分,在细胞的正常生长中,它是稳定在 DNA 中,而细胞内的其他分子则常常是形成迅速,分解也迅速。

(4)DNA 能准确地自我复制。在生物体生命活动新陈代谢过程中,细胞内的物质不断地进行分解和合成。但其中的糖、脂和蛋白质等物质不能产生与自己类似的物质,它们只能由别的物质来合成。唯独 DNA 分子,包括染色体上的 DNA 和细胞质里的 DNA 分子，能够利用周围的物质由一个分子变为两个分子，即能自我复制。这个独特的特性使 DNA 能够成为遗传物质，担负起生命延续的任务。

（二）核酸的结构

1. DNA 和 RNA 的化学组成

核酸是一种高分子化合物，是由许多单核苷酸（nucleotide）聚合而成的多核苷酸（polynucleotide）链，基本结构单元是核苷酸。核苷酸由碱基、戊糖和磷酸三部分构成。DNA 中的戊糖为 D-2-脱氧核糖（deoxyribose），RNA 中所含的戊糖为 D-核糖（ribose），两者的差异在于戊糖第二个碳原子上的基团，前者是氢原子，后者是羟基（图 1-6）。DNA 中含有 4 种碱基，即腺嘌呤（adenine，A）、鸟嘌呤（guanine，G），胞嘧啶（cyanine，C）和胸腺嘧啶（thymine，T）。RNA 分子中的 4 种主要碱基，即 A、G、C 和尿嘧啶（uracil，U）（图 1-7、图 1-8）。

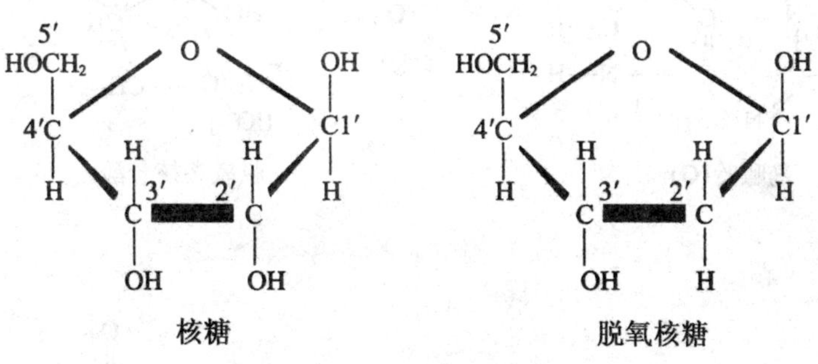

图 1-6 两种核糖的结构

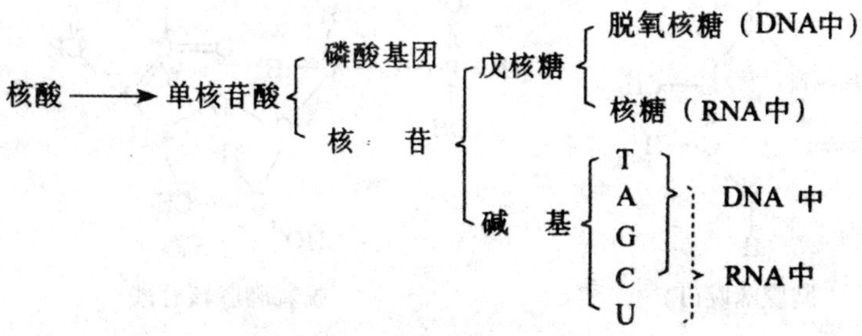

图 1-7 核糖的化学组成

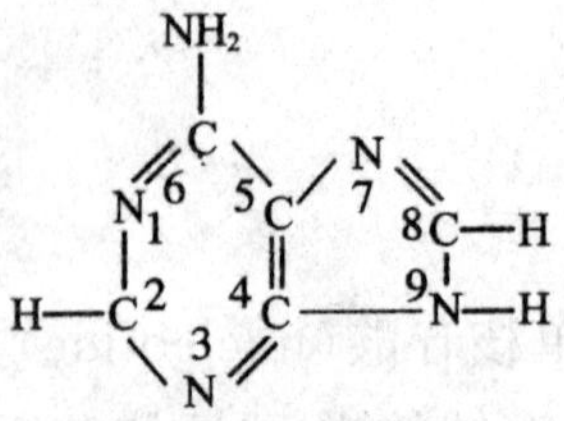

腺嘌呤(A)

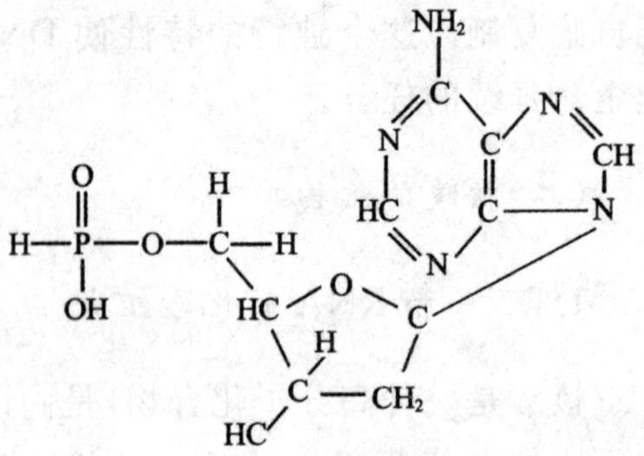

脱氧腺核苷酸

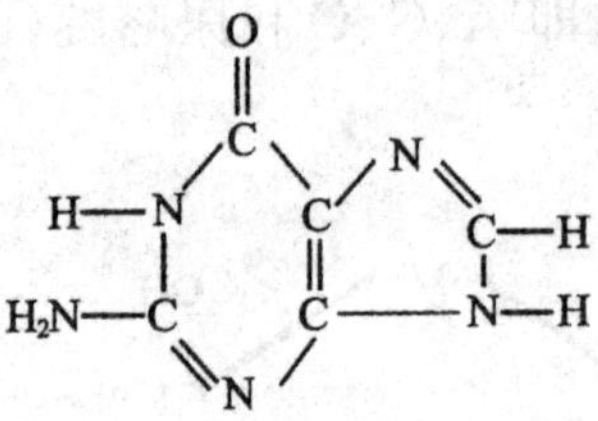

鸟嘌呤(G)

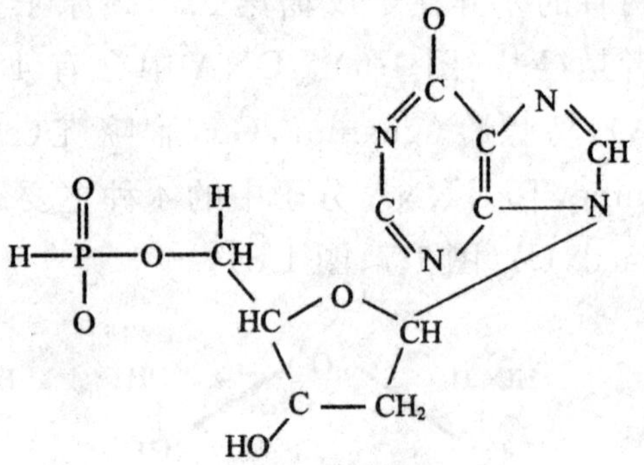

脱氧鸟核苷酸

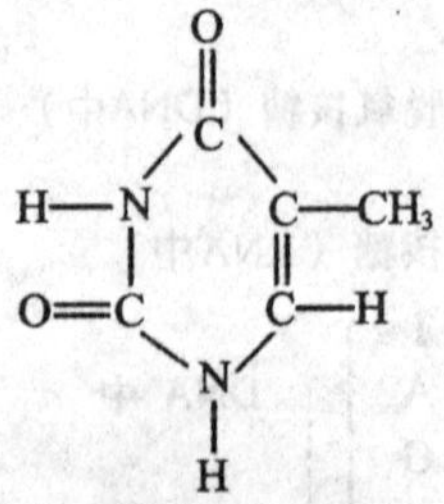

胸腺嘧啶(T)

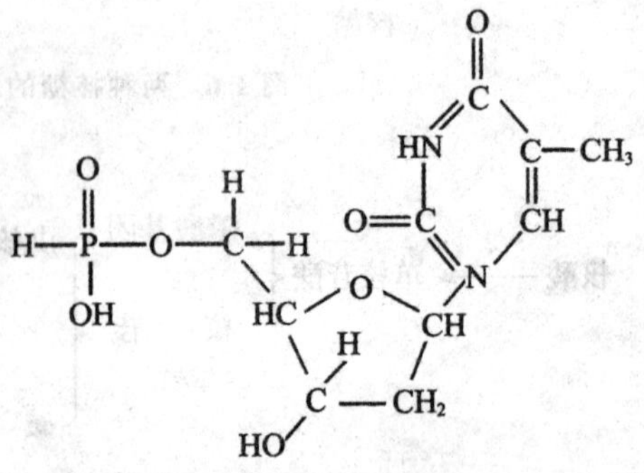

脱氧胸腺核苷酸

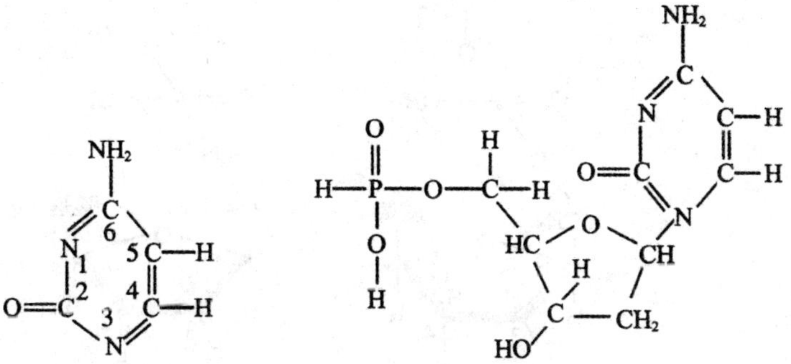

胞嘧啶(C)　　脱氧胞核苷酸

图 1-8　DNA 碱基及其核苷酸

多个单核苷酸通过磷酸二酯键按线性顺序连接，形成一条多核苷酸或脱氧多核苷酸链，即 RNA 或 DNA 分子中 1 个磷酸分子一端与 1 个核苷糖组分的 3′碳原子上的羟基形成 1 个酯键，另一端与相邻核苷的糖组分上的 5′碳原子上的羟基形成另一个酯键(图 1-9)。在核酸长链分子的一个末端，核苷酸的第五位碳原子上有一个游离磷酸基团，另一末端核苷酸的第三位碳原子上有一个游离羟基，习惯上把 DNA 分子序列上含有游离磷酸基团的末端核苷酸写在左边，称为 5′端；另一端则写在右边，称为 3′端。把接在某个核苷酸左边的序列称为 5′方向或上游(upstream)，而把接在右边的序列称为 3′方向或下游(downstream)。

2. DNA 的分子结构

1953 年，沃森(J. D. Waston)和克里克(F. Crick)提出了 DNA 的双螺旋结构模型，说明了 DNA 的二级结构，它是 20 世纪最重大的自然科学成果之一，其结构要点如下。

(1)DNA 分子是由两条同轴反向互相缠绕的多核苷酸链组成的双螺旋结构，像螺旋形的梯子(图 1-10)。

(2)糖和磷酸在外侧交替构成骨架，犹如梯子的扶手；碱基在内侧相互层叠，宛如一级一级的梯子横档。

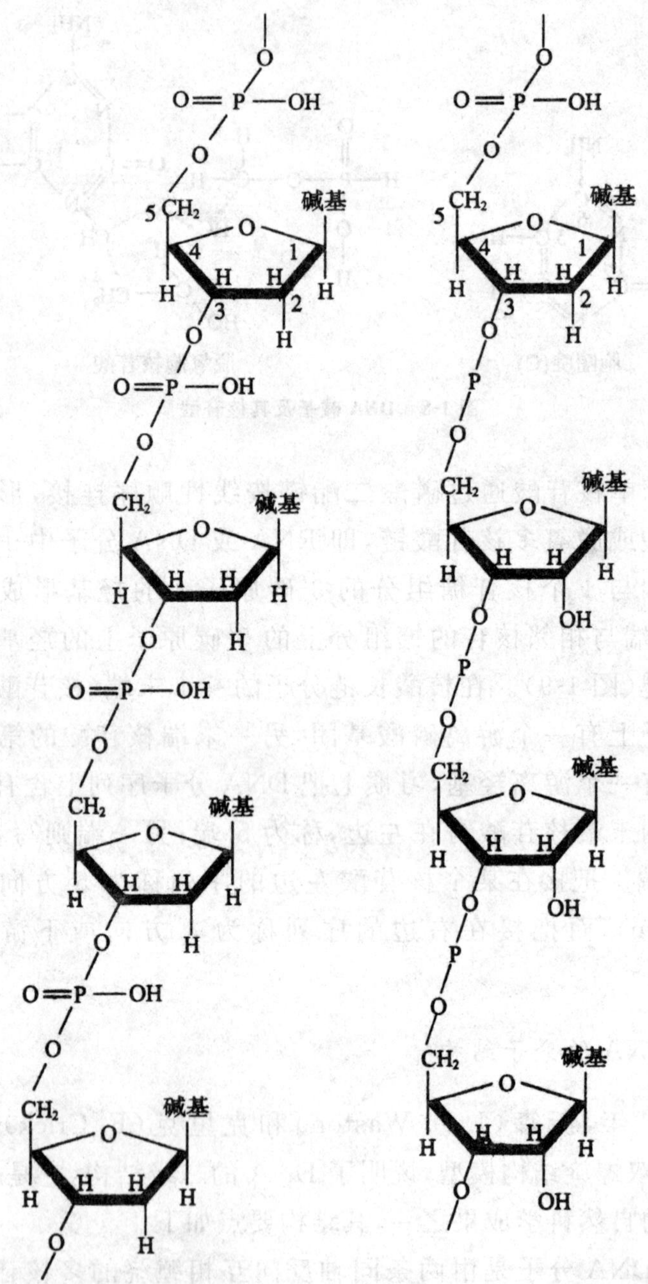

图 1-9 多核苷酸长链结构示意图(左边为 DNA 链,右边为 RNA 链)

(3)双链间的碱基按碱基互补配对原则以氢键相连,A 与 T

之间形成两对氢键，C 与 G 之间形成三对氢键。

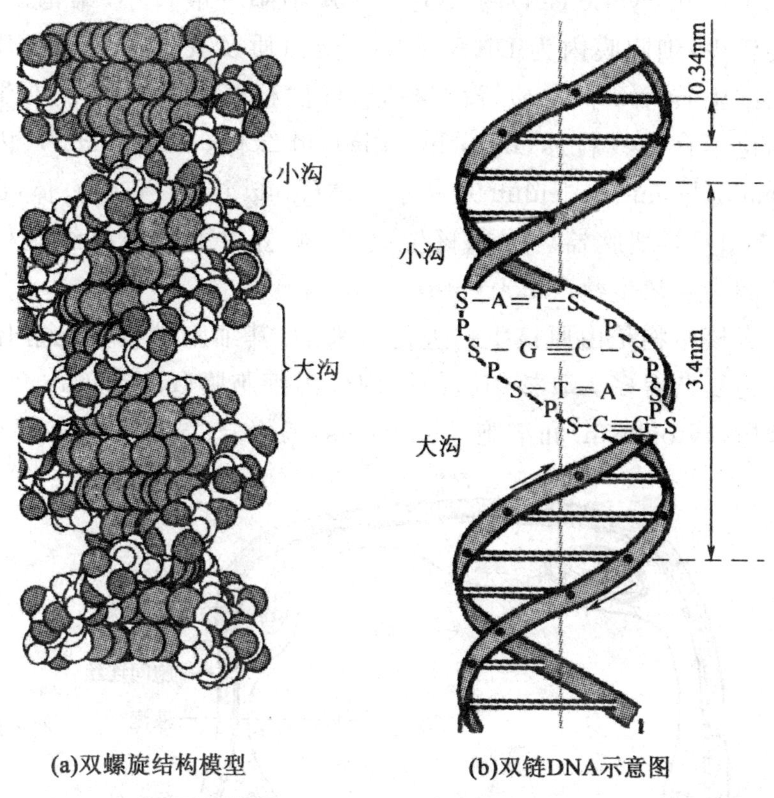

(a)双螺旋结构模型 (b)双链DNA示意图

图 1-10 DNA 双螺旋结构

3. RNA 的分子结构

绝大多数 RNA 以单链形式存在，只有少数以 RNA 为遗传物质的动物病毒含有双链。在单链 RNA 中，部分区域也可按碱基互补配对原则折叠起来，形成若干双链区域，形态上表现为发夹状。

二、细胞的结构与功能

所有生物都具有一定的细胞结构，但在细胞结构的组成上，各种生物是不同的。现代细胞生物学按照细胞核和遗传物质存在方式的差异,把生物细胞分为原核细胞(prokaryotic cell)和真核细胞(eukaryotic cell)两大类。原核细胞一般较小,结构简单,种类较少,细胞膜内为DNA、RNA、蛋白质及其他小分子物质构成的细胞质(cytoplasm),没有核膜、核仁和真正的细胞核,在细胞质内也不存在线粒体(mitochondfia)、叶绿体(chloroplast)、内质网(endoplasmic reticulum)、高尔基体(golgi body)和中心体(central body)等细胞器。除原核生物外,生物界中由真核细胞构成的种类为真核生物(eukaryote)。

真核生物是由原核生物进化而来的,其细胞结构和功能比原核生物复杂得多。真核细胞的结构分为细胞膜(cell membrane)、细胞质(cytoplasm)和细胞核(nucleus)三部分(图 1-11)。

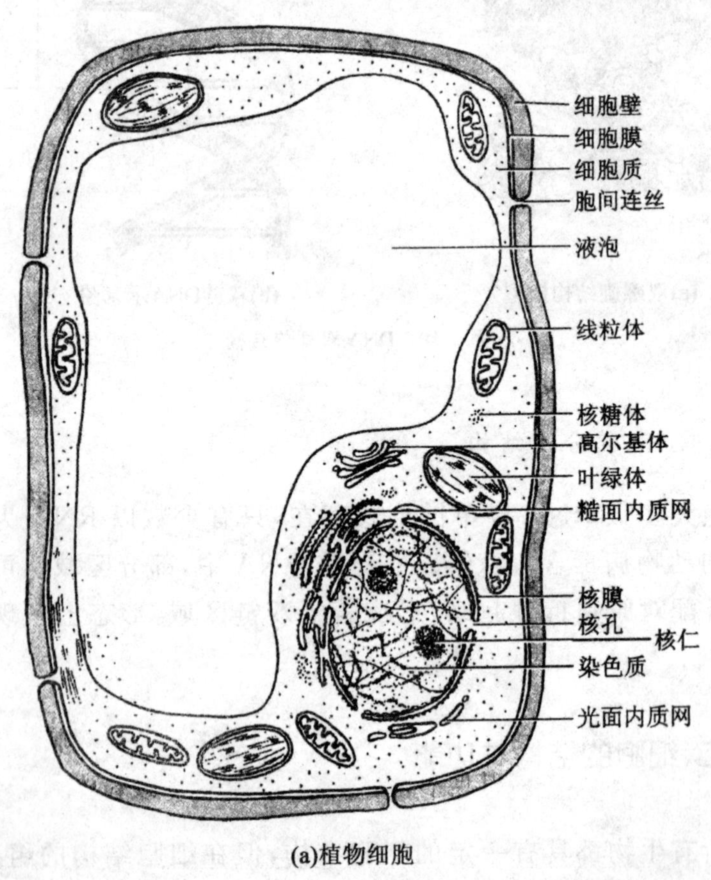

(a)植物细胞

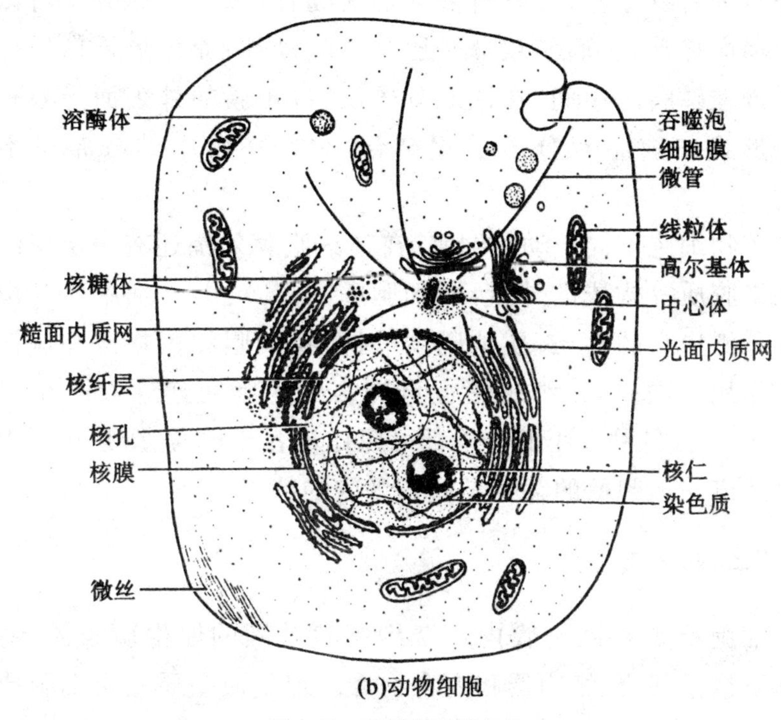

(b)动物细胞

图 1-11　真核细胞的结构

(一)细胞膜

细胞膜是包被细胞内原生质(protoplasm)的薄膜,是一切细胞不可缺少的表面结构,简称质膜(plasma membrane)。它使细胞成为具有一定形态结构的单位,借以调节和维持细胞内微小环境的相对稳定性。

细胞膜与细胞内的其他膜相结构一样,主要由蛋白质和磷脂组成,其中还含有少量的糖类、固醇类和核酸等物质。近年来对细胞膜的结构进行了许多研究,提出了多种结构模型,目前已被普遍接受的是由 Singer 和 Nicolson 提出的液态镶嵌模型(fluid mosaic model)。该模型认为细胞膜是嵌有球形蛋白质的脂类二维排列的液态体,是一种动态的、不对称的具有流动性特点的结构,其厚度为 7～10nm;膜中磷脂双分子疏水部分排列在内面,亲水部分排列在外面,双分子层构成膜的连续主体,它既具有固体分子排列的有序性,又具有液体的流动性,每个磷脂分子可以自由地横向移动,从而使双分子层具有流动性;而球形蛋白质分子以镶嵌在磷脂的中间、穿透双分子层、位于膜的外表面等各种不同的形式与磷脂双分子层相结合,它们在膜中的分布是不均匀的。

植物细胞不同于动物细胞,在其细胞膜外围还有一层由纤维素和果胶质等构成的外壁,即细胞壁(cell wall)。细胞壁是由细胞质分泌出来的物质,质地坚硬,对植物细胞和植物体起保护和支持作用。同时,在细胞壁上有许多称为胞间连丝(plasmodesma)的微孔,各种大小的分子都可以比较容易地通过,是相邻细胞间的通道。细胞壁的存在是植物细胞的特点。

(二)细胞质

细胞质是在细胞膜内环绕细胞核外围的原生质胶体溶液。细胞质包括基质、细胞器和内含物等。细胞质基质是指细胞质内在细胞器和内含物以外较为均质的半透明液态部分,它为细胞质内所进行的多种代谢反应提供内环境,并含有参加胞质内代谢反应所需的多种酶类、底物和离子,是细胞质的重要组成部分。内含物是一些胞质内除细胞器外的有形成分,有些是代谢产物,有些是储存的营养物质,如糖原、色素等。细胞器有许多种,具有一定的形态、结构和功能。动物细胞的细胞器主要有线粒体、内质网、高尔基体、中心体、核糖体和溶酶体等。

1.线粒体

线粒体是动物细胞质中普遍存在的细胞器。在光学显微镜下,线粒体呈线状、棒状或颗粒状,其体积大小不等,直径一般为0.5～1.0μm,长度一般为2.0～8.0μm,最长的可达40μm。其形状和大小因细胞的种类和生理状态而有很大差异,且往往在细胞功能旺盛和需能较多的部位分布较为集中。线粒体为内、外两层单位膜所构成的囊状结构。它的主要结构包括外膜、内膜、嵴、膜间隙和液态基质。在线粒体中含有多种氧化酶,通过氧化磷酸化反应,可传递和贮存所产生的能量,为细胞内各项生命活动提供能量。因此,线粒体是细胞的“能量转换器”。

2. 内质网

内质网是贯穿于整个细胞质的一种相互贯通的管道或泡状的微型模腔系统,它向内延伸和高尔基体及细胞核膜相连,它向外和细胞膜相连。内质网有两种类型,一类是在膜的外侧附有许多小颗粒,这种附着颗粒的内质网叫粗糙内质网或颗粒状内质网,这些颗粒是核糖体;另一类在膜的外侧不附有颗粒,表面光滑,称光滑内质网或非颗粒状内质网。

3. 高尔基体

高尔基体是一种由扁平膜囊和大小不等的囊泡构成的细胞器。因由意大利学者高尔基(Golgi)于 1898 年在猫头鹰神经细胞中首次发现而得名。高尔基体的直径约为 $2\mu m$,厚度约 $0.5\mu m$,它是由许多重叠排列的囊泡堆积起来的,每个囊泡呈薄片状,外包被着薄膜,内有一个扁平的宽度为 $10\sim50\mu m$ 的腔,腔内常充满液汁。囊泡的周边分散成小管并互相连接成为网状,小管的末端可膨大成为球形的泡囊。

4. 中心体

中心体存在于动物细胞中,位于细胞中心,常靠近细胞核。在光学显微镜下,中心体呈颗粒状。在电镜下,中心体由两个互相垂直的中心粒与周围透明的、电子密度高的物质构成。中心粒呈中空的圆筒状,筒壁由 9 组三联微管组成,通常认为中心体与细胞分裂期纺锤体的形成及排列方向和染色体的移动有密切关系。此外,中心体还可能参与纤毛或鞭毛的形成。

5. 核糖体

核糖体是由蛋白质和 RNA 构成的复合体。由大小两个亚基组成。核糖体是蛋白质合成的场所。真核细胞中,核糖体进行蛋白质合成时,既可以游离在细胞质中,称为游离核糖体,也可以附着在内质网的表面,称为附着核糖体。附着核糖体合成的蛋白质主要有两类:一类是分泌蛋白,通过内质网运输到高尔基体,经加工包装后被分泌到细胞外;另一类是排列到质膜内的蛋白质。游离核糖体合成的蛋白质一般是分布到细胞质基质中的蛋白质,如分布在细胞质基质中的酶等。

6.溶酶体

溶酶体的大小与线粒体相近,形状呈球状,体外有一层膜,体内含有多种消化酶、蛋白酶、核酸分解酶和糖苷酶等。消化外来物时,溶酶体发挥着重要作用,如外来细菌、病毒的消化和线粒体的更新溶酶体均起主要作用。当外来物接触到细胞膜时,细胞膜内陷形成一个囊泡将其包围,成为一个吞噬小体,这个过程称为吞噬作用(endocytosis)。如外来物为液体时,这个过程称为胞饮作用(pinocytosis)。当吞噬体接触到溶酶体时,二者的膜融合形成消化泡,大分子物质就在这里被分解,分解物再通过膜扩散到细胞质里,用于各种生命过程。

(三)细胞核

细胞核是细胞的一个重要组成部分,是细胞遗传和代谢活动的调控中心。遗传信息主要存在于细胞核内,DNA 的复制、转录和转录产物的加工过程都在细胞核中进行。一般生物体细胞只有一个核,但也有两个或多个核的多核细胞,兔、鼠的肝细胞多达 10 个核,极少数的高度分化细胞没有核(如哺乳动物的成熟红细胞)。核一般位于细胞的中央,但随着细胞的生理性状不同,其位置也会发生改变。如在生长的细胞中,核往往移到生长作用最旺盛的地方,这说明细胞核与细胞的代谢活动有着密切的关系。细胞核的形态结构在细胞生命周期的各个阶段变化很大,其主要结构包括核膜、核基质、核仁和染色质(染色体)。

1. 核膜

核膜由内、外两层单位膜组成，并把细胞质与核质分开。面向胞质的外膜表面附着大量的核糖体颗粒，通常可见内质网与其相通。内膜面向核质，表面没有核糖体颗粒，但和浓缩的染色质紧密接触。核膜上有许多规则排列的核孔，是调节细胞核与细胞质之间物质交换的通道，并且有一定的选择性。小分子物质交换在整个核膜进行，大分子物质（如核内形成的各种 RNA）通过核孔进入细胞质。

2. 核基质

核基质是核内的无形部分，为透明胶体物质，又称核液。它的成分和细胞基质很相近，含有多种酶和无机盐。在核液中分布着核仁和染色质。

3. 核仁

核仁是存在于细胞核内的一个或几个球形小体。在光学显微镜下观察，细胞核中有一个或几个均质的反光性很强的小体。核仁主要由蛋白质、RNA 和少量的 DNA 组成，其形状、大小和数目因动物种类、细胞类型以及细胞生理状态而变化。一般生理活动和蛋白质合成旺盛的细胞核仁较大，数目较多，如卵母细胞。核仁最主要的功能是合成核糖体 RNA（rRNA），并与细胞质内核糖体的生物合成有关。此外，核仁与某些特异蛋白质的合成有关。

三、染色体

在光学显微镜下，处于分裂间期的细胞核，其核质一般是均匀一致的，但一经杀死固定，用洋红、苏木精等碱性染料染色处理后，核质则显示出不同的反应，其中极易吸收碱性染料，着色深的物质,叫作染色质;其他不着色或着色极浅的物质,就是核液。当细胞分裂时,核内细长的染色质逐渐变短变粗,高度螺旋化,形成一定数目和圆柱状的染色体。当细胞分裂结束时,染色体又逐渐恢复为染色质。因此,染色质和染色体实际上是同一物质在细胞分裂周期的不同阶段所表现的不同形态。

(一)染色质化学组成和基本结构

染色质是染色体在细胞分裂间期所表现出的形态,呈纤细的丝状结构,故也称染色质线。在真核生物中,染色质是脱氧核糖核酸(DNA)和蛋白质及少量核糖核酸(RNA)组成的复合物。

奥林斯(Olins)等人在 1974—1978 年通过电子显微镜的观察和研究,提出了染色质结构的串珠模型,如图 1-12 所示。

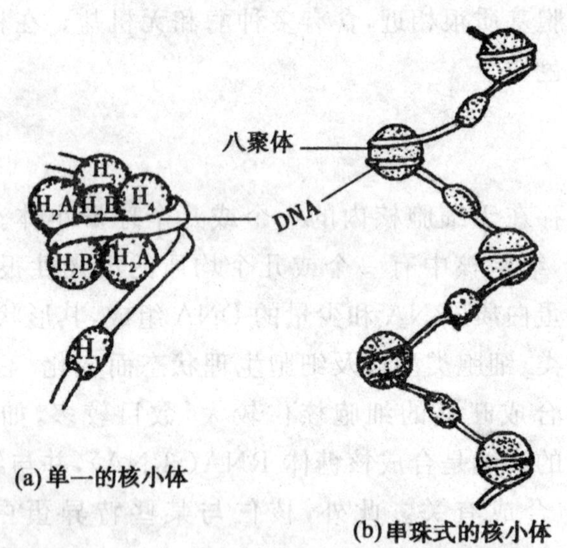

图 1-12　染色质的核小体结构模型

(二)染色体形态

染色体一般呈圆柱形,其形态结构如图 1-13 所示,一个典型的染色体包括下面几个部分。

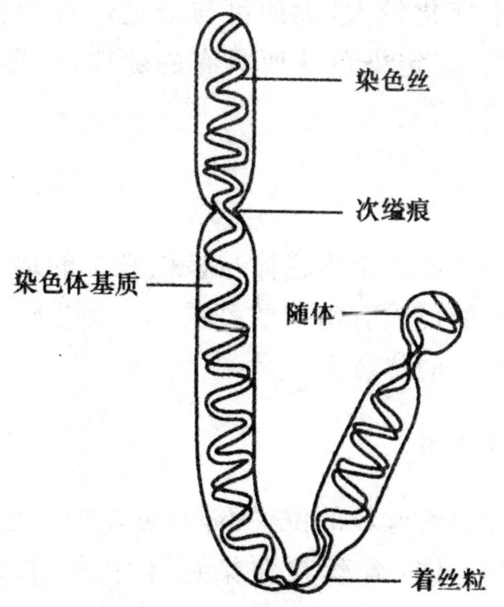

图 1-13　染色体的形态结构

1. 着丝粒

在染色体上的一定位置,有一个染色较浅的区域,叫作着丝粒。每一条染色体有一个着丝粒。当细胞分裂时,纺锤丝就附着在这个地方,因而着丝粒的功能与细胞分裂时染色体的移动有关。着丝粒所在的地方,染色体直径较小,所以也叫主缢痕。着丝粒将染色体分为两条臂,长的一端叫长臂,短的一端叫短臂。着丝粒在每条染色体上的位置是恒定的,因此,根据着丝粒的位置可以把不同的染色体区分开来。

2. 次缢痕

有的染色体还有另一直径较小的地方,染色较浅,叫作次缢痕。次缢痕在染色体上的位置和大小也是恒定的,常用于鉴别特定的染色体。

3. 随体

有的染色体的末端还有一个圆形或略伸长的突出物,称为随体。随体的大小变化较大,大的可与染色体直径相等,小的甚至难以分辨。但是,特定染色体所具有的随体,其形态和大小是恒定的。

4. 核仁组织区

细胞中某一个或几个染色体与核仁联系的地方,称为核仁组织区。它与核仁的形成有密切的关系。许多生物的核糖体 DNA 就集中在这个特定的位点上。

(三)染色体类型

根据染色体上着丝粒的位置不同,可以把染色体分成 4 种类型:中着丝粒染色体(着丝粒在染色体中央,长短臂的比值为 1.00～1.70)、近中着丝粒染色体(着丝粒靠近中央,长短臂的比值为 1.71～3.00)、近端着丝粒染色体(着丝粒靠近一端,长短臂的比值为 3.01～7.00)、端着丝粒染色体(着丝粒位于染色体末端,长短臂的比值大于 7.00)(图 1-14)。

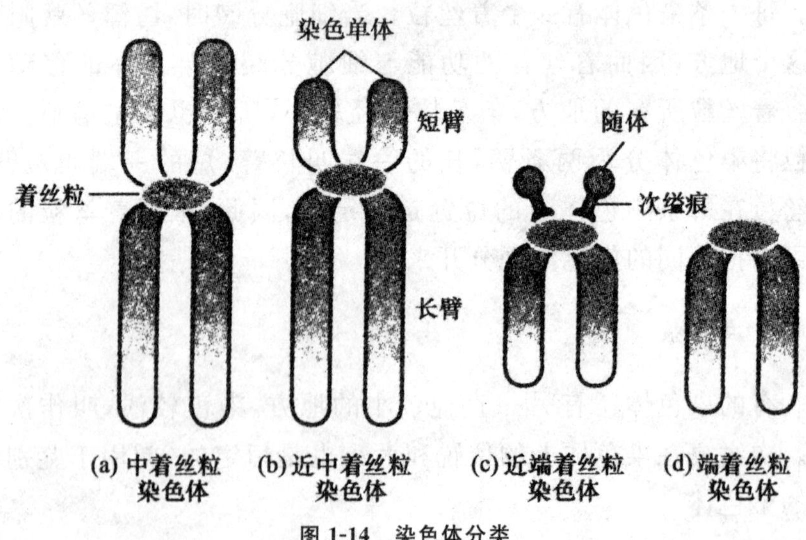

图 1-14 染色体分类

着丝粒位置的不同决定了细胞有丝分裂后期染色体形态的

差异，中着丝粒染色体，两臂长度大致相等呈“V”形；近中着丝粒染色体，两臂一长一短呈“L”形；近端着丝粒染色体和端着丝粒染色体则呈棒形。它们在有丝分裂后期的形态如图 1-15 所示。

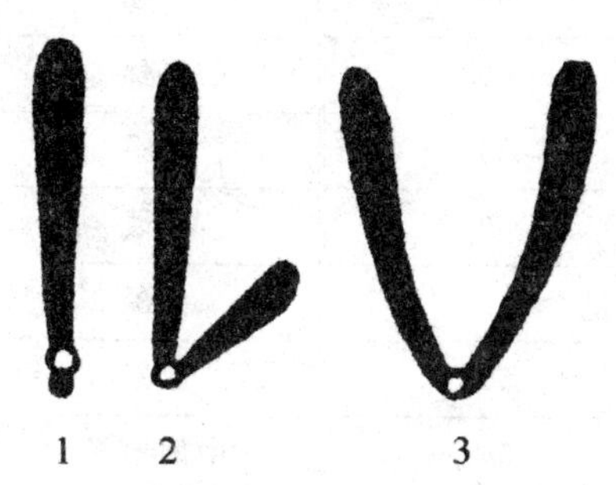

1—棒形；2—L 形；3—V 形

图 1-15 有丝分裂后期染色体的各种形态

通过对染色体形态的研究，可依据着丝粒的位置、次缢痕和随体的有无及位置来鉴别特定的染色体。

（四）染色体数量

不同的生物其染色体数目往往是不相同的，同一物种的染色体数目则是恒定的，而且每一种生物个体中的每一个细胞其染色体数目也是相同的。一定形态和数目的染色体，常成为各种生物的细胞学特征。在其世代的延续中，染色体的数目一般保持不变，这对维持物种的遗传稳定性有着重要的意义。

一个成年动物体含有几百亿至几千亿个细胞。其中，构成动物体各种组织器官的细胞称为体细胞，动物睾丸和卵巢中产生的精细胞与卵细胞称为性细胞。

在大多数生物的体细胞中，染色体是成对存在的，数目用 $2n$ 表示，称为二倍体；而在性细胞中染色体是成单存在的，数目用 n 表示，称为单倍体。

各种常见动物体细胞中染色体数目见表 1-1。

表 1-1　常见动物体细胞中染色体数目

动物	染色体数目($2n$)	动物	染色体数目($2n$)
人	46	鸽	80
马	64	蜜蜂	分 16,旱 32
驴	62	果蝇	8
黄牛、牦牛	60	家蚕	56
河流水牛	50	小鼠	40
沼泽水牛	48	大鼠	42
山羊	60	豚鼠	64
绵羊	54	中国地鼠	22
猪	38	金黄地鼠	44
鸡	78	长爪沙鼠	44
火鸡	82	兔	44
鸭	80	犬	78
鹅	82	猫	38
鹌鹑	78	猴	42

各种生物体细胞中的染色体大都成对存在,即在一个体细胞中相同的染色体各有两条,这两条染色体的形状、大小、着丝粒的位置相同,一条来自父方,一条来自母方,通常把这些成对的染色体称为同源染色体。

同源染色体中有一对特殊的染色体,其大小、形状不同,一条来自父方,一条来自母方,且与性别发育有关,这对染色体叫作性染色体。在哺乳动物中,雌性的两条性染色体的形态、大小、着丝粒位置均相同,性染色体的组成为 XX;雄性的两条性染色体只有一条与雌性 X 染色体相同,而另一条与 X 染色体存在着很大的差异,称为 Y 染色体,即雄性的性染色体组成为 XY。在鸟类中,性染色体的组成情况与哺乳动物刚好相反,即雄性的体细胞中两条性染色体相同,性染色体组成为 ZZ;雌性中有一条 Z 性染色体和一条 W 性染色体,即雌性的性染色体组成为 ZW。在体细胞中，除一对性染色体以外的其他所有同源染色体雌雄个体都一样，统称为常染色体。

上述概念之间的相互关系如图 1-16 所示。

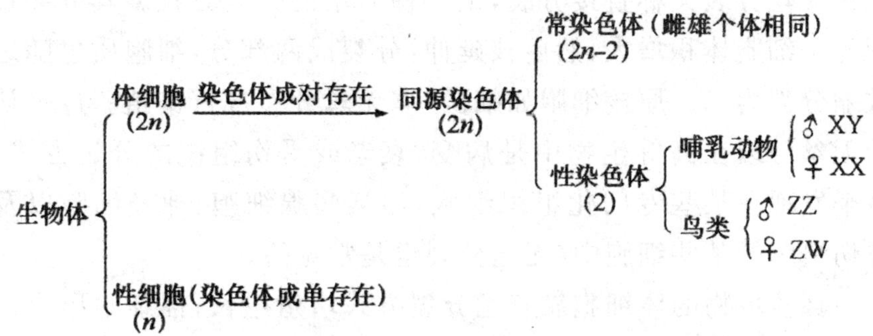

图 1-16　同源染色体、常染色体、性染色体之间的关系

由于各种生物都具有特定的染色体形态和数目，而且染色体形态和数目的变化常常影响各种生物的遗传性状，所以，对染色体及其变化规律的研究就成为遗传学的首要任务。

四、细胞分裂

生长和繁殖是生物的基本特征之一，生物的生长和繁殖是通过细胞分裂来实现的。

低等的单细胞生物，如细菌、衣藻、变形虫、草履虫等，通过细胞分裂来增加新的个体，繁衍后代。多细胞生物则由最初的一个受精卵通过细胞分裂增加细胞的数量，成长为多细胞的生物个体。性成熟后，雄性动物睾丸产生精细胞，雌性动物卵巢产生卵细胞，通过配种，精细胞与卵细胞结合形成下一代受精卵，亲代通过性细胞将遗传物质传给了子代，使子代表现出与亲代相似的性状。如此循环往复，使物种得以不断延续下去。在此过程中，细胞数目的增多是靠细胞的有丝分裂来实现的，而性细胞的形成是通过细胞的减数分裂来完成的。此外，动物机体细胞的寿命是有限的，细胞始终在不断地进行新陈代谢，新生的细胞不断取代衰老死亡的细胞。因此,细胞分裂对于地球上生命的延续是非常重要的。

细胞分裂有 3 种形式:无丝分裂、有丝分裂和减数分裂。

无丝分裂又称直接分裂,是一种简单的分裂方式。其分裂过程先是细胞体积增大,然后核延伸,分裂成两部分,细胞质也随之收缩分裂为二。原核细胞如细菌,靠无丝分裂进行繁殖。过去认为无丝分裂在高等生物中是病变、衰老或受伤组织的分裂方式,后来发现在某些专门化组织细胞,如某些腺细胞、神经细胞以及愈伤组织的某些细胞中,无丝分裂也是常见的。

真核生物的体细胞靠有丝分裂方式增殖生长;性细胞形成过程采用的方式是减数分裂。

(一)细胞周期

所谓细胞分裂周期,就是指细胞从上一次细胞分裂结束开始至下一次细胞分裂结束为止的一段历程,它包括细胞物质积累和细胞分裂两个不断循环的过程。细胞有丝分裂是一个复杂且十分精确的生命过程,它包括有丝分裂和减数分裂两种分裂方式。

细胞周期(图 1-17)可分为间期(也叫生长期)和分裂期(M期)两个阶段。细胞群中多数细胞处于间期,少数细胞处于 M

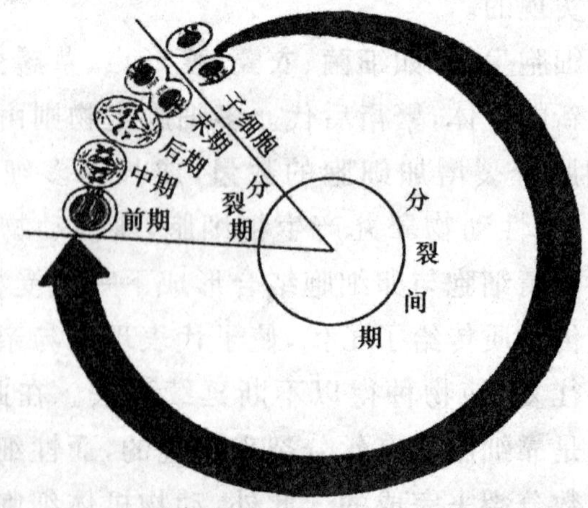

图 1-17 有丝分裂细胞周期

期。一般间期的时间较长，而M期的时间较短(表1-2)。在间期，细胞完成生长过程，主要为DNA的合成，即遗传物质DNA的复制。在M期，细胞所完成的主要是分裂，即遗传物质的分配。

表1-2 几种动物细胞分裂周期 单位:h

分裂周期	G_1	S	G_2	M	合计
人正常骨髓细胞	25～30	12～15	3～4		40～45
人宫颈癌细胞	8	6	4.5	1.5	20
小鼠成纤维细胞	9.1	9.9	2.3	0.7	22.0
离体培养的人淋巴细胞	12～24	7	4～6	—	—

1.间期

细胞从一次分裂结束到下一次分裂开始前的一段时间，称为间期。在光学显微镜下，经固定处理的间期细胞核，出现网状结构和易被碱性染料染色的细丝。间期细胞核处于高度活跃的状态，进行着一系列的生化反应，包括DNA复制、RNA转录和蛋白质的合成，为子细胞的形成进行物质和能量的准备。

根据DNA复制的情况可将间期分为G_1期(复制前期)、S期(复制期)和G_2期(复制后期)3个时期。

1)G_1期

这一时期又称为DNA合成前期，是上一次细胞有丝分裂结束至DNA开始复制前的一段时间。这一时期主要为过渡至S期做物质的准备，即为下一步DNA复制和蛋白质合成做准备。这个时期所占时间相对较长，一般约占整个分裂周期的1/2。多数动物细胞的这一时期从几小时到几星期，多为12～24h。

2)S期

这一时期，细胞主要进行DNA的复制(合成)。DNA在S期开始时合成的强度大，以后逐渐减弱，到S期末，DNA量增加一倍。DNA的准确复制，为细胞分裂做好了准备，保证了子细胞与母细胞遗传上的一致。DNA复制一旦发生差错，就会引起变异，导致异常细胞或畸形的发生。

在正常情况下,细胞一旦进入S期,细胞的分裂周期就会自动地持续进行下去,直到下一周期的G_1期。

3)G_2期

DNA合成后期,又称细胞分裂前期。此期经历的时间较短,DNA的合成已经终止,进行着某些染色体凝聚和形成纺锤体所需物质(主要是RNA、微管蛋白及其他物质)的合成,为细胞进入分裂期做好准备。

2. 分裂期

细胞一旦完成间期的准备,便进入有丝分裂期。有丝分裂的遗传学意义在于,把S期加倍的DNA以染色体的形式平均分配到两个子细胞中去,使每个子细胞得到一套和母细胞完全相同的遗传物质。

细胞分裂期所需要的时间,因物种、组织和所处的环境条件的不同而异。通常在整个细胞周期中,间期占的时间较长,分裂期较短。如对人体细胞进行培养,在37℃的条件下,一个细胞周期为18~22h,其中间期在17h以上,分裂期仅为45min。

(二)细胞的有丝分裂

由于在分裂过程中出现纺锤丝,故称为有丝分裂。有丝分裂是高等生物体细胞增殖的普遍方式。

有丝分裂是一个连续的动态变化过程。通常根据染色体的形态变化特征,将其分为前、中、后、末4个时期。各时期的主要特征如下,参见图1-18。

1. 前期

细胞核膨大,染色质逐渐高度螺旋化,变粗变短,形成具有一定形态、数目的染色体。此时可以看到每条染色体由两条染色单体组成,两条染色单体并不完全分开,仍由着丝粒相连。接着核

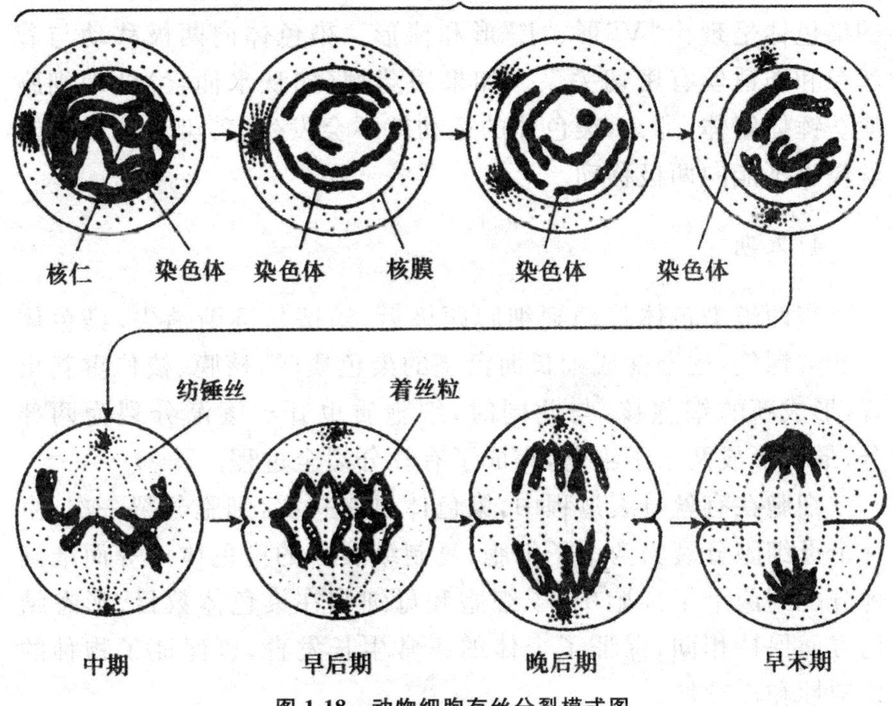

图 1-18 动物细胞有丝分裂模式图

仁逐渐变小而消失，核膜也逐渐消失。一对中心粒彼此分开，向细胞两极移动。每个中心粒周围出现许多放射状的细丝，形成星体。在两个中心粒之间出现纺锤丝，纺锤丝与星体连接形成纺锤体。

2. 中期

染色体形态清晰，有规律地排列在细胞两极间的赤道平面上，形成赤道板。纺锤体也变得清晰可见。每个染色体的两条染色单体分别由纺锤丝与细胞两极相连。此时，染色体高度螺旋化形成最典型的形状，适宜进行染色体形态和数目的考察，是核型分析的最佳时期。

3. 后期

两条染色单体从着丝粒处分开，由各自的纺锤丝牵引分别向细胞两极移动。由于各个染色体上的着丝粒的位置不同,使后期的染色体呈现出“V”形、“L”形和棒形。染色体向两极移动与着丝粒和纺锤丝有密切关系。如果用药物(如秋水仙素)处理细胞使纺锤体解体,那么,染色体的运动就不会发生;若染色体没有着丝粒也不能向两极移动。

4. 末期

当两组染色体移动到细胞两极后,纺锤丝逐渐消失,染色体开始解螺旋,逐渐变成细长而盘绕的染色质丝,核膜、核仁重新出现,形成新的细胞核,与此同时,细胞质也开始逐渐分裂为两部分,最后形成两个子细胞,完成了有丝分裂全过程。

细胞在有丝分裂过程中,染色体复制一次,细胞分裂一次,由一个母细胞分裂为两个子细胞,复制纵裂后的染色体均等而准确地分配到两个子细胞中,子细胞和母细胞在染色体数目、形态结构方面保持相同,保证了个体的正常生长发育,也保证了物种的稳定性和连续性。

(三)细胞的减数分裂

性细胞(精细胞、卵细胞)形成过程中的分裂方式是一种特殊的有丝分裂,由于分裂以后形成的性细胞(精细胞、卵细胞)中染色体的数目比性母细胞(初级精母细胞和初级卵母细胞)中染色体的数目减少了一半,因此,这种分裂方式叫作减数分裂,又称为成熟分裂。减数不仅指形态上的染色体数目减半,而且表现在遗传上的基因含量减半。

减数分裂(图 1-19)分为减数第一次分裂和减数第二次分裂,根据染色体的形态变化特征,两次分裂各分为前、中、后、末四个时期,习惯上以前期Ⅰ、中期Ⅰ、后期Ⅰ、末期Ⅰ、前期Ⅱ、中期Ⅱ、后期Ⅱ、末期Ⅱ来表示。

1. 减数第一次分裂

减数第一次分裂,由初级精母细胞(初级卵母细胞)形成次级精母细胞(次级卵母细胞),细胞内染色体数目减半,由二倍体(2n)变为单倍体(n)。

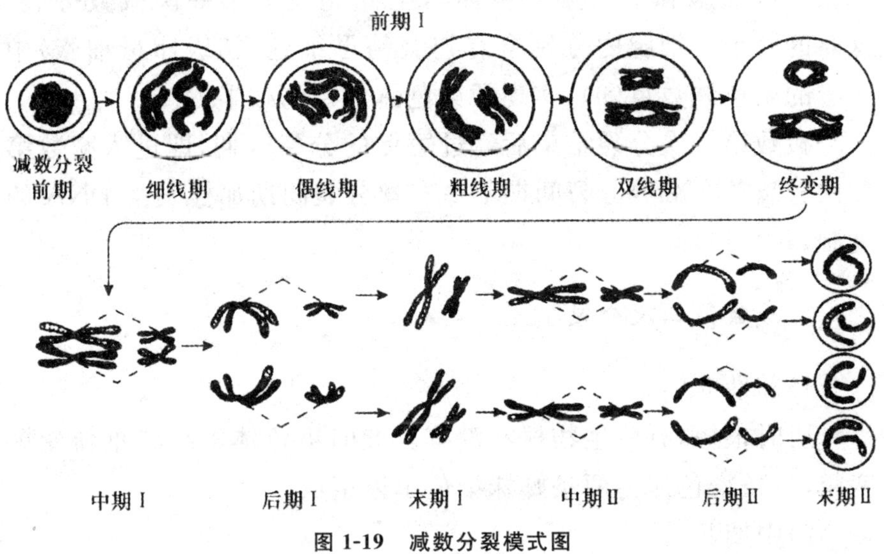

图 1-19　减数分裂模式图

1)前期Ⅰ

此期在减数分裂过程中耗时最长,染色体发生一系列的复杂变化。此期又分为细线期、偶线期、粗线期、双线期和终变期 5 个时期。

2)中期Ⅰ

核膜、核仁消失,二价体排列在赤道板上,每个二价体的两个着丝粒分别排列在赤道的两侧,通过纺锤丝牵引与细胞两极相连。此时是考察染色体形态和数目的最佳时期。

3)后期Ⅰ

由于纺锤丝的牵引收缩,二价体中的两条同源染色体彼此分离,各自向细胞两极移动,这时每条染色体的两个姊妹染色单体仍由一个着丝粒连在一起。最后每一极只有一对同源染色体中的一条,实现了每一极染色体数目的减半。

4)末期Ⅰ

染色体到达细胞两极后开始解螺旋变成细长的染色质。接着核膜和核仁重新形成,细胞质发生分裂,形成两个子细胞(对于雄性动物来说,是两个次级精母细胞;对于雌性动物来说,是一个次级卵母细胞和一个第一极体),至此完成了第一次减数分裂。这时的两个子细胞内分别含有初级精母细胞(初级卵母细胞)中一半的染色体数目(n),实现了染色体数目的减半。

减数第一次分裂结束后经过短促的分裂间期,即进入减数第二次分裂。在减数分裂间期不像有丝分裂间期那样发生 DNA 的复制。

2.减数第二次分裂

1)前期Ⅱ

历时很短,有些生物根本没有。此时染色体由线状重新变短变粗,每条染色体由两条姊妹染色单体组成。

2)中期Ⅱ

核仁、核膜消失,纺锤丝出现,染色体排列在赤道板上,通过纺锤丝牵引与细胞两极相连。

3)后期Ⅱ

每条染色体的着丝粒一分为二,在纺锤丝的牵引下,两条姊妹染色单体彼此分开向两极移动。

4)末期Ⅱ

两组染色体到达细胞两极后开始解螺旋变成细长的染色质。纺锤丝消失,核仁、核膜出现,接着进行细胞质分裂,形成两个子细胞(对于雄性动物来说,是两个精细胞;对于雌性动物来说,是一个卵细胞和一个第二极体)。至此,整个减数分裂过程全部完成。

细胞在减数分裂过程中,染色体复制一次,细胞分裂了两次,第一次分裂是同源染色体之间彼此分开,第二次分裂是姊妹染色单体之间彼此分开。由一个初级精母细胞(初级卵母细胞)经过连续的两次分裂,形成 4 个精细胞(一个卵细胞和 3 个第二极体),每个精细胞(卵细胞)的染色体数目只有初级精母细胞(初级卵母细胞)的一半。

减数分裂方式在遗传学上具有重要的意义。首先,达到性成熟的动物体通过减数分裂,使产生的性细胞染色体数目减半,成为单倍体(n),再经过受精结合形成下一代受精卵,恢复成二倍体($2n$),受精卵经过有丝分裂,发育为一个成年的动物体。如此周而复始循环往复,保证了同一物种子代和亲代间染色体数目的恒定,使物种在世代繁衍过程中具有相对的稳定性(图1-20)。

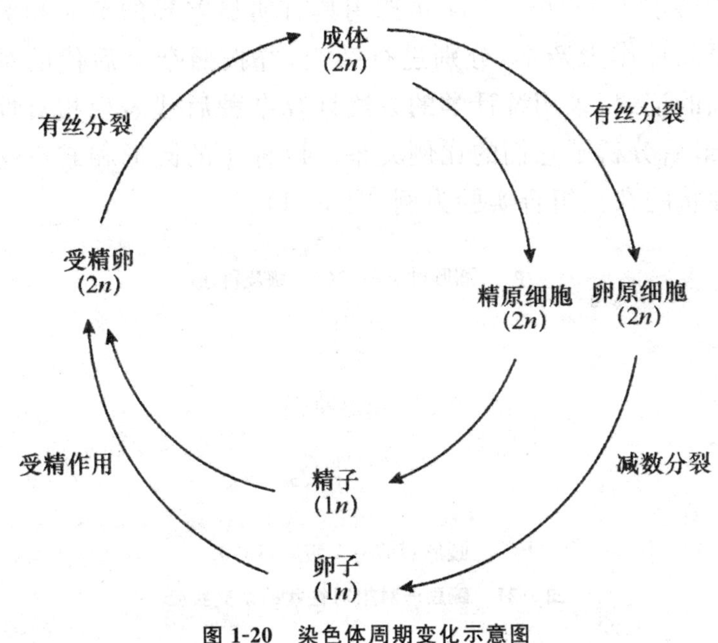

图 1-20 染色体周期变化示意图

其次,在前期Ⅰ的双线期,一对同源染色体的非姊妹染色单体之间可以发生片段的互换,从而使同源染色体上的基因进行重新组合形成具有不同基因的性细胞;一对同源染色体的两个成员在后期Ⅰ彼此分开时移向细胞哪一极是完全随机的,这样非同源染色体可以随机地自由组合在一起进入同一性细胞中。这些特有的现象为生物的变异创造了条件,为人工选择提供了丰富的材料,有利于生物的适应与进化。

第四节 遗传的基本规律

一、分离定律

1. 孟德尔的豌豆杂交实验

孟德尔于1856—1864年选用具有明显差异的7对相对性状的豌豆品种作为亲本，分别进行杂交，并按照杂交后代的系谱进行详细的记载，采用统计学的方法计算杂种后代表现相对性状的株数，最后分析了它们的比例关系。以种子的圆形和皱皮这一对相对性状的杂交组合实验为例（图1-21）。

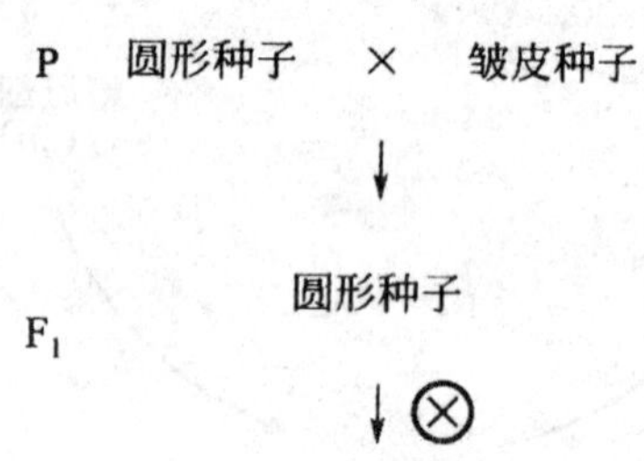

图1-21 豌豆一对相对性状的杂交实验

如图1-21所示，F_1植株全都结圆形种子，皱皮性状被圆形性状掩盖了，其他6对相对性状情况相同。孟德尔把在杂交时能在子一代中表现出来的亲本性状称为显性性状，不表现出来的亲本性状称为隐性性状。即圆形对皱皮是显性性状，皱皮对圆形是隐性性状。F_2代群体中同时出现了圆形和皱皮两种种子，其中5474株是圆形的，1850株是皱皮的，两者的比例接近3∶1。此外，孟德尔在豌豆的其他6对相对性状的杂交实验中均得到相同的结果。孟德尔把这种现象称为分离现象。

2.分离假说

孟德尔对上述实验结果，提出了遗传因子分离假说，应用遗传因子图解说明上述实验结果(图 1-22)。孟德尔用大写字母表示具有显性作用的遗传因子(基因)，用小写字母表示具有隐性作用的基因。其中，把个体的不同遗传(基因)组成，称为基因型。如决定结圆形种子性状的基因型为 RR、Rr，决定皱皮种子性状的基因型为 rr。表现型是指生物体所表现的性状，是基因型和外界环境作用下性状的具体表现，植株所表现出来的种子为圆形和皱皮性状就为表现型。由于环境的变化及遗传背景的多样性，不同的基因型可表现为不同的表型，也可以表现为相同的表型。

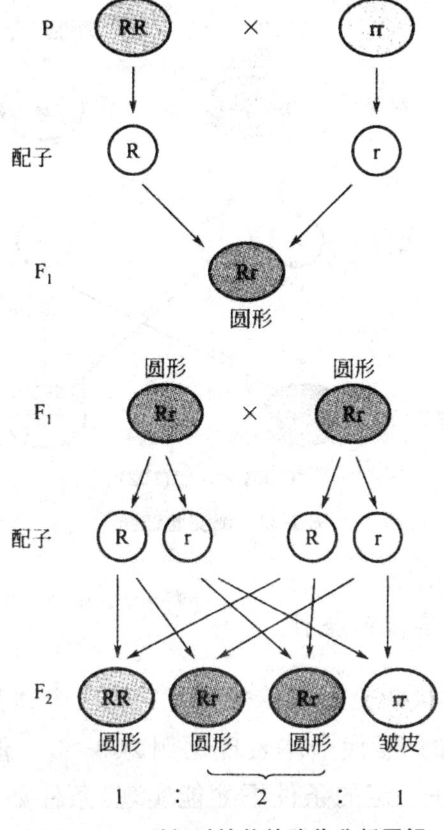

图 1-22　一对相对性状的遗传分析图解

分离假设提出的性状是由成对的基因控制的,控制同一性状的成对基因,在同源染色体上的位置(座位)相同,故又称等位基因。等位基因相同的细胞或个体叫作纯合体(如 RR、rr),等位基因不同的个体或细胞叫作杂合体(Rr)。

3. 分离规律的验证

孟德尔采用测交的方法对假设进行了检验,即用 F_1 代和隐性亲本个体交配。根据测交子代表现型的种类和比例,确定被测个体的基因型。因为隐性亲本是纯合体,只能产生一种含隐性基因的配子,这种配子与 F_1 所产生的两种配子相结合,就会产生 1/2 的显性性状个体和 1/2 的隐性性状个体。测交验证图如图 1-23 所示。

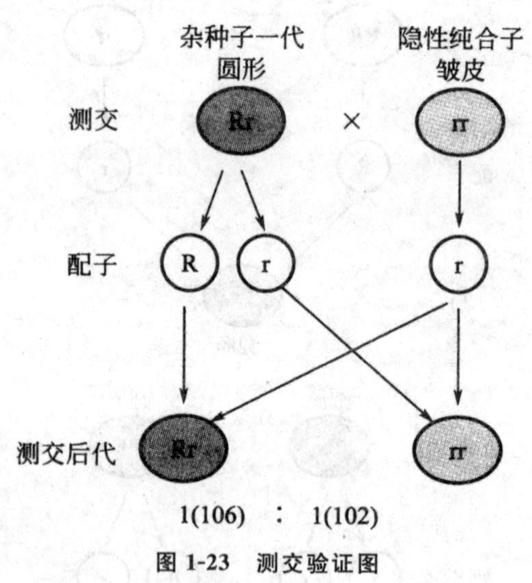

图 1-23 测交验证图

4. 分离比例实现的条件

一对相对性状杂交的遗传规律是:F_1 代个体都是表现显性性状,F_1 自交产生的 F_2 代个体表现比例为 3∶1。但是这种性状的分离比例,必须在一定的条件下才能实现,条件如下:

(1)用来杂交的亲本必须是纯合体。

(2)显性基因对隐性基因的作用是完全的。

(3)F_1 形成的两种配子数目相等,配子的生活力相同,两种配子结合是随机的。

(4)F_2 中 3 种基因型个体存活率相等。

从理论上讲,如果这些条件得到满足,F_2 中性状分离比应该是 3∶1。但是在实践中,杂交个体形成的雌雄配子数量很大,参加受精的所占比例非常小,所以不同配子受精的机会不能完全相等;另外,合子的发育也受到体内复杂环境条件的影响,因而其比例一般是接近 3∶1。如果上述条件得不到满足,就可能出现比例不符的情况。

二、自由组合定律

1. 两对相对性状的杂交实验

自由组合定律孟德尔以豌豆为材料,选取具有两对相对性状的纯合亲本进行杂交,观察后代的变化。例如一个亲本结圆形和黄色子叶的种子,另一个结皱皮和绿色子叶的种子,它们都是纯合体。杂交后产生的 F_1 都结圆形和黄色子叶的种子,这表示两个性状都是显性。再让 F_1 自花授粉,产生的 F_2 发生性状分离,出现了 16 种组合,9 种基因型,4 种表现型,结果如图 1-24 所示。

根据每一对相对性状来归类,可得到下列结果:

黄色∶绿色=(315+101)∶(108+32)=416∶140≈3∶1

圆形∶皱皮=(315+108)∶(101+32)=423∶133≈3∶1

可见,每对性状的 F_2 分离比例仍然符合 3∶1 的比例,说明它们是彼此独立地从亲代遗传给子代的。同时在 F_2 群体内有两种重组型个体出现,说明两对性状的基因在从 F_1 遗传给 F_2 时是自由组合的。在家畜中牛的黑毛对红毛、无角对有角的两对相对性状的杂交实验也是如此。

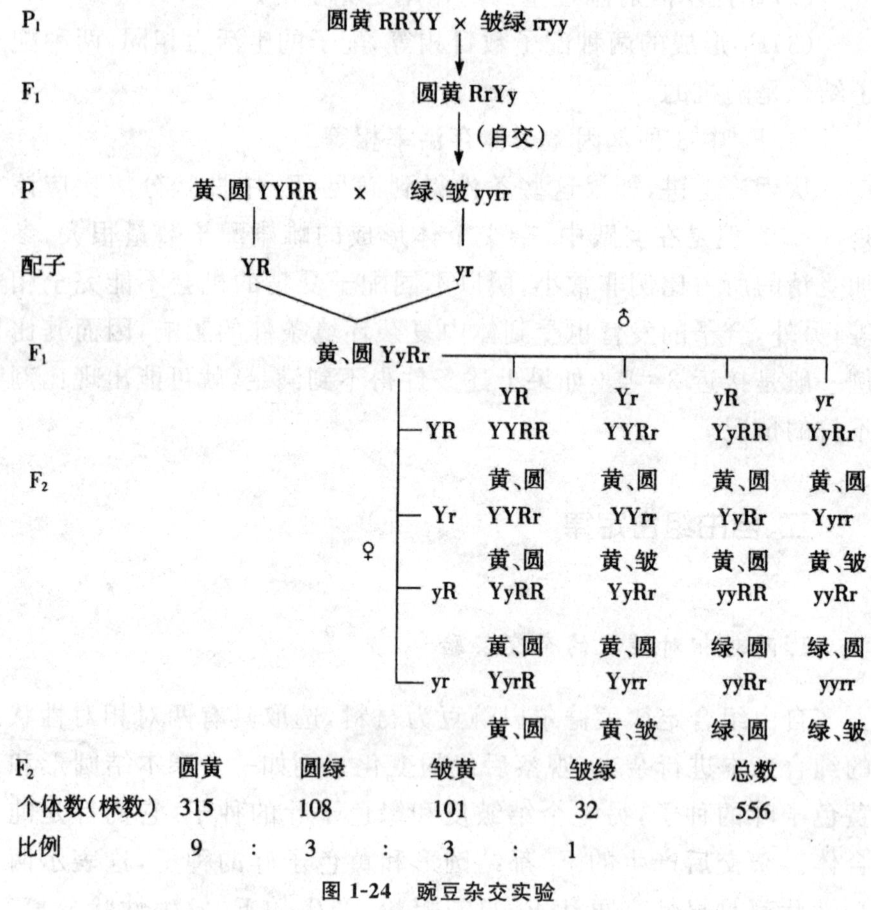

图 1-24　豌豆杂交实验

2. 自由组合假说

根据以上实验，孟德尔提出了不同对的基因在形成配子时自由组合的理论。其内容是：在形成配子的过程中，两对基因在分离时各自独立，互不影响；不同对基因的成员组合在一起是完全自由的、随机的；不同类配子在形成合子时也是自由组合的，而且结合也是随机的。

用遗传因子图解分析如图 1-25 所示。

可见，F_2 群体中有 16 种组合方式，基因型 9 种，表型 4 种，其比例 9∶3∶3∶1。

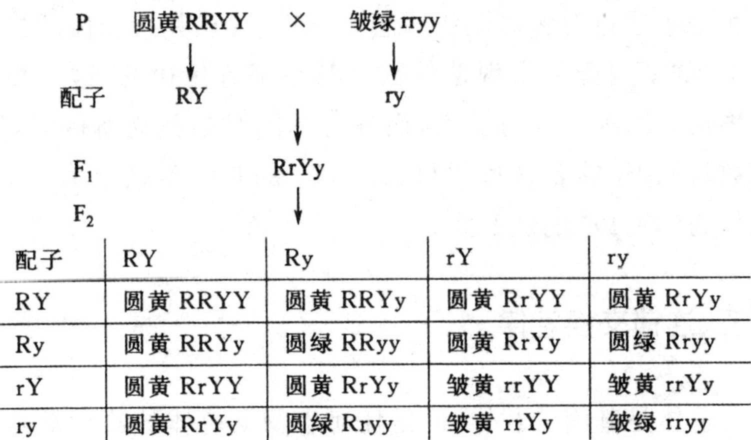
P　圆黄 RRYY　×　皱绿 rryy

配子　RY　ry

F_1　RrYy

F_2

配子	RY	Ry	rY	ry
RY	圆黄 RRYY	圆黄 RRYy	圆黄 RrYY	圆黄 RrYy
Ry	圆黄 RRYy	圆绿 RRyy	圆黄 RrYy	圆绿 Rryy
rY	圆黄 RrYY	圆黄 RrYy	皱黄 rrYY	皱黄 rrYy
ry	圆黄 RrYy	圆绿 Rryy	皱黄 rrYy	皱绿 rryy

图 1-25　自由组合假说图解

3. 自由组合假说的验证

孟德尔同样采用 F_1 与双隐性纯合体测交。当 F_1 形成配子时，不论雌配子或雄配子，都有 4 种类型，即 RY、Ry、rY、ry，而且出现的比例相等。由于隐性纯合体的配子只有 ry 一种，因此测交子代有 4 种表现型，其比例为 1∶1∶1∶1。豌豆两对基因的测交实验见图 1-26。

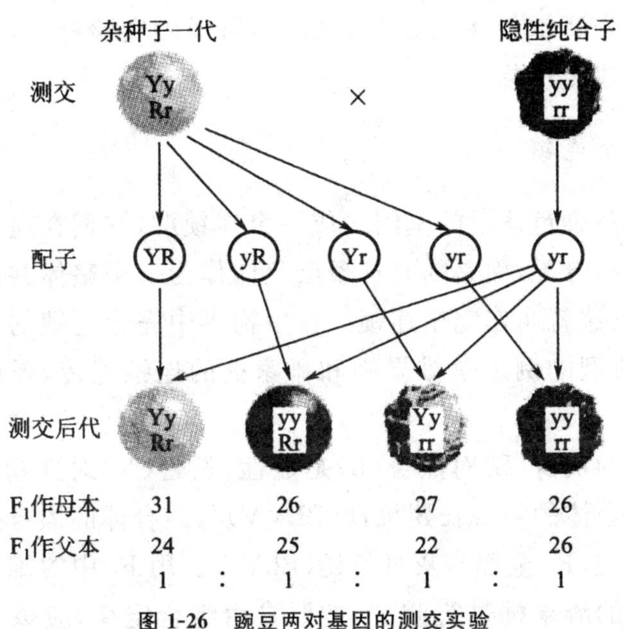

图 1-26　豌豆两对基因的测交实验

孟德尔通过对多对性状的遗传分析,发现其杂合体的配子类型及 F_2 的基因型和表现型的数目都是很有规律的,这种规律符合概率论。当涉及 n 对基因,而各对基因又是独立遗传时,F_1 的配子数目和 F_2 的表现型数目为 2^n,F_2 的基因型数目为 3^n,表型的比例为$(3:1)^n$ 的展开式。

三、连锁交换定律

染色体是基因的载体,但是任何生物染色体的数目都是有限的,而生物体的性状有成千上万个,决定这些性状的基因也有成千上万个,因此每条染色体上必然聚集着成群的基因。位于同一对同源染色体上的基因称为一个基因连锁群。例如,普通果蝇的染色体是 4 对,已知的基因有 500 个以上,人类的染色体是 23 对,而基因数目有 3 万个左右,这些都说明了基因的数目大大超过了染色体的数目。显然,位于同一条染色体上的基因,将不可能进行独立分配,它们必然随着这条染色体作为一个共同单位而传递,从而表现了另一种遗传现象,即连锁遗传。美国生物学家与遗传学家摩尔根在孟德尔之后,用果蝇做实验材料,揭示了这一重要的遗传现象。

1. 完全连锁

同一条染色体上的基因构成一个连锁群,它们在遗传的过程中不能独立分配,而是随着这条染色体作为一个整体共同传递到子代中去,这就叫作完全连锁。在生物界中完全连锁的情况是很少见的,典型的例子是雄果蝇和雌家蚕的连锁遗传,现以果蝇为例来说明。

果蝇的灰身(B)对黑身(b)是显性,长翅(V)对残翅(V)是显性。用纯合体的灰身长翅果蝇(BBVV)与纯合体的黑身残翅果蝇(bbvv)杂交,F_1 全部是灰身长翅(BbVv)。用 F_1 中的雄果蝇与双隐性亲本的雌果蝇进行测交,按照自由组合定律,应该出现灰身长翅、黑身残翅、灰身残翅、黑身长翅 4 种类型，而且比率应为 1∶1∶1∶1。可是实验的结果与理论分离比数不一致，后代只有灰身长翅和黑身残翅两种亲本型果蝇，其数量各占 50%，并没有出现灰身残翅和黑身长翅的果蝇。这表示 F_1 形成的精子类型可能只有 BV 和 bv 两种，即这里的基因没有重新组合(图 1-27)。

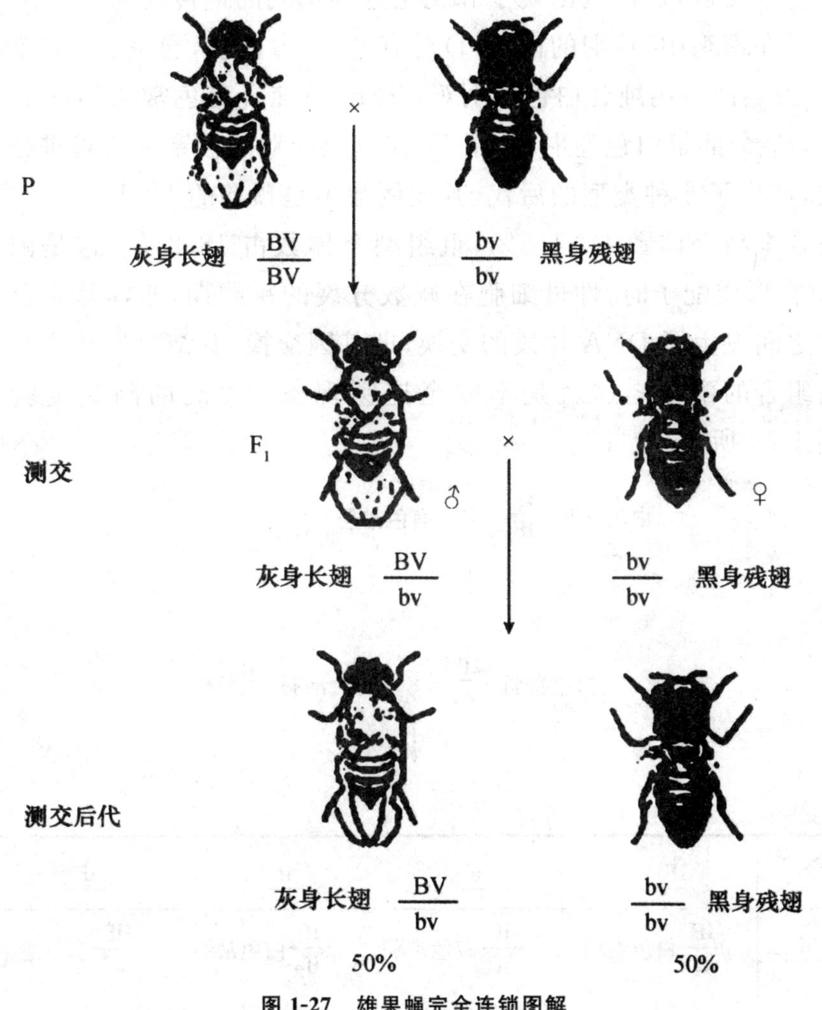

图 1-27　雄果蝇完全连锁图解

从图 1-27 中可以看出，杂合的 F_1 代雄果蝇在形成配子时，B 和 V 两个基因连锁在一条染色体上，b 和 v 连锁在另一条同源染色体上。由于雄体能产生两种配子(BV 和 bv)，雌体只产生一种配子(bv),所以测交后代只有灰身长翅和黑身残翅两种类型,比例是1∶1。

2.不完全连锁

不完全连锁指的是连锁的非等位基因,在形成配子的过程中发生了交换,这样就出现了和完全连锁不同的遗传现象。

在家鸡中,鸡羽的白色(I)对有色(i)为显性,卷羽(F)对常羽(f)为显性。用纯合白色卷羽鸡(IIFF)与纯合有色常羽鸡(iiff)杂交,F_1 全部是白色卷羽鸡,用 F_1 代母鸡与双隐性亲本公鸡进行测交,产生了4种类型的后代,其比例数不是预期的1∶1∶1∶1,而是亲本型个体数占81.8%,重组型个体数占18.2%。这是因为 F_1 在形成配子时,性母细胞在减数分裂的粗线期,非姊妹染色单体之间发生了DNA片段的交换,即基因交换,其结果导致产生了新组合的配子。这就是不完全连锁现象。家鸡的测交实验如图1-28所示。

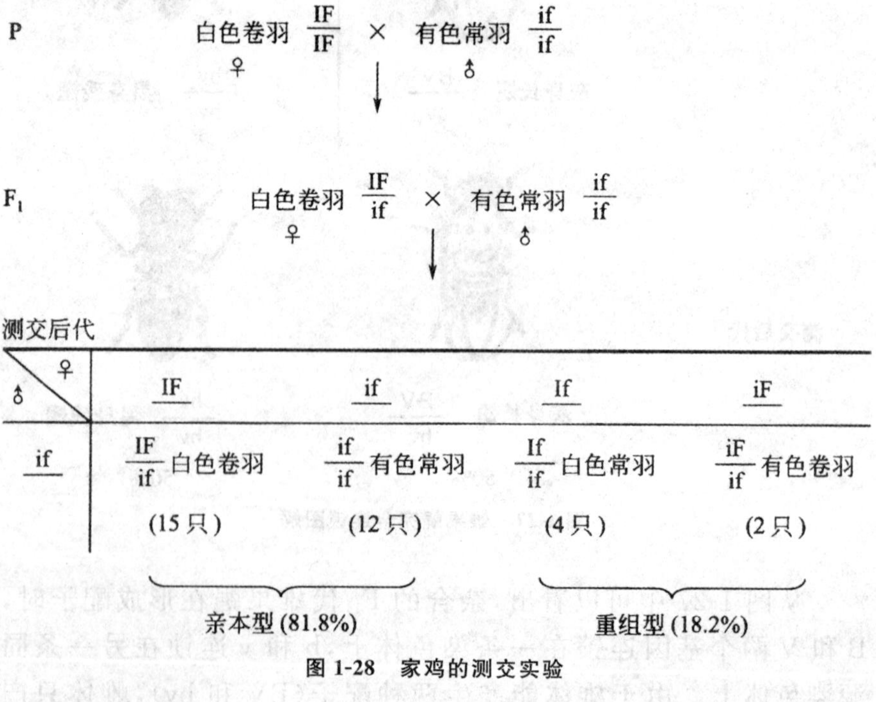

P　白色卷羽 $\frac{IF}{IF}$ ♀ × 有色常羽 $\frac{if}{if}$ ♂

↓

F_1　白色卷羽 $\frac{IF}{if}$ ♀ × 有色常羽 $\frac{if}{if}$ ♂

↓

测交后代

♂ \ ♀	IF	if	If	iF
if	$\frac{IF}{if}$ 白色卷羽 (15只)	$\frac{if}{if}$ 有色常羽 (12只)	$\frac{If}{if}$ 白色常羽 (4只)	$\frac{iF}{if}$ 有色卷羽 (2只)

亲本型(81.8%)　　重组型(18.2%)

图1-28　家鸡的测交实验

四、性别决定与伴性遗传

(一)性别决定

性别是动物中最容易区别的性状。在有性生殖的动物群体中,包括人类,雌雄性别之比大都是1∶1,这是一个典型的一对基因杂合体测交后代的比例,说明性别和其他性状一样,也和染色体及染色体上的基因有关。但生物的性别是一个十分复杂的问题,因此,性别决定也因生物的种类不同而有很大的差异。在多数二倍体真核生物中,决定性别的关键基因位于一对染色体上,这一对染色体称为性染色体,除此之外的染色体称为常染色体。常染色体的各对同源染色体一般都是同型的,但性染色体却有很大的差别,它是动物性别决定的基础。

1.性染色体类型

动物的性染色体类型常见的有XY、ZW、XO和ZO 4种类型,分别见于各个门、纲、目、科中。

1)XY型

人类在内的全部哺乳动物、某些两栖类、硬骨鱼类、昆虫等的性染色体都属于这种类型。雌性是一对形态相同的性染色体,用符号XX表示;雄性只有一条X,另一条比X小,并且形态也有很大不同,用符号Y来表示,因此,雄性是XY。

2)ZW型

家禽(如鸡、火鸡、鸭、鹅等)和鸟类、若干鳞翅目类昆虫、某些鱼类等的性染色体属于这种类型。这种类型的性别决定方式刚好和XY类型相反,雌性为异型性染色体,雄性为同型性染色体。为了和XY相区别,用Z和W代表这一对性染色体,雌性用符号ZW表示,雄性用符号ZZ表示。

3)XO型和ZO型

许多昆虫属于这两种类型。在XO型中,雌性是XX;雄性只有一条X染色体,没有Y染色体,用XO代表。在ZO型中,雌性只有一条Z染色体,用ZO表示;雄性是两条性染色体,用ZZ表示。

2.性别决定

生物类型不同,性别决定的方式也往往不同。XY型染色体,当减数分裂形成生殖细胞时,雄性产生两种类型配子,一种是含有Y染色体的Y型配子,另一种是含有X染色体的X型配子,两种配子的数目相等;雌性只产生一种含有X染色体的卵子。受精后,若卵子与X型精子结合形成XX合子,则将来发育成雌性;若卵子与Y型精子结合形成XY合子,则将来发育成雄性,Y染色体决定个体向雄性方向发展。人的XY型性别决定如图1-29所示。

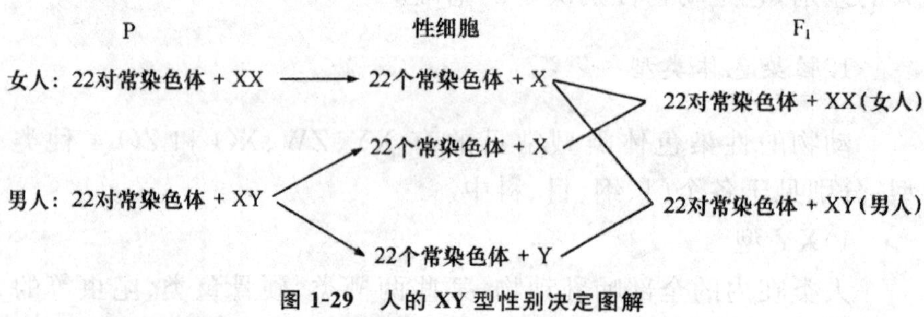

图1-29 人的XY型性别决定图解

ZW型与XY型相反,雄体只产生一种含Z染色体的Z型精子,而雌体可产生两种类型卵子,一种是含有一条Z染色体的Z型卵子,另一种是含有一条W染色体的W型卵子,两种卵子的数目相等。通过受精,若Z型卵子与Z型精子结合形成ZZ合子,则将来发育成雄体;若W型卵子与Z型精子结合形成ZW合子,则将来发育成雌体,如图1-30所示。

各种两性生物中,雌性和雄性的比例大致接近1∶1,其原因在于雄性(或雌性)个体可产生两种类型配子,而雌性(或雄性)个体只产生一种类型配子。这种比数和一对相对性状杂交时,F_1的测交后代比数完全相同。

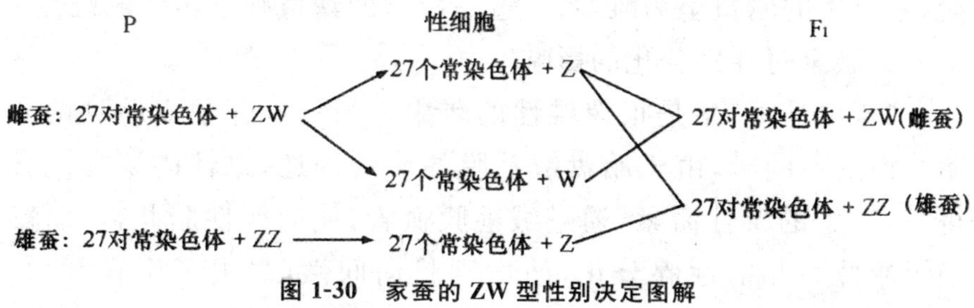

图 1-30 家蚕的 ZW 型性别决定图解

3. 性别的分化

性别分化是指受精卵在性别决定的基础上，进行雄性或雌性性状分化和发育的过程。但是性别的分化和发育都要受到机体内外环境条件的影响，当环境条件符合正常性别分化的要求时，就会按照遗传基础所规定的方向分化为正常的雄体和雌体；如果不符合正常性别分化的要求时，性别分化就会受到影响，从而偏离遗传基础所规定的性别分化的方向。机体内外环境条件影响性别分化的例证很多，这里仅举几个实例来说明。

1)外界条件对性别分化的影响

蜜蜂分为蜂王、工蜂和雄蜂 3 种。蜜蜂没有性染色体，它的性别决定于常染色体。雌蜂都是受精卵发育成的，它们的染色体组是相同的，是二倍体（$2n=32$）。雄蜂是未受精（孤雌生殖）的卵发育成的，是单倍体（$n=16$）。受精卵可以发育成有生育能力的雌蜂（蜂王），也可以发育成没有生育能力的雌蜂（工蜂），这取决于营养条件对它们的影响。在雌蜂中，如果幼虫能吃到 5d 的蜂王浆，则发育成具有产卵能力的蜂王，如果幼虫仅能吃到 2～3d 的蜂王浆，则只能发育成无生育能力的工蜂。很明显，雌蜂是否具有生殖能力，营养条件起了很重要的作用。

有些低级的动物和某些植物，其性别决定于个体发育关键时刻的环境温度或所处的时期。如果把蝌蚪放于 20℃ 以下的环境中，则 XX 型蝌蚪发育成雌蛙，XY 型蝌蚪发育成雄蛙。但是如果把蝌蚪置于 30℃ 以上的环境中，则 XX 型和 XY 型蝌蚪均发育成雄蛙，但它们性染色体的组成并不改变。鳝鱼的性别决定于年龄，刚出生的鳝鱼全为雌性，产过一次卵的鳝鱼则全转变成雄性。

2）激素对性别分化的影响

"自由马丁"牛是很像雄性的雌牛。当母牛怀孕双胎且两个胎儿性别不同时，由于胎盘绒毛膜的血管沟通，雄性的睾丸发育得早，产生的雄性激素，通过绒毛膜血管，流向雌性胎儿，从而影响了雌性胎儿的性腺分化，使性别趋向间性，失去了生育能力。后来还发现，胎儿的细胞也可以通过绒毛膜血管流向对方，因此，在孪生雄犊中曾发现有XX组成的雌性细胞，在孪生雌犊中曾发现有XY组成的雄性细胞。由于Y染色体在哺乳动物中具有强烈的雄性化作用，所以XY组成的雄性细胞可能会干扰孪生雌犊的性别分化，这叫性转变。在鸡中也曾发生过母鸡啼鸣的现象，经过研究发现，原来是母鸡卵巢受结核杆菌侵袭，或发生囊肿而使卵巢退化或消失，诱发留有痕迹的精巢发育并且分泌出雄性激素，从而表现出公鸡的啼鸣。性转变是性激素影响性别发育的最生动的现象。

（二）伴性遗传

性染色体是性别决定的主要遗传物质，性染色体上也有某些控制性状的基因，这些基因伴随着性染色体而传递。因此，这些基因所控制的性状，在后代的表现上，必然与性别相联系。在遗传学上，把性染色体上基因的遗传方式称为伴性遗传。伴性遗传的方式有以下两种。

1. 伴X染色体基因的遗传

伴X染色体基因的遗传包括伴X隐性基因的遗传和伴X显性基因的遗传两种情况。伴X隐性基因的遗传是指隐性基因在X染色体上，Y染色体上不含有其等位基因，因而X^aY隐性基因在雄性中表现，并且基因分离与常染色体的分离相一致，例如人类的红绿色盲遗传。伴X显性基因的遗传，如芦花鸡的毛色遗传（图1-31）。

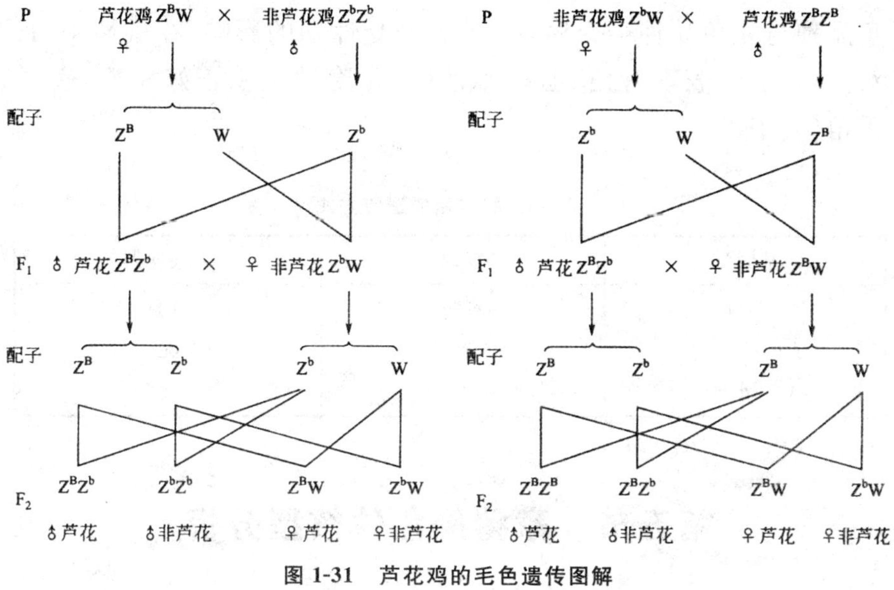

图 1-31　芦花鸡的毛色遗传图解

2. 伴 Y 染色体的基因遗传

由于Y染色体仅存在于男性个体，因而伴Y染色体基因所决定的性状仅由父亲传给儿子，不传给女儿，也称为全雄遗传。例如人的毛耳属于全雄遗传。全雄遗传的性状属于限性性状。

（三）限性遗传

只在某一性别中表现的性状称为限性性状，控制此类性状的基因多数位于常染色体上，也有少部分位于性染色体上。限性性状有单基因控制的单位性状，如单睾、隐睾、母鸡的抱窝习性等；也有多基因控制的数量性状或多性状复合体，如泌乳量、产仔数、产蛋性状等。

（四）从性遗传

从性遗传是指常染色体基因所控制的性状，在表现型上受个体性别影响的现象。表现有两种情况，一种是在两个性别中都表现，可是表现程度不同的性状；种是杂合了在两种性别中表现不同。例如,绵羊的有角和无角是由一对基因 H 和 h 控制的,有角品种与无角品种杂交后,F_1 的表型受性别的影响,在雄性中,H 对 h 是显性,表现有角,但在雌性中,显隐性关系正好相反,表现无角(表 1-3)。

表 1-3 绵羊角的遗传方式

基因型	♂表现型	♀表现型
HH	有角	有角
Hh	有	无
hh	无	无

第五节 家猪染色体核型分析

一、家猪染色体核型分析原理

细胞分裂中期是染色体形态结构最典型的时期。选取该时期分裂相较理想的细胞进行染色、显微摄影,然后根据照片分析染色体的长度、着丝粒位置、臂比和随体有无等形态特征,并依次剪贴配对、排列编号,即可得出核型分析图。一般根据细胞中染色体的形态类型将核型分为四类:由 m(中着丝粒染色体)组成的,称为对称性组型;大多数由 m 染色体组成的,称为基本对称组型;大多数由 sm(近中着丝粒染色体)和 st(近端着丝粒染色体)组成的称为基本不对称组型;由 st 组成的,称为不对称组型。

二、家猪染色体核型分析的方法与步骤

1. 培养液的配制

在无菌环境下,将 RPMI-1640 营养液 80mL,胎牛血清

20mL,PHA(植物血球凝集素)20mg,青霉素、链霉素各1.25万IU混合均匀,用7%的$NaHCO_3$调pH为7.0~7.2,过滤,分装于5mL培养瓶中,低温保存备用。

2.血样的采集

用一次性注射器(配8#针头)吸取0.2%肝素钠0.5mL,然后从猪的前腔静脉或耳静脉采血至5.5mL,轻轻转动注射器,使血液与抗凝剂混匀,然后取掉针头,在无菌条件下,向每个培养瓶内滴入8~12滴抗凝血,轻轻摇动,使血与培养液充分混匀。

3.外周血淋巴细胞培养

将培养瓶置于38.2℃恒温培养箱内培养72h,在终止培养前4~6h,每个培养瓶内加入0.04%秋水仙素1~3滴,使细胞分裂终止在中期。

4.细胞收获

培养结束后,用滴管将培养液轻轻吸打均匀,并分别放入7mL塑料离心管中,进行以下低渗及固定处理。

离心(1000r/min)10min,吸弃上清液,留约0.5mL,加入预热(37℃)0.075mol/L KCl溶液至5mL,于37℃水溶液中低渗处理20~30min,低渗结束后,加入固定液(甲醇:冰醋酸=3:1)0.5~1mL进行预固定,吸打均匀后迅速离心(1000r/min)10min,吸弃上清液,留少许,加4~5mL固定液至室温下固定30min,固定结束后,离心(1000r/min)8min,重复固定2~3次,吸弃上清液,留取适当的固定液,吸打均匀,制成混浊度适中的细胞悬浊液。

5.染色体标本的制备

将预冷的载玻片(在冰水中预冷)倾斜45°角,在距离载玻片约30cm的空中,用滴管垂直地把细胞悬液(2~3滴)滴在载玻片上距上端约 1/3 处,然后朝相反方向迅速将其吹干,并在酒精灯火焰上(微火)过几下,之后再用电吹风吹干或晾干。

6. 染色

标本片干燥后,用新鲜的 Giemsa 染液(原液 1 份,pH 6.8 的磷酸盐缓冲液 9 份)扣染(倒置染色法)15～20min,流水冲洗,晾干。

7. 染色体常规分析

1)镜检、摄影

将标本片置于显微镜下观察染色体的形态,对染色体处于同一平面、分散良好、长短适中、轮廓清楚、数目完整的中期分裂相进行显微照相,冲洗和放大。

2)测量、填表

将染色体逐一剪下,并用游标卡尺依次测量染色体长度以及长臂和短臂的长度(以 μm 为单位),计算臂比值,并将结果填入表 1-4。

$$\text{臂比值}=\frac{\text{长臂长度}}{\text{短臂长度}}$$

表 1-4 染色体形态测量数据表

染色体序号	绝对长度/μm	相对长度/%	长臂长度/μm	短臂长度/μm	臂比值	染色体类型

染色体长度的表示方法有两种,即绝对长度和相对长度。绝对长度是用测微尺直接在显微镜下测量得到的实际长度,或经显微摄影后再放大照片上的换算长度。相对长度可用下式表示:

$$\text{相对长度}=\frac{\text{某一染色体长度}}{\text{全部常染色单体长度}+\text{X 染色体长度}}\times 100\%$$

3)配对、排列

根据所测数据结合目测,按染色体的大小、臂比值、随体有无等,将照片上剪下的同源染色体进行配对。将配对好的同源染色体按类型和大小排队、剪贴,并编上序号。染色体的形态类型见表 1-5。

表 1-5 染色体的形态类型

臂比值	形态类型
1.00～1.70	m:中着丝粒染色体
1.71～3.00	sm:近中着丝粒染色体
3.01～7.00	st:近端着丝粒染色体
≥7.01	t:端着丝粒染色体

4)翻拍和绘图

将剪贴排列好的染色体组型图进行翻拍,用坐标纸或绘图纸绘制成染色体模式图。

第六节 鸡伴性性状观察与遗传分析

一、鸡伴性性状观察与遗传分析原理

雌雄鉴别在现代鸡生产中是必不可少的环节,以前采用翻肛法来鉴别,该方法技术性强。随着近代养鸡业及遗传育种学的发展,利用伴性遗传规律,建立了自别雌雄品系,使自别的准确率和效率大大提高。其原理是:鸡的性染色体构型是 ZW 型,公鸡为 ZZ 型,母鸡为 ZW 型,凡是伴性基因都位于 Z 染色体上,因此,伴性遗传总是伴随着 Z 染色体的分离和重组而表现出来,例如,金色与银色、快羽与慢羽、芦花与非芦花等。

1. 金、银色羽伴性性状自别雌雄原理

金色、银色是受伴性基因控制的,银色为显性,金色为隐性,利用金色公鸡和银色母鸡交配,则后代所有的金色雏鸡为母雏,银色为公雏,其遗传图如图 1-32 所示。

P	Z^sZ^s(♂) 金色公鸡	×	Z^SW(♀) 银色母鸡
		↓	
F_1	Z^SZ^s(♂) 银色公雏		Z^sW(♀) 金色母雏

图 1-32　金银色羽伴性性状遗传图

2. 快、慢羽伴性遗传性状自别雌雄原理

快羽、慢羽受位于 Z 染色体上的一对基因控制,慢羽为显性,快羽为隐性。用快羽公鸡和慢羽母鸡交配,子代快羽均为母鸡,而慢羽为公鸡,其遗传图如图 1-33 所示。

P	Z^kZ^k(♂) 快羽公鸡	×	Z^KW(♀) 慢羽母鸡
		↓	
F_1	Z^KZ^k(♂) 慢羽公雏		Z^kW(♀) 快羽母雏

图 1-33　快、慢羽伴性遗传性状遗传图

3. 芦花羽色的伴性遗传原理

芦花羽是由 Z 染色体上显性芦花基因 B 控制,它的等位基因 b 纯合时为非芦花,若用非芦花公鸡和芦花母鸡交配则雄鸡全部芦花,而雌鸡全部非芦花,其遗传图如图 1-34 所示。

P	Z^bZ^b(♂) 非芦花公鸡	×	Z^BW(♀) 芦花母鸡
		↓	
F_1	Z^BZ^b(♂) 芦花公雏		Z^bW(♀) 非芦花母雏

图 1-34　芦花羽色遗传图

二、鸡伴性性状观察与遗传分析方法与步骤

(1)按上面的杂交组合进行杂交，所产蛋进行记录后，将不同的杂交组合分开孵化。实验前孵出雏鸡(杂交前需将公、母隔离两周后再进行杂交，雏鸡要分群戴翅号)。

(2)将雏鸡放在实验台上，用肉眼观察其特征，根据羽色、羽速或芦花与非芦花来确定初生雏的公母。

银色与金色羽：银色羽初生雏为白色或银灰色，金色羽初生雏为金黄色。

快羽与慢羽：家禽翅膀上面有主翼羽，在主翼羽的上面覆盖的一层称覆主翼羽，在主翼羽后面的称付翼羽，在付翼羽上面的称为覆付翼羽。快羽和慢羽主要是根据鸡出壳 48h 内其主翼羽和覆主翼羽的相对长度而定的。慢羽分为 4 种：主翼羽和覆主翼羽等长；主翼羽短于覆主翼羽；主翼羽未长出；主翼羽稍长于覆主翼羽。

芦花与非芦花：芦花成鸡的特征是羽毛呈黑白相间的横斑条纹，非芦花无横斑条纹。雏鸡为芦花羽时，绒羽为黑色，头上有乳白色或黄色斑点。非芦花雏鸡头顶上没有浅色斑块。上述杂交组合产生的子代小鸡中凡具有黑色绒羽、头顶有黄色斑点者一定是雄鸡，否则为雌鸡。

(3)将已进行雌雄鉴别的雏鸡进行解剖，观察其生殖腺，以验证利用伴性原理鉴定的准确程度。

(4)留一部分雏鸡进行饲养，并戴上翅号，做好记录，7 周后观察验证。

第二章　性状的变异

变异是生物界中存在的一种普遍现象。变异可以影响生物的性状，使生物具有多样性，使生物通过自然选择而产生进化。变异可发生在染色体水平上，也可发生在DNA分子水平上。发生在染色体水平的变异有染色体数目和结构的改变称为染色体变异。发生在DNA分子水平上的分子结构的化学变化称为基因突变。

第一节　变异及变异的普遍性

一、变异的类型与原因

1. 变异的类型

生物界形形色色的变异大致上可划分为遗传变异和表型变异。

遗传变异是指基因型的变异，是生物体遗传物质发生改变而引起性状的变异，这种变异是能真实遗传的，故称遗传的变异。例如，家畜毛色和抗病力的差异、果蝇的残翅和常态翅等，都是由于等位基因不同引起的遗传变异。在畜牧业的历史中，发生过山羊的有角基因突变为无角基因的现象，马头山羊就是这种突变体通过选育形成的，这种突变后的无角性状能够遗传给后代。遗传的变异是广泛存在的，如果没有遗传的变异，生物就不会进化。

表型变异是指由于环境条件的改变，引起生物的外表变化，即获得性。这类变异并没有引起遗传物质的相应改变，因而它是不能遗传的。例如，同一品种的奶牛因饲料营养成分不同，引起泌乳量高低的变异；瘦肉型猪由于饲养粗放，生长速度减慢，瘦肉率降低；犊牛的人工去角和羔羊断尾等，这些变异都属于表型变异。

2. 变异的原因

生物的性状（表型）是遗传和环境共同作用的结果。所以生物的表型变异不外乎起源于两方面的原因：一是基因型的变异，二是环境条件的变异。也就是说，基因型和环境任何一方的变化，都可能引起表型的变化（变异）。所以，变异有遗传的原因，也有环境的原因。如果变异的原因是遗传的差异，即基因型的差异，那么变异是遗传的；如果其原因是环境的差异，那么变异是不遗传的。

虽然环境条件的改变，一般不能引起遗传的变异，但是遗传性的充分发挥则需要有一定的环境条件。例如，黄脚的来航鸡所以表现黄脚，除了鸡体内含有黄脚基因外，还需要从饲料中供给黄色素，才能表现黄脚；如果鸡饲料中长期缺乏黄色素，来航鸡脚的颜色就会表现为白色；但是如能供给充足的黄色素，鸡的黄色又能恢复。所以，在畜牧业生产中，要获得高产，必须重视培育良种（高产的基因型），同时，还要注意提供良好的饲养管理条件。

关于基因型变化的原因，分析起来不外乎两种：一是通过有性杂交引起基因重组和互换，产生多种多样的基因型；二是由于突变，包括基因突变和染色体畸变两种，这是产生新的遗传基础的最基本方式。

二、变异的普遍性

在自然界中很难找到两个完全相同的生物，因此人们认为变异是生物界的一种普遍现象。根据观察研究,生物的变异不仅表现在外部和内部构造上,而且表现在生物体的生理生化、新陈代谢及性格和本能等方面。例如,鸡有善啼的、好斗的,这表示性格的变异。奶牛食量有大有小,产奶量有高有低,这是新陈代谢与生理生化的变异。变异不仅见于有性生殖的情况下,而且也见于无性生殖的情况下。例如,芽变就是无性生殖产生的变异。变异不仅在家养条件下可以发生,而且在野生状态下也能观察到,不过家养生物的变异比野生生物的变异大得多。例如,野猪的类型很少,而家猪却有许多不同的品种,各品种在体型、毛色及生产性能等方面差别很大。

变异有的来自环境条件的一般影响,并不真实遗传;有的是可以遗传的,遗传的变异是通过基因重组形成的,还有一类由于遗传基础的改变而导致的变异,统称为突变。突变一词是荷兰的德弗里斯在他的突变学说中提出来的,是指突然的、偶然出现的、可遗传的变异。突变的广义概念中包括染色体结构和数目的改变,以及组成基因物质分子的变化所引起的变异等。而狭义的概念则专指基因突变。现在一般按狭义的概念来理解突变,即指基因突变。

细胞遗传学的研究表明,染色体的结构和数目是很稳定的。同一物种的不同个体含有同样数目、同样种类的染色体。前面述及的分离规律、自由组合规律以及连锁与交换,都是在染色体稳定的前提下发生的。但这并不是说,染色体的数目和结构不能改变或没有改变,事实证明染色体的结构和数目也会发生改变,并且已经发生了许多改变。染色体是遗传物质的主要载体,所以遗传学的研究十分重视染色体的结构、数目、功能及其行为等多方面的变异。染色体无论在结构或数量上的异常变化,都会改变其正常的功能,从而引起相应的遗传效应。因此,人们将由染色体异常而导致的变异统称为染色体变异。

第二节 基因突变和染色体变异

一、基因突变

基因突变(gene mutation)是在基因水平上遗传物质中可检测的能遗传的改变,主要是 DNA 分子结构发生的化学变化。突变在所有生物所有基因中都有可能发生,这些突变为生物适应环境变化提供新的遗传变异,它们过去、现在和将来对进化都是必需的。在讨论突变的表型效应与分子机制前,先看看其体现的重要特征。

(一)基因突变的特征

1.突变的重演性

突变的重演性是指相同的突变在同种生物的不同个体、不同时间、不同地点重复地发生和出现。例如,果蝇的白眼突变就曾在不同的群体中发生,20 世纪 40 年代矮腿的安康羊在挪威曾反复出现过。

2.基因突变是随机发生的

基因突变可以发生在生物个体发育的任何时期和生物体的任何细胞。一般来说,在生物个体发育的过程中,基因突变发生的时期越迟,生物体表现突变的部分就越少。

3.突变的多方向性

基因突变的多方向性是指一个基因可以突变成它的不同的复等位基因,如 A 可以突变成 a_1、a_2、a_3…a_n,它们的生理和性状表现各不相同,在遗传上具有对应关系,被称为复等位基因。例如,人类的ABO血型是复等位基因的典型例证之一。复等位基因的产生,是由突变的多方向性造成的。复等位基因的存在,丰富了生物的多样性,扩大了生物的适应范围,也为育种工作增添了素材。

4.突变发生的低频率性

突变发生的频率是指生物体(微生物中的每一个细胞)在每一世代中发生的突变的概率,也就是在一定时间内突变可能发生的次数。在遗传学上把表现突变性状的个体或细胞称为突变体,而突变体占观察总个体数的比例叫突变频率。如在人类中为4×10^{-6}~4×10^{-4},在高等动植物中,突变率为10^{-8}~10^{-5},在果蝇中自发突变率为10^{-5}~10^{-4},在细菌中为10^{-10}~10^{-4}。部分生物性状的自发突变率见表2-1。自发突变率也受到生物遗传特性的影响,比如在雄性和雌性果蝇中相同的性状其突变率不同。

据估计,在高等生物中,大约10^5~10^8个生殖细胞中才会有一个生殖细胞发生基因突变,不同生物的基因突变率是不同的。

表2-1 部分生物性状的自发突变率

物种	性状	突变方向	频率
细菌(*E. coli*)	乳糖发酵	$Lac^- \rightarrow Lac^+$	2×10^{-7}
	噬菌体T2敏感型	$T_{1-s} \rightarrow T_{1-r}$	2×10^{-8}
	组氨酸型	$his^+ \rightarrow his^-$	2×10^{-6}
		$his^- \rightarrow his^+$	4×10^{-8}
果蝇(*Drosophila melanogaster*)	黄体	Y→y(雄蝇)	1×10^{-4}
	白眼	Y→y(雌蝇)	1×10^{-5}
	褐眼	W→w	4×10^{-5}
		$B^W \rightarrow b^W$	3×10^{-5}

续表

物种	性状	突变方向	频率
小鼠(*Mus musculus*)	非鼠色	$a^+ \to A$	3×10^{-5}
	白化	$c^+ \to c$	1×10^{-5}
人(*Homo sapiens*)	血友病	$h^+ \to h$	3×10^{-5}
	软骨骼发育不全		4×10^{-5}

5. 突变的有利与有害性

多数事例表明，突变大多数不利于生物的生长发育。因为每种生物都是进化过程的产物，与环境条件已取得了高度的协调。如果发生突变，就可能破坏或削弱这种均衡状态。严重时，有的突变可以阻碍生物体的生存或传代。基因突变是引起人类和动物遗传病的主要原因。据研究，人类遗传病中因基因突变引起的多达62％。

也有少数突变能促进或加强某些生命活动，是有利于生物生存的，如作物的抗病性、早熟性和茎秆的矮化坚韧、抗倒以及微生物的抗药性等。有些突变虽对生物本身有害，而对人类却有利，短腿羊的短腿突变就是一例。所以突变的有利或有害是相对的。

（二）基因突变产生的机制

能够引起基因突变的理化因素很多。主要包括化学物质引起的突变、辐射引起的突变以及由转座因子引起的突变。引起突变的化学物质有碱基类似物、改变DNA化学结构的诱变剂和结合到DNA上的诱变剂等。

1. 化学物诱发突变

1)碱基类似物的诱发突变

一些碱基类似物能够在DNA复制时与正常碱基配对，掺入DNA分子中。此类化合物经过DNA的复制会引起碱基替换，例如，5′-溴尿嘧啶(5′-bromouracil，5′-BU)，它与T很相似，仅在第五个碳原子上由溴(Br)取代了T的甲基。5′-BU有酮式和烯醇式两种异构体，酮式可以与A配对，烯醇式可与G配对，如果在DNA复制时酮式5′-BU与A配对掺入DNA分子中，然后变成烯醇式，在下一次复制时就会与G配对产生突变(图2-1)。

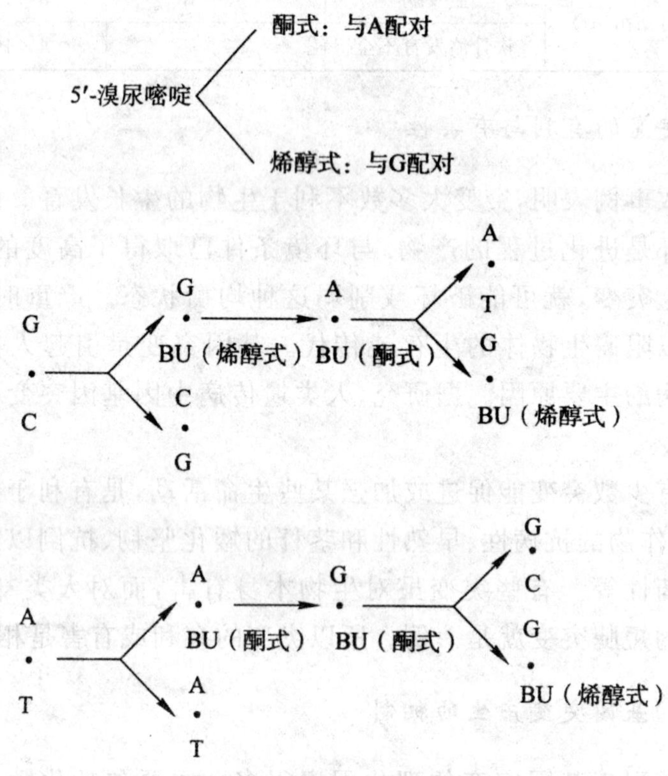

图 2-1　BU的酮式和烯醇式结构及与A、G配对

氨基嘌呤(2-aminopurine，2-AP)，也属于碱基类似物，它也有两种异构体：一种是正常状态；另一种是稀有状态以亚基的形式存在，它们可分别与DNA中正常的T和C配对结合，当2-AP掺入DNA复制中时，由于其异构体的变换而导致A-T对变为G-C对，G-C对变为A-T对(图2-2)。

2)使化学结构改变的化学诱变剂

一些亚硝酸、烷化剂及羟胺能改变DNA中核苷酸的化学结构，因而导致碱基的替换。

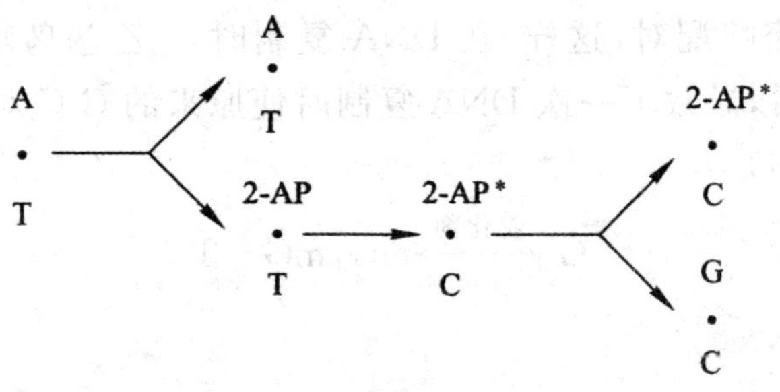

图 2-2 2-AP 的诱变机制

(1)亚硝酸。亚硝酸具有氧化脱氨作用,它能使腺嘌呤(A)脱去氨基,成为次黄嘌呤(H)。次黄嘌呤不能与胸腺嘧啶配对,而能与胞嘧啶配对。这样受亚硝酸处理的 DNA 分子中就具有了次黄嘌呤,经过 DNA 复制,会使原来的 A-T 对转换成 G C 对(图 2-3)。

$$A \xrightarrow{\text{亚硝酸}} H, H-C$$

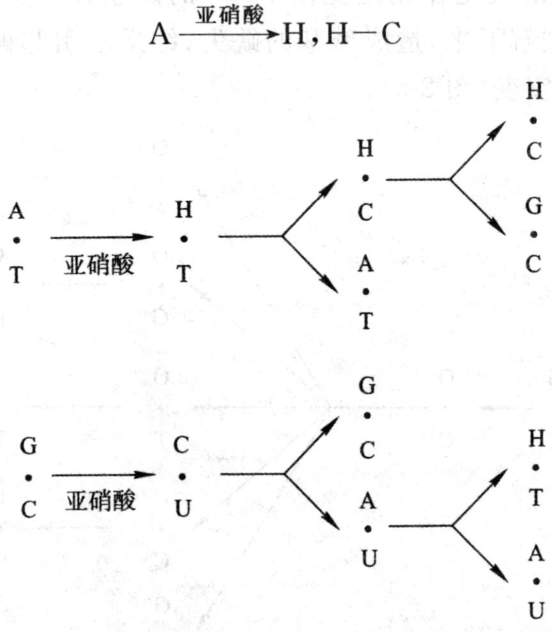

图 2-3 亚硝酸引起碱基替代的机制

(2)烷化剂。烷化剂能使 DNA 分子中的碱基烷基化,导致配对时出现错误,产生碱基替代现象。如硫酸二乙酯可以使鸟嘌呤乙基化变成 7-乙基鸟嘌呤(mG),结果使它不能与胞嘧啶配对,而能与胸腺嘧啶配对，这样，在DNA复制时，7-乙基鸟嘌呤与胸腺嘧啶配对后，导致下一次DNA复制时使原来的G-C对转换成A-T对（图2-4）。

$$G \xrightarrow{\text{烷化剂}} mG, mG-T$$

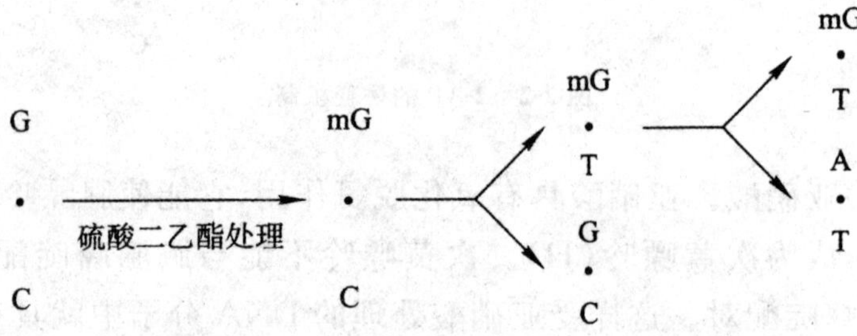

图2-4 用烷化剂使鸟嘌呤烷基化后引起的碱基配对改变

烷基化的烷化作用还能使DNA的碱基容易受到水解而从DNA链上裂解下来，造成碱基的缺失，结果会引起碱基的转换、颠换和移码突变（图2-5）。

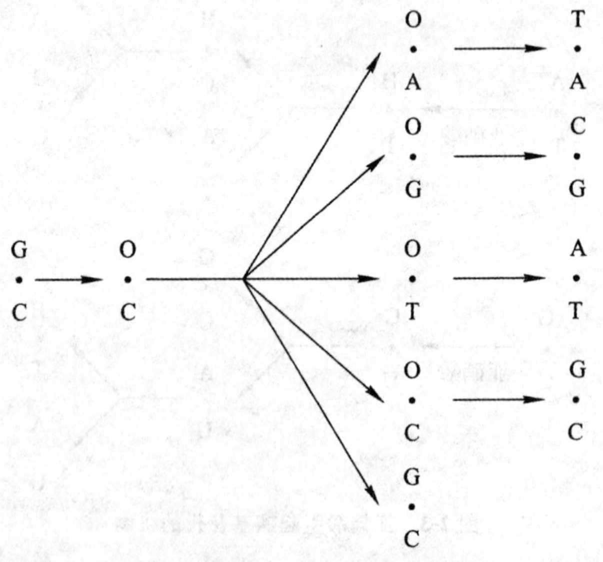

图2-5 烷化作用使DNA链上发生水解、缺失后的变化

（3）羟胺（HA）。羟胺是一种还原剂，它的作用比较专一化，往往与胞嘧啶作用，使胞嘧啶C_6位置上的氨基羟化，变成像胸腺

嘧啶的结合特性，在 DNA 复制时，不再与鸟嘌呤配对，而和腺嘌呤配对。因此经过 DNA 复制，能将 G-C 对转换成 A-T 对（图 2-6）。

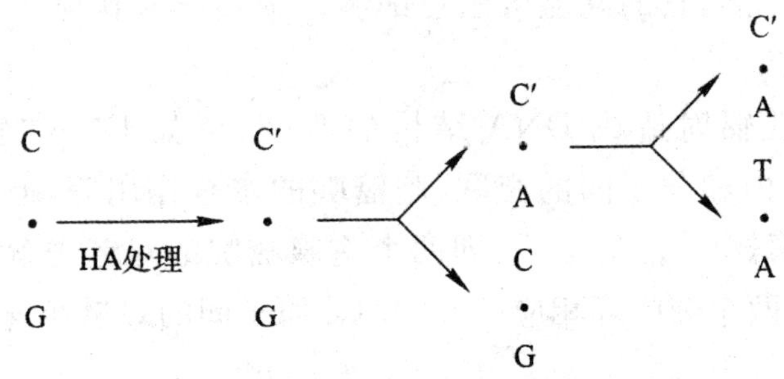

图 2-6 用 HA 处理后配对行为改变出现碱基替换

3）结合到 DNA 分子上的诱变化合物

有一些诱变化合物，如原黄素、亚黄素和丫啶黄一类的丫啶类的分子较扁平，能结合到 DNA 分子上，并插入邻近碱基之间，使碱基之间断裂，并且使 DNA 双链歪斜，导致两个 DNA 分子排列出现参差不齐，产生不等交换，形成两个重组分子，一个含的碱基对多[（+）突变型]，一个含的碱基对少[（-）突变型]（图 2-7）。

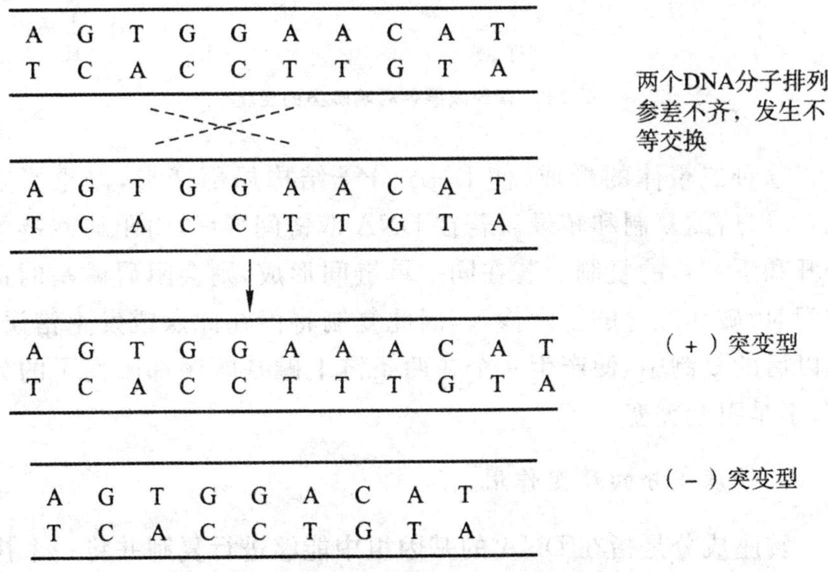

图 2-7 丫啶类诱变形成移码突变的机理

2. 紫外线引起 DNA 结构或碱基的变化

紫外线(ultraviolet light ray,UV)是非电离化的,但紫外线是常用的诱变剂,它的高能可杀死细胞。遗传学和医学上都广泛应用 UV 杀菌。

紫外线辐射造成 DNA 结构的改变,诸如 DNA 链的断裂、DNA 分子内和分子间的交联、胞嘧啶的水合作用等,但主要是胸腺嘧啶二聚体(TT)的形成,即两个胸腺嘧啶的双链先解开变成单链,然后在两个嘧啶环相应的 C_5 和 C_6 原子间的 C 链相连(图 2-8)。

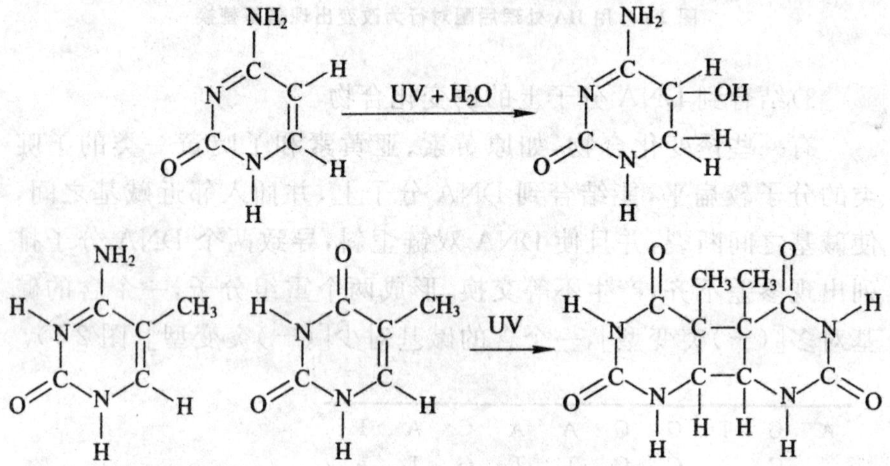

图 2-8 紫外线照射后嘧啶类的变化

这种二聚体的形成,使 DNA 分子结构局部变形,严重影响 DNA 以后的复制和转录。若在 DNA 双链间形成,将阻碍双链的分开和下一步的复制。若在同一单链间形成,则会阻碍碱基的正常配对,破坏嘌呤的正常掺入,因此复制将停在此点或发生错误,在以后的复制中,便产生一个在两条链上碱基顺序都改变了的分子,于是引起突变。

3. 转座成分的致变作用

转座成分是指在 DNA 的基因组中能够进行复制并将一个拷贝插入新位点的 DNA 序列单元,生物体内含有许多转座成分,一般为数百到数千个碱基对，可以通过一种复杂的转座机制将其一个复制拷贝插入到基因组的另一位点，如果这个位点处于一个基因的内部，这个片段的插入常常引起移码突变或造成基因的失活。实际上，现代基因工程技术生产的转基因动物和转基因植物也可以说相当于插入一个转座成分，如果它整合到一个正常基因的内部，就会造成突变。

各种生物体内的转座成分也叫作转座元件（transposable elements），它们存在于细菌、真菌、原生生物、植物和动物中，这些元件成为基因组的主要组成部分，如在人的基因组中比例达40%以上。尽管这些元件各有特点，但基本可以划分为如下三类（表2-2）。第一类转座元件的转座（transposition）通过将其从染色体上的位置剪切出来，插入到另一位置，因此被称作剪切与粘贴转座子（cut-and-paste transposons）。第二类转座元件的转座则需要对转座元件进行复制，因而被称作复制型转座子（replicative transposons）。第三类转座元件的转座包含了依据该元件RNA合成的拷贝的插入，一种称为逆转录酶的酶用该元件的RNA作为模板合成DNA分子，然后该DNA分子被插入到新的染色体位置上。由于第三种类型的转座是从RNA到DNA，而不是从DNA到RNA，因而称作反转座（retrotransposition），这类转座元件叫作反转座子（retrotransposons，简写为retroposons）。

表2-2 根据转座机制对转座元件的分类

类型	例子	宿主生物
Ⅰ.剪切与粘贴转座子	IS元件（如IS50）	细菌
	复合转座子（如Tn5）	细菌
	Ac/*Ds*元件	玉米
	*P*元件	果蝇
	*hobo*元件	果蝇
	piggyBac	飞蛾
	Sleeping Beauty	鲑鱼

续表

类型	例子	宿主生物
Ⅱ.复制型转座子	Tn3 元件	细菌
Ⅲ.反转座子		
A.类反病毒元件[也叫作长端部重复(LTR)反转座子]	Ty1	酵母
	copia	果蝇
	gypsy	果蝇
B.反转座子	*F*、*G* 和 *I* 元件	果蝇
	端粒反转座子	果蝇
	LINEs(如 *L1*)	人类
	SINE(如 *Alu*)	人类

(三)DNA 损伤的修复

DNA 损伤后,生物可以进行修复。修复主要有以下 3 种方法。

1.光复活作用

光复活作用在细菌中由一种叫作 DNA 光分解酶的作用下进行。DNA 光分解酶连接到 DNA 上的胸腺嘧啶二聚体,并利用光的能量切割等价的连接键。DNA 光分解酶在黑暗中会连到 DNA 上的胸腺嘧啶二聚体,但在没有可见光能量时不能催化连接胸腺嘧啶的键的裂开。光分解酶还使胞嘧啶二聚体和胞嘧啶-胸腺嘧啶二聚体裂开(图 2-9)。

2.切除修复

损伤 DNA 的切除修复至少包含 3 个步骤。第一步,DNA 修复内切酶或者含有内切酶的酶复合体识别、连接受损 DNA,并切除 DNA 上受损伤的碱基或碱基对。第二步,DNA 聚合酶用未损伤的 DNA 互补链作模板填充空隙。第三步,DNA 连接酶将 DNA 聚合酶留下的裂痕补上完成修复过程。切除修复主要有两

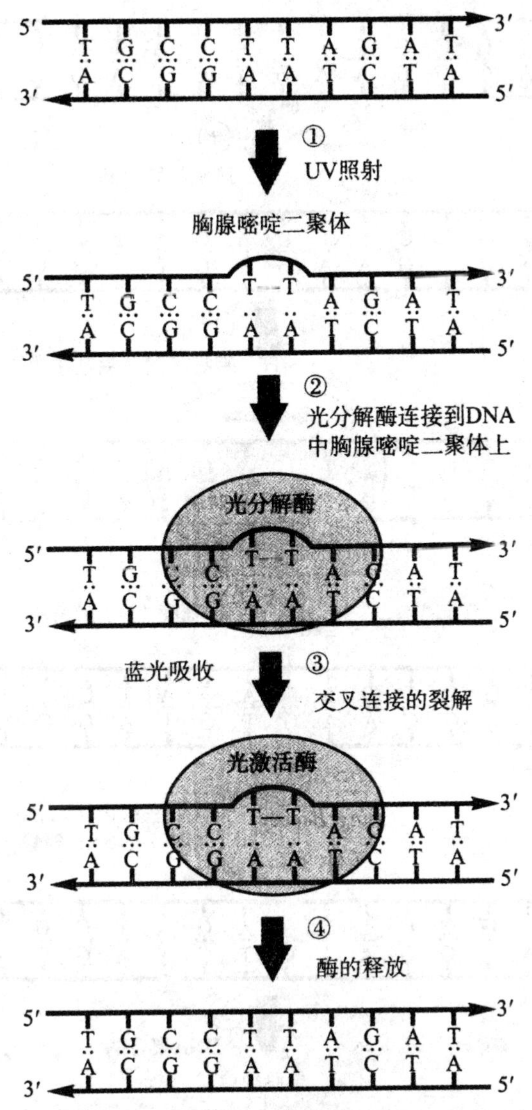

图 2-9 由光活化的光分解酶作用的胸腺嘧啶二聚体的裂开

注:箭头表明互补 DNA 的相反极性

种方式:碱基切除修复系统从 DNA 上清除异常或化学上被修饰碱基,而核苷酸切除修复路径则清除像胸腺嘧啶二聚体这样较大的缺陷。两种切除路径均在黑暗中进行,而且两种路径的机制在大肠杆菌和人类中都是一样的。

碱基切除修复(图 2-10)可以由识别 DNA 异常碱基的称为

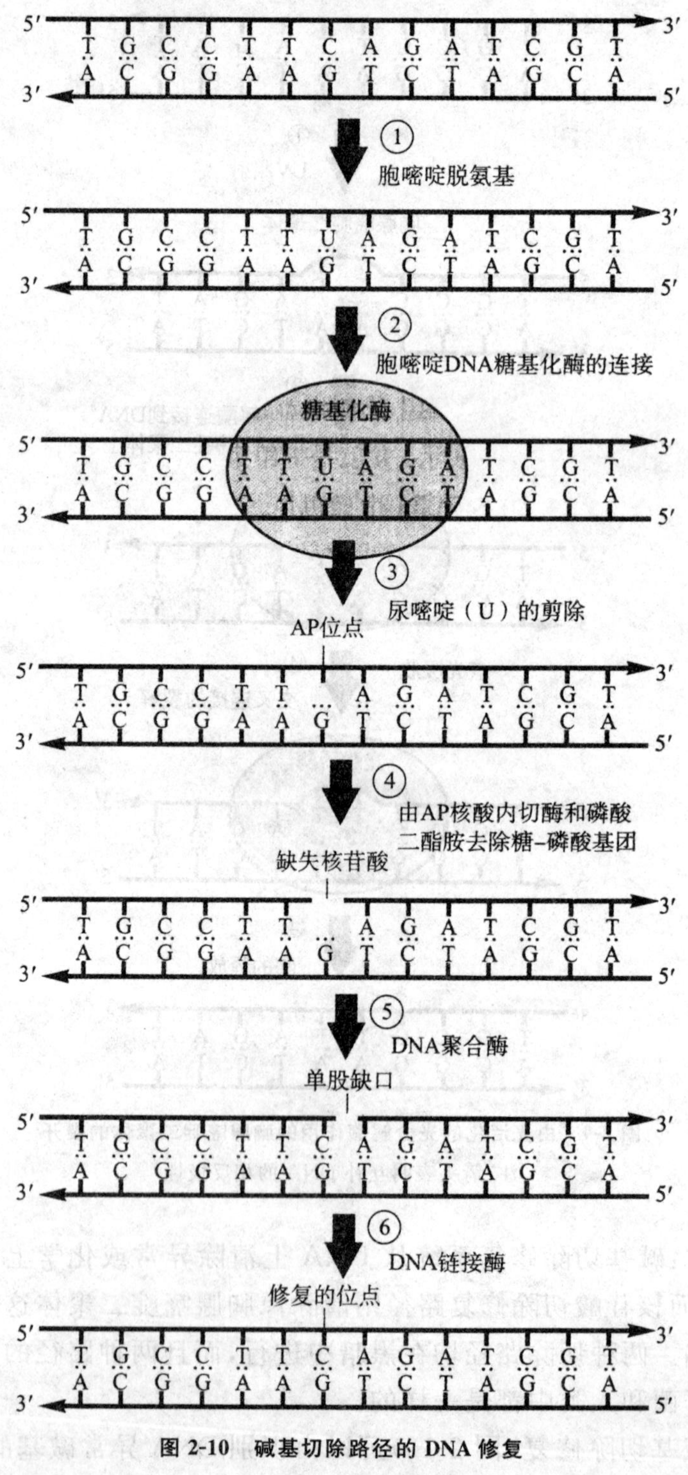

图 2-10　碱基切除路径的 DNA 修复

DNA 糖基化酶的一组酶的任何一个启动。每种糖基化酶识别一种特异性的被改变碱基,这些碱基如脱氨碱基、氧化碱基等。糖基化酶使异常碱基与2-脱氧核糖体间的配糖键裂开,产生没有碱基的嘌呤或嘧啶的结合点(AP 位点)。这些 AP 位点由 AP 内切酶识别。然后,DNA 聚合酶根据互补链的特异性替代缺失的核苷酸,继而 DNA 连接酶补上缺刻部分,完成修复。

碱基切除修复可以由识别 DNA 异常碱基的被称为 DNA 糖基化酶的一组酶的任何一个启动。本例中尿嘧啶 DNA 糖基化酶启动修复过程。

在核苷酸切除修复中,一种独特的切除核酸酶(nuclease)活性在受损伤核苷酸的每一侧产生切割,切除含有受损伤碱基的寡核苷酸。这种被称为切除核酸酶的核酸酶跟内切酶和外切酶不一样。

3.重组修复

重组修复是受损伤的 DNA 分子通过其分子间的重组来完成的。修复过程如下:先是复制,复制成的两条链一条是正常的,另一条由以受损伤的母链为模板复制出来的子链,在母链的嘧啶二聚体部位不能正常复制而形成缺口;然后由正常的母链与有缺口的链在内切酶的作用下重组,缺口由母链来的核苷酸片段弥补;最后是再合成,即重组后,正常的母链本身又出现缺口,这个缺口通过 DNA 聚合酶的作用,合成核苷酸片段,再由连接酶使新片段与母链连接,重组修复完成。

二、染色体变异

在细胞分裂进程中,如果染色体活动异常,在数量和结构上发生变化,则称为染色体变异。引起染色体变异的因素和基因突变一样,有自然因素与理化因素两大类。按变异的性质,可以把染色体变异分为染色体结构变异和染色体数目变异。

(一)染色体结构变异

染色体的结构是相对稳定的,但在某些条件下可能发生结构的改变,称为染色体结构变异。如各种射线、化学药剂、温度剧变等外界条件的影响,或生物体内生理生化过程不正常、代谢失调、衰老等内因的变化以及远缘杂交等,均有可能使其结构发生改变。染色体的结构变异包括缺失、重复、倒位和易位等4种类型。

1. 缺失

1)缺失的类别

缺失是指染色体某一区段的丢失。如果丢失的是某臂的外端一段,称为顶端缺失;如果丢失的是一个臂内的一段,则称为中间缺失,如图2-11所示。

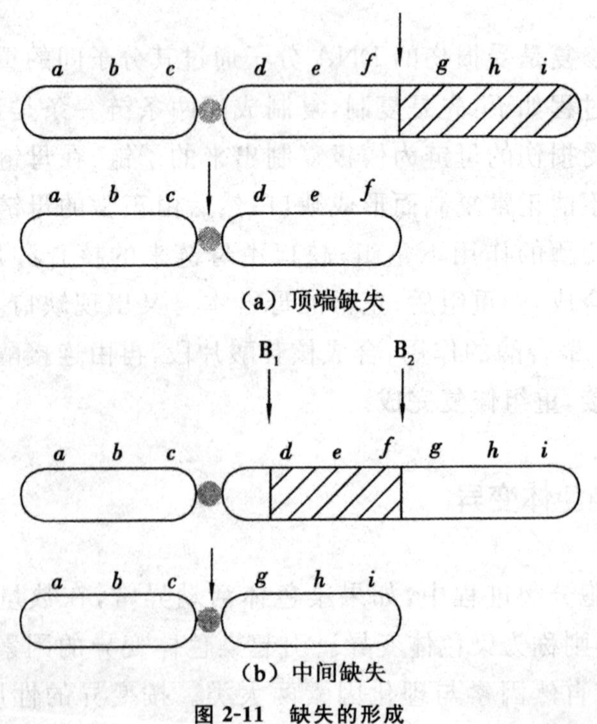

(a)顶端缺失

(b)中间缺失

图2-11 缺失的形成

2）缺失的遗传效应

图 2-11 表示了顶端缺失和中间缺失的形成过程。顶端缺失染色体一般很难定型，因而比较少见。中间缺失的类型比较稳定，可以在细胞减数分裂时见到。如果某个体的细胞中一对同源染色体的一个发生了中间缺失，那么这个个体称为缺失杂合体。在细胞减数分裂的粗线期，可以看到由于缺失而导致的同源染色体配对时形成的弧状突起，这种现象在果蝇的唾液腺染色体上看得非常清楚，如图 2-12 所示。如果一对同源染色体都在同一位置发生了中间缺失，那么这个个体称为缺失纯合体。缺失纯合体在细胞学上很难鉴定，如果恰好看到原始的发生缺失的细胞，那么可以发现无着丝点的染色体断片，这种断片会随细胞分裂而消失。

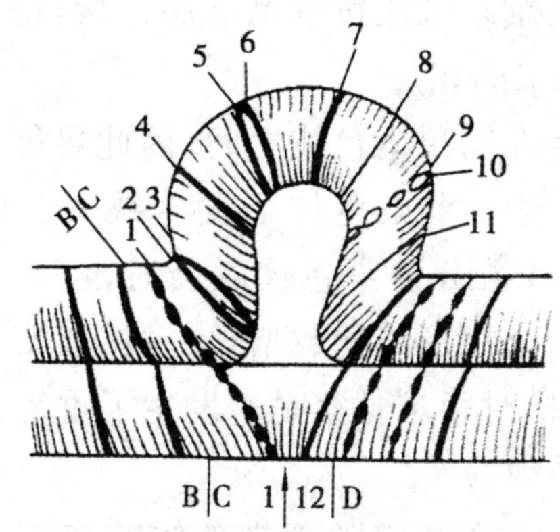

图 2-12　“缺翅”杂合型果蝇幼虫唾液腺染色体

缺失主要影响生物的正常发育和配子的活力。缺失将会产生以下几种效应。

(1)致死或出现异常。因为染色体缺失使它上面所载荷的基因也随之丢失，所以，缺失常常造成生物的死亡或出现异常，但其严重程度取决于缺失区段的大小、所载荷基因的重要性以及缺失的类型。一般缺失纯合体比缺失杂合体对生物的生活力影响更大。人类的猫叫综合征就是由于第 5 号染色体短臂缺失所致。新生儿发病率 1/50000，女性多于男性，大部分患儿可以活到儿童期,少数可活到成年。

(2)假显性或拟显性。显性基因的缺失使同源染色体上隐性非致死等位基因的效应得以显现。以缺刻翅果蝇为例,在果蝇翅的边缘有缺刻,胸部小刚毛分布错乱。这是由于果蝇的一条X染色体C区的2-11区域缺失所致。

2. 重复

1)重复的类别

重复是指染色体增加了与自身相同的某一区段。重复按发生的位置和顺序不同,可分为以下两种类型。

(1)顺接重复:重复区段按原有的顺序相连接,即重复区段所携带的遗传信息的顺序与染色体上原有的顺序相同。

(2)反接重复:重复区段按颠倒顺序连接,即重复区段所携带的DNA顺序和原来的相反。

由于重复发生在同源染色体之间,因此可能在一个染色体发生重复的同时,在另一个染色体上发生缺失。如果重复区段较长,重复杂合体在减数分裂染色体联会时,可以见到重复染色体的重复区段形成一个拱形结构或增长一段,如图2-13所示。如果重复区段很短,镜检时很难觉察是否发生了重复。

2)重复的遗传效应

(1)位置效应:一个基因随着染色体畸变而改变它和相邻基因的位置关系,从而造成表型改变。

(2)剂量效应:由于基因数目的不同,而表现了不同的表型差异称为剂量效应。重复杂合体和重复纯合体所含的某些等位基因已不是1对,而是3个或4个,常常会引起基因的剂量效应,例如玉米的糊粉层颜色受第9对染色体上一个显性基因C控制,一个C存在,颜色最浅,如该染色体显性基因C区段发生重复,则随着基因C的增多,颜色会相应地加深。

(3)表型异常:重复对生物发育和性细胞生活力也是有影响的,但比缺失的损害轻。如果重复的基因或产物很重要,就会引起表型异常。

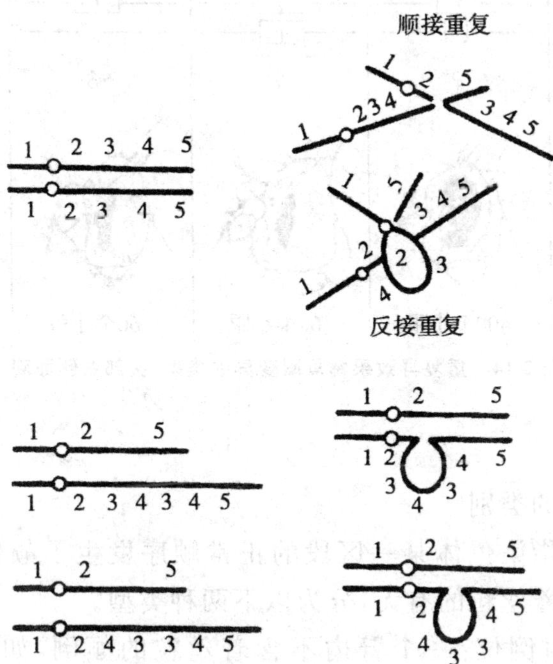

图 2-13 重复的形成及重复杂合体的细胞学鉴定

重复造成表型异常的最典型例子是果蝇的棒眼遗传。野生型果蝇的每个复眼大约由 780 个红色小眼组成。曾发现 X 染色体上 16 区 A 段有一次重复的个体，其表现型由复眼变成条形的棒眼。在重复纯合体雌果蝇中，一对 X 染色体上 16 区 A 段各有一次重复时(即共有 4 个 16 区 A 段)，复眼的小眼数目从正常的大约 780 个变成仅 68 个，表现出较细的棒眼。在杂合体中有一种类型，一对 X 染色体上有一条具有 3 个这样的区段，虽然总数也是 4 段重复，其复眼却成为更细的条形，小眼数目减少到 45 个，称为重棒眼或加倍棒眼。由此可知，重复区段排列方式的不同会引起位置效应；而重复区段数目的增多会引起剂量效应，如图 2-14 所示。

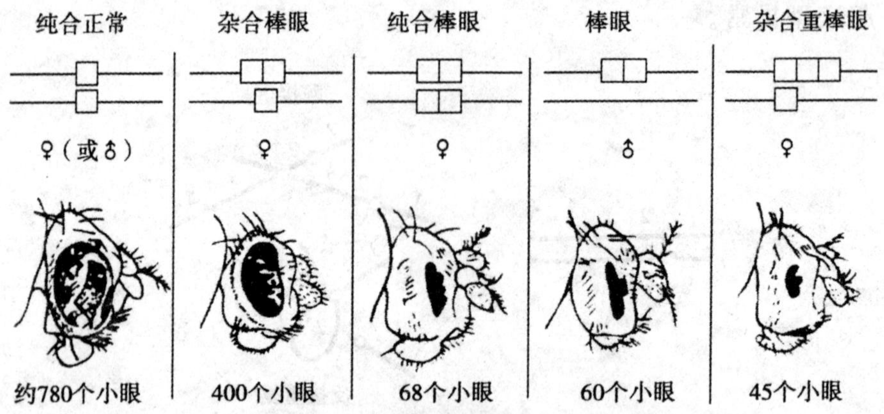

图 2-14　重复导致果蝇复眼变异的类型(头部右侧面观)

3. 倒位

1)倒位的类别

倒位是指染色体某一区段的正常顺序发生了颠倒。按照倒位区段包含着丝粒的有无,分为以下两种类型。

(1)臂内倒位:一个臂内不含着丝粒的颠倒,如图 2-15(a)所示。

(2)臂间倒位:两个臂间包含着丝粒的颠倒,如图 2-15(b)所示。

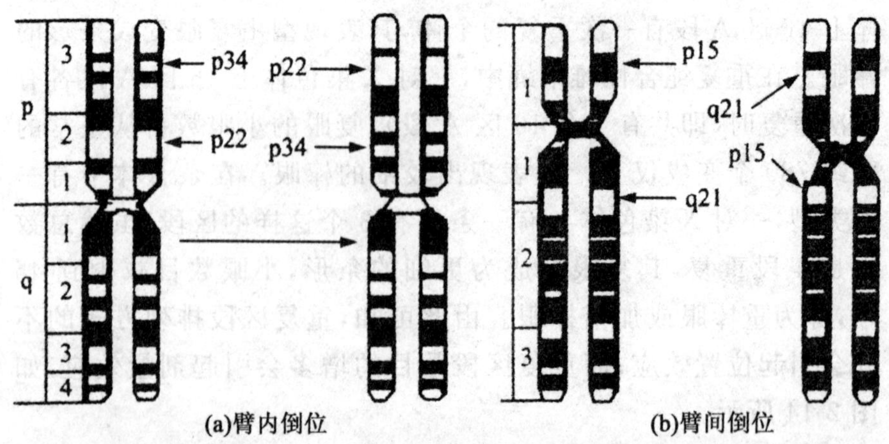

图 2-15　倒位的类型

根据倒位杂合体减数分裂时的联会现象来鉴别倒位。如果倒位区段很长，则倒位染色体就可能反转过来，使其倒位区段与正常染色体的同源区段进行联会，二价体的倒位区段以外的部分保持分离（图 2-16）；如果倒位区段不长，则倒位染色体与正常染色体所联会的二价体就会在倒位区段内形成“倒位圈”，如图 2-17 所示；如果倒位区段很短，则不易从细胞学上鉴别。倒位纯合体减数分裂正常，难以鉴别。

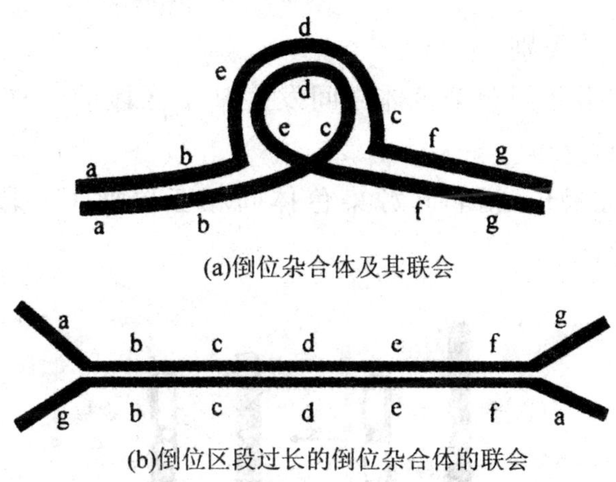

(a)倒位杂合体及其联会

(b)倒位区段过长的倒位杂合体的联会

图 2-16　倒位杂合体及其联会细胞学特征示意图

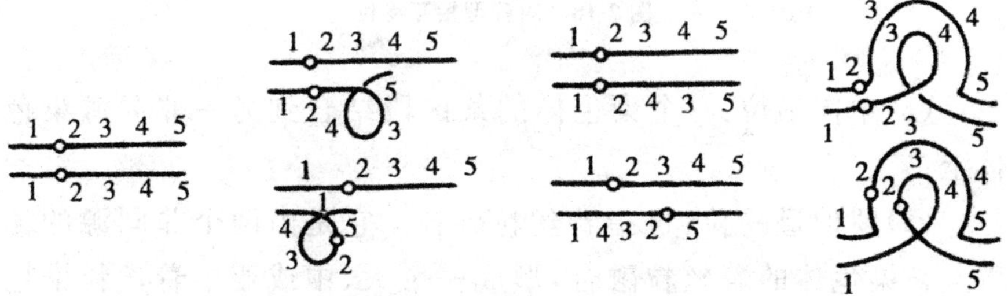

图 2-17　倒位的形成和倒位杂合体的细胞学鉴定

上：臂内倒位　下：臂间倒位

2）倒位的遗传效应

（1）引起基因重排：倒位改变了正常的连锁群，引起基因的重排，使遗传密码的阅读结果改变，因而导致相应的表型变化。

(2)对生物生活力的影响:若倒位的区段较大,倒位杂合体常常表现不育;倒位纯合体一般是正常的,并不完全影响个体的生活力。

(3)对生物进化的影响:倒位杂合体通过自交出现倒位纯合体的后代,而倒位纯合体生活能力正常,使它们与原来的物种产生生殖隔离,这样就会形成新的物种,促进物种的进化。

4. 易位

1)易位的类别

易位是指非同源染色体之间发生某个区段的转移,可分为以下三种类型。

(1)相互易位:指非同源染色体间相互置换了一段染色体片段(图 2-18)。

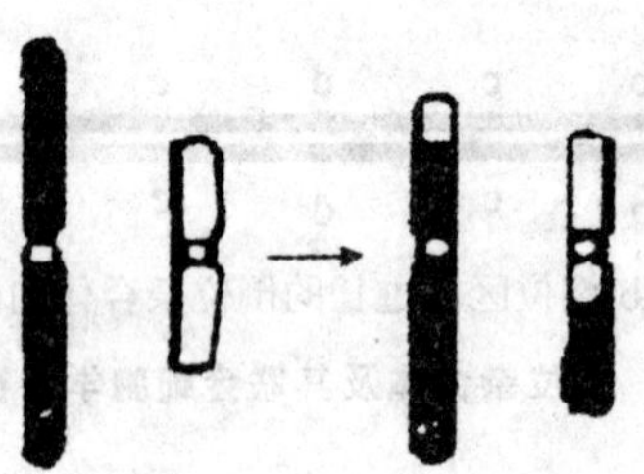

图 2-18 对称型相互易位

(2)单向易位:一个染色体的某区段结合到另一非同源染色体上。

(3)罗伯逊易位:也指着丝粒融合。它是由两个非同源的端着丝粒染色体的着丝粒融合,形成一个大、中或亚中着丝粒染色体(图 2-19)。

易位的细胞学特征是根据易位杂合体在偶线期和粗线期的联会形象判定。相互易位杂合体的两个正常染色体与两个易位染色体在联会时,势必交替相间地联会成“十”字形。到了终变期,“十”字形就会因交叉端化而变为四个染色体构成的“四体链”或“四体环”。到了中期Ⅰ,终变期的环又可能变为“8”字形(图

2-20)。

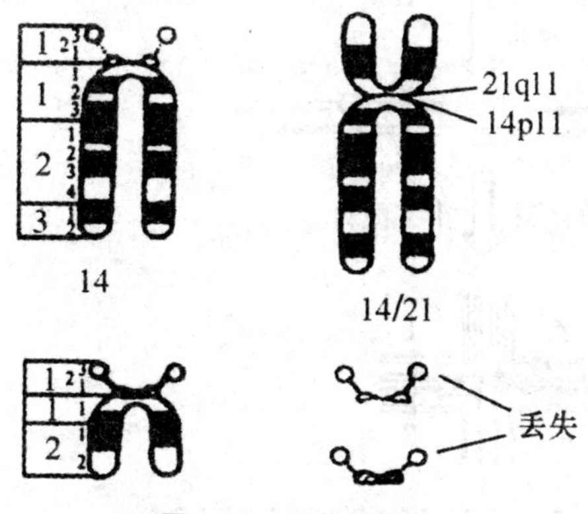

图 2-19 罗伯逊易位

2)易位的遗传效应

易位的遗传效应主要表现为改变了正常的连锁群,使原来在同一染色体上的连锁基因经易位会表现为独立遗传。易位有时还能引起染色体数目的改变。

(二)染色体数目变异

在动物正常的体细胞中含有完整的两个染色体组,生殖细胞中只含有一个染色体组。同一个染色体组的各个染色体的形态、结构和连锁基因群都彼此不同,但它构成一个完整而协调的体系,携带着控制生物生长发育的全部遗传信息,缺少其中之一即可造成不育或性状的变异。

1. 整倍体变异

整倍体变异是指体细胞内含有完整的染色体组变异。按其染色体组数变化,可分成以下几种。

1)单倍体

单倍体是指体细胞内只含有一个染色体组。它具有正常体细胞染色体数($2n$)的一半(n),即它只含有单套的基因组。

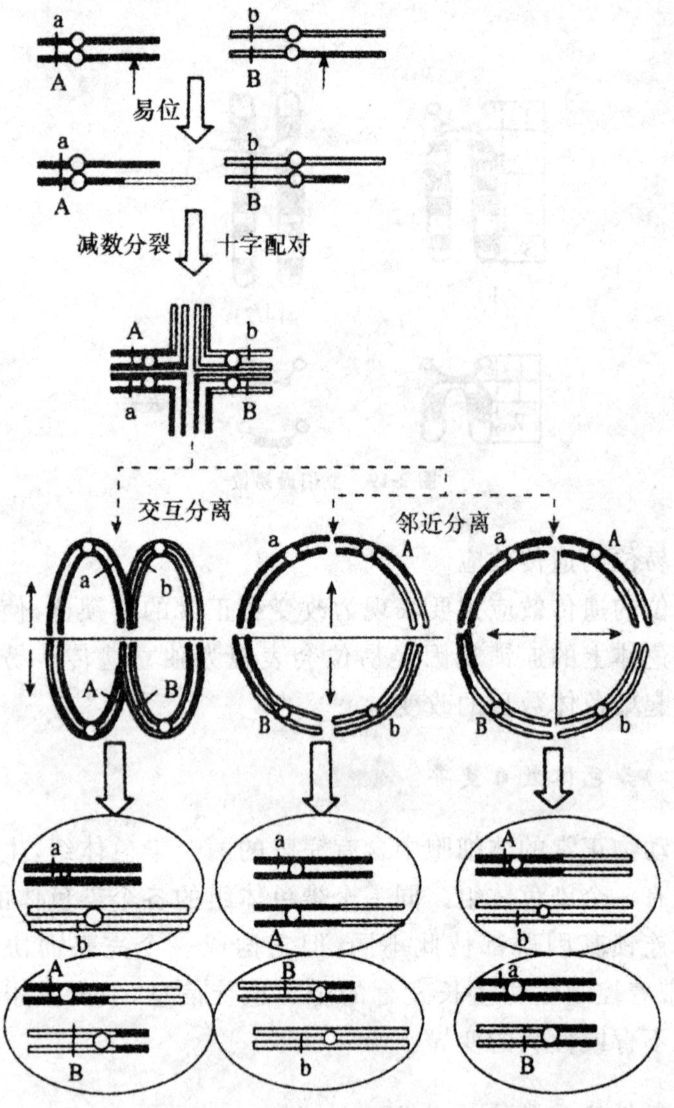

图 2-20　相互易位的两对非同源染色体的配对及 3 种分离方式示意图

在动物中有少数自然存在的单倍体。如膜翅目昆虫(蜂)的雄性个体,是由未经受精的卵发育而成的单倍体。这些雄性个体虽然只含有单个染色体组,但正常可育,产生具有完整染色体组的精子。

在动物正常的体细胞中通常具有完整的两套染色体,即含有两个染色体组,是二倍体($2n$)生物。染色体数目可以发生变化,这种变化可归纳为整倍体的变异和非整倍体的变异。

2)多倍体

正常二倍体生物中体细胞内含有两个染色体组($2n$),含有三个染色体组的称三倍体($3n$)。凡是体细胞内含有三个以上染色体组的个体称为多倍体。根据染色体组的来源,多倍体又可分为同源多倍体和异源多倍体。来源相同并超过两个以上染色体组的个体称为同源多倍体。动物中的同源三倍体的形成主要是由于双精受精或异常的二倍体配子受精;四倍体的形成主要由于受精卵即合子虽然进行了染色体的复制却没有进行分裂所致。来源于不同物种并超过两个染色体组的个体称为异源多倍体。如两个不同物种的二倍体生物杂交,它们的杂种再经过染色体加倍就可能形成异源四倍体或称双二倍体。在动物中人工多倍体是很少见的,但几乎所有的动物个体中某些细胞总是存在着自然多倍体的现象。如人的巨噬细胞以及骨髓细胞等。动物界大多是雌雄异体,而雌雄配子同时发生不正常的减数分裂机会很少,且染色体稍不平衡,就会导致不育,故动物界多倍体是很少见的。

在多倍体的形成过程中,染色体之所以能够加倍,主要是因为在减数分裂时,染色体分裂之后细胞分裂被抑制,造成染色体在同一细胞内的累积。多倍体物种在植物界是常见的,在动物中十分罕见。在鱼类、两栖类和爬行动物中也都有多倍体,它们有各种繁殖方式。某些鱼类是由单个的多倍体在进化中产生了完整的分离群。

2. 非整倍体变异

非整倍体变异是指在正常体细胞($2n$)的基础上发生个别染色体的增减现象。

1)非整倍性变异分类

按其变异情况又可分为以下几种。

(1)单体(monosomy)。单体指二倍体染色体组丢失一条染色体($2n-1$)的生物个体。虽然丢失染色体的同源染色体存在,但单体仍出现异常表型特征。单体在人类和动物中都有出现,如人类 45、XO 和牛 59、XO 等,均表现先天性卵巢发育不全。常染色体的单体一般导致胚胎的早期死亡。

(2)缺体(nullsomy)。缺体指有一对同源染色体成员全部丢失($2n-2$)的生物个体。由于丢失的染色体上带有的基因是别的染色体所不具有的,无法补偿其功能,故一般是致死的。

(3)多体(polysomy)。多体是指二倍体增加了一个或多个染色体的生物个体的通称。因染色体增加的多少不同,多体可分为以下三种。

①三体(trisomy)。三体指多了某一个染色体($2n+1$)的生物个体。在人类中常见的三体是:21-三体,即 Down 氏综合征;18-三体,即 Edward 综合征;13-三体,即 Patau 综合征。也存在性染色体三体,如 47,XXX 和 47,XXY,表现为先天性卵巢发育不全综合征和先天性睾丸发育不全综合征。在动物中同样存在多种类型的常染色体和性染色体三体,均可表现一定的表型异常。如牛的 18-三体造成致死三体综合征,23-三体的母犊表现侏儒症,水牛的常染色体三体引起致死的短腭综合征。牛的性染色体三体如 61,XXX 和 61,XXY,表现繁殖机能上的缺陷。公牛性腺发育不全,生长发育受阻,清精和死精的睾丸发育不良症。在水牛中,性染色体三体为 51,XXX,表现为不育。

②双三体(double trisomy)。双三体比正常的二倍体染色体数目多了两条染色体($2n+1+1$),与四体虽然染色体数目相同,但有本质的区别。

③四体(tetrasomy)。四体指某一同源染色体增加了一对染色体($2n+2$)的个体,也就是说,某一染色体具有四倍性。

在非整倍体变异的类型中,单体和缺体都是由于正常个体在减数分裂时个别染色体发生不正常的分裂(图 2-21)而形成不正常的配子受精所致。在大多数情况下,动物中非整倍体是致死的,而植物中非整倍体常常得以生存。

以上所述部分染色体整倍体和非整倍体的变异类型见表 2-3。

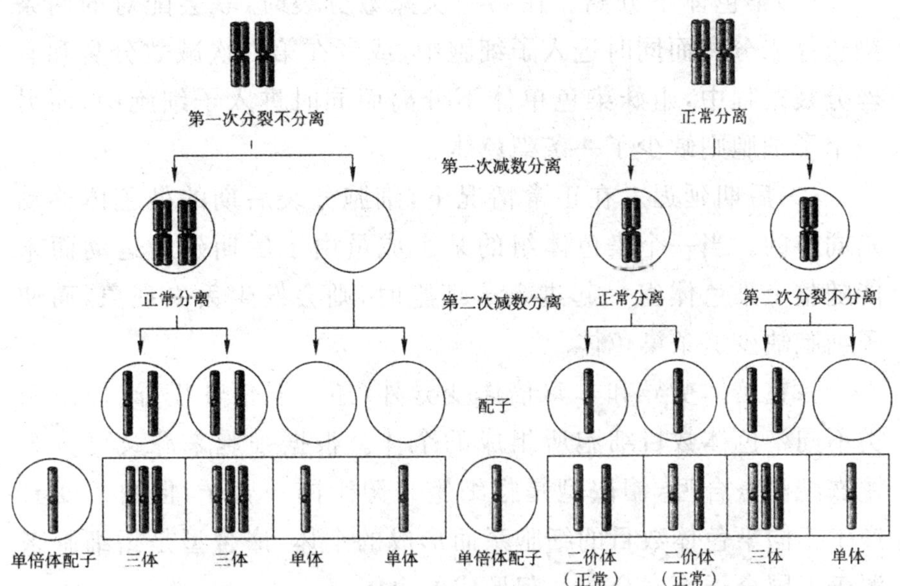

图 2-21　减数分裂配对的染色体不分离造成染色体的非倍数性变异

表 2-3　部分染色体整倍体和非整倍体的变异类型

	类别	名称		符号	染色体组
染色体数目	整倍体		单倍体	n	(ABCD)
			二倍体	$2n$	(ABCD)(ABCD)
		多倍体	三倍体	$3n$	(ABCD)(ABCD)(ABCD)
			同源四倍体	$4n$	(ABCD)(ABCD)(ABCD)(ABCD)
			异源四倍体	$4n$	(ABCD)(ABCD)(A′B′C′D′)(A′B′C′D′)
	非整倍体		单体	$2n-1$	(ABCD)(ABC)
			缺体	$2n-2$	(ABC)(ABC)
		多体	三体	$2n+1$	(ABCD)(ABCD)(A)
			四体	$2n+2$	(ABCD)(ABCD)(AA)
			双三体	$2n+1+1$	(ABCD)(ABCD)(AB)

2)变异原因

非整倍体的出现，主要有以下两个原因。

(1)染色体不分离。在第一次减数分裂时,联会配对的两条染色体未分离而同时进入子细胞中,或者在第二次减数分裂和有丝分裂过程中,姐妹染色单体不分离而同时进入子细胞中,而另一个子细胞则缺少了一条染色体。

(2)后期延迟。在正常情况下,细胞分裂后期的染色体移动是同步的。当一个染色体组的某个成员由于后期延迟运动而未能随整个染色体组一起进入子细胞时,则会发生丢失现象,而使子细胞缺少这条染色体。

除整倍体变异和非整倍体变异外,还有混倍性变异,即由两类不同染色体数目细胞所组成的个体。根据细胞来源又可分为镶嵌型和嵌合型,镶嵌型是指细胞来源于同一合子,但由于变异产生不同染色体数目的细胞系而形成的个体,嵌合型是指细胞来源于不同合子而嵌合在一起形成的个体。

第三节　基因突变和染色体变异在育种中的应用

一、基因突变在育种中的应用

通过诱发使生物产生大量而多样的基因突变,从而可以根据需要选育出优良品种,这是基因突变的有用的方面。诱变能提高突变率,扩大变异幅度,对改良现有品种的某一性状常有显著效果;诱变性状稳定较快,可缩短育种年限;诱变的处理方法简便,有利于开展群众育种工作。因此,动植物中,已作为一项常规育种技术广泛应用,而且已在生产上取得了显著成果。

在微生物方面,青霉菌经 X 射线和紫外线以及芥子气和乙烯亚胺等理化因素反复交替的处理和选择后,不断培育出新品种,仅 10 年时间,青霉素的产量由原来的 250U/mL 提高到 5000U/mL,提高了 20 倍。目前诸多的抗生素菌种,如青霉菌、红霉菌、白霉菌、土霉菌、全霉菌等都是通过诱变育成的。

在植物方面，诱变育种发展很快，世界各国相继育成许多高产优质新品种。例如菲律宾的水稻和墨西哥的大麦矮秆抗病新品种都是通过诱变培育成功的。我国采用诱变育种，已培育出百种以上的水稻、小麦、高粱、玉米、大豆新品种，取得了显著成效。植物的无性繁殖形式，又为植物的诱变育种提供了另一条途径，通过芽变、组织培育而获得突变型个体。

在动物方面，由于动物机体更趋复杂，细胞分化程度更高，生殖细胞被躯体严密而完善地保护，所以人工诱变比较困难，但也取得了一定的成就，如蝇中各种突变种的产生。在家蚕中应用电离辐射，育成 ZW 易位平衡致死系用于蚕的制种，提供全雄蚕的杂交种，大幅度提高了蚕丝的产量和质量。在哺乳动物的鼠类和毛皮兽中也做了一些实验，如野生水貂只有棕色的皮毛，用诱变使毛色基因发生突变，从而育成经济价值很高的天蓝色、灰褐色和纯白色的水貂等。

二、染色体变异在育种中的应用

根据染色体数目变异的遗传理论，产生了通过改变染色体数目进行育种的许多方法，主要包括以下三种方法。

（一）利用单体确定突变基因所在的染色体

利用单体确定突变基因在哪条染色体上称为单体测验，它是指将表现突变性状的个体与单体杂交，根据杂种后代性状的分离情况确定控制突变性状的基因是否在单体染色体上。这是基因定位常用的方法。

1. 隐性基因定位

若突变性状由隐性基因 a 控制，则将突变体与一系列具有显性相对性状的单体杂交，确定隐性基因所在的染色体。将突变个体(aa)与单体杂交后,则杂种后代会出现两种类型的分离,一种是a基因在单体所缺的染色体上,F_1 出现显性、隐性个体的分离,正常双体表现显性性状,单体表现为隐性性状;另一种是a基因不在单体所缺的染色体上,则 F_1 所有个体表现为显性性状。

2. 显性基因定位

若突变基因是显性基因(A),则采用具有隐性相对性状的单体系与其杂交,对显性基因A进行定位。方法与上述隐性基因定位方法一致。先使A表型的AA突变体($2n$)与各个a表型的单体杂交,分别获得 n 个 F_1,F_1 群体中所有个体均表现为A表型。然后将 F_1 中的单体株鉴定出来并进行自交,根据 F_2 的表型来鉴定。如果A基因不在单体染色体上,则其 F_1 单体的自交 F_2 群体内除缺体植株以外,双体和单体植株一律是A表型。如果A不在某单体染色体上,则 F_1 个体自交的 F_2 群体中,双体、单体和缺体均有少数是a表型。

(二)染色体数加倍的多倍体育种

因为多倍体耐贫、耐寒,异源多倍体又表现杂种优势、繁殖力强,所以培育多倍体已成为育种的一个方向,在植物方面有广泛应用。我国利用多倍体育种方法,已培育出许多农作物新品种,如三倍体无籽西瓜、八倍体小黑麦等。在动物育种方面,有人应用秋水仙素处理青蛙、鲫鱼、兔等动物的性细胞,获得了三倍体个体,但它们往往不育,所以目前在家畜生产实践中还没有得到实际应用。

(三)染色体数减半的单倍体育种

单倍体育种实质上是一种直接选择配子的方法,它能提高纯合基因型的选择概率,而且需要改良的基因数越多,选择效率越高,因为它不存在等位基因的显隐性问题,便于淘汰不良的隐性基因。如纯合诱变育种,便可提高选择效率。

利用花粉培养技术，通过冷处理的诱导能将花粉培养成胚状体（一种小的可分裂的细胞团），经进一步培养可长成单倍体植物。单倍体有利于对某些隐性抗性基因的筛选，只要将单倍体细胞放在选择性的培养基上就可筛选出抗性细胞，然后培养成抗性单倍体植株，再经秋水仙素适当处理，使染色体加倍，便可获得纯合的抗性可育二倍体植株。这种方法能很快获得稳定的纯系，显著地缩短育种年限，加快育种进程，并可创造出新的生物类型。

第三章 质量性状和数量性状的遗传

生物的性状是指其所表现出来的外部特征，性状是受基因控制的，从个体间变异的连续性考虑，可以将性状分为质量性状和数量性状。研究质量性状和数量性状的遗传方式及其机制，对于指导畜禽的育种实践，提高畜牧生产水平具有重要意义。

第一节 质量性状及遗传特点

一、质量性状

质量性状是指由少数效应较大的基因控制，性状间的变异是不连续的，易于区别而表现为质的中断，对环境反应不敏感的一类性状。例如，家畜的头式、耳型、毛色、血型、角的有和无、缺陷性状等，这些性状受主基因控制，不易受环境条件影响。

二、质量性状遗传的基本特点

(1)多由一对或少数几对基因所决定，每对基因都在表型上有明显的可见效应。

(2)其变异在群体内的分布是间断的，即使出现有不完全显性杂合体的中间类型也可以区别归类。

(3)性状一般可以描述，而不是度量。

(4)遗传关系较简单，一般服从三大遗传定律。

(5)遗传效应稳定,受环境影响小。

动物的很多质量性状与生产性能关系不大,在育种中不宜追求“商标性状”。例如,内江猪的狮子头和二方头两种类型的生产性能无差异,因此不必强调头式的统一。

当然,质量性状中有些是重要的经济性状,特别是毛皮用畜禽,另外遗传缺陷的剔除,品种特征如毛色、角型的均一,遗传标记如血型、酶型、蛋白类型的利用,都涉及质量性状的选择改良。数量性状的主基因具有质量性状基因的特征,在鉴别和分析方法上也采用质量性状基因分析的方法,因此质量性状对育种工作具有重要的科学意义。

第二节　常见家畜的质量性状

一、畜禽主要外部性状

1. 毛色

毛色可以作为品种特征,也可作为个体特征。哺乳动物的毛色等位基因主要有 6 个系统,包括鼠灰色系统(A)、褐色系统(B)、白化系统(C)、淡化系统(D)、扩散系统(E)和粉红系统(P)。控制家畜毛色的基因都可以在这 6 个系统中找到相应的基因座。

猪的毛色主要有野猪色、全黑色、全红色、多米诺黑斑、黑色或红色花斑、黑色带白点、白色 7 种类型。猪毛色的基因座现已知道至少有 7 个位点控制,包括显性白色(I 位点)、毛色扩展(E 位点)、白肩带(Be 位点)、白头(He 位点)、野生型位点(A)、淡化位点(D)和白化位点(C)。

牛的毛色类型在欧洲牛中分为杂色、白头、斑点、海福特、片花、条带和斑纹共7种基本类型。目前定位的牛毛色基因有12个,包括A、B、C、E基因座和一些与斑点、花斑、致死等分离的基因。

绵羊毛色类型主要有白色、黑色、棕褐色、褐色、灰色、彩色和斑块状杂色等16种类型。目前经过实验证明或假定的绵羊毛色基因座总共有11个。1988年由绵羊和山羊遗传学命名委员会(COGNOSAG)提出的毛色命名、基因座、等位基因数及基因的效应等。许多研究结果和众多的实例已揭示绵羊的毛色是由多基因位点上的复等位基因控制的。

鸡的羽毛颜色主要有白色和有色两大类,由不同座的等位基因控制,相互间有程度不同的上位作用。鸡的皮肤一般分成白色和黄色,白色为显性,黄色为隐性。

2. 角

在现代黄牛品种中,有无角品种,如无角安格斯牛、无角海福特牛等。无角基因P对有角基因p表现为显性。但在无角牛中常表现出角的痕迹,称为“痕迹角”。它是由另一个基因座上的基因Sc作用的。

控制绵羊角的基因座上存在3个等位基因,山羊角性状由一对等位基因控制,无角对有角为显性。山羊的无角常常与一些遗传缺陷性状相连锁。

3. 其他外部特征

猪的耳型有垂耳和立耳两种类型,垂耳对立耳为不完全显性,两种纯合的耳型杂交,F_1代表现为半立耳。猪的背型有垂背和直背两种类型,垂背对直背为不完全显性,两种背型的纯合体杂交,F_1代表现为中垂背。猪的阴囊疝有常染色体上单基因控制的遗传缺陷,两个座位均为隐性纯合时表现为阴囊疝。

山羊的肉垂由一个外显率完全的显性常染色体基因W控

制，但表型有变异。不同品种的基因频率差别很大。有肉垂（WW 或 Ww）的母羊的多产性比无肉垂的母羊（ww）大约高 7%。山羊的胡须是显性的性连锁遗传，耳的变异有正常耳、短耳和无耳 3 种类型。正常耳为显性，无耳是隐性，可能由常染色体上的基因控制。

家禽羽毛生长速度可分成快羽与慢羽两种，快慢羽由性连锁基因 k 控制，快羽 k 为隐性，慢羽 K 为显性。冠型由 2 对基因控制，单冠为双隐性，豆冠不完全显性于单冠；玫瑰冠显性于单冠；胡桃冠为双显性。角冠（或 V 型冠）不完全显性于单冠、玫瑰冠、豆冠等。家禽的体型可分为正常和畸形两大类，常见的畸形包括矮小型和爬行型，矮小型鸡也称侏儒鸡。到目前为止，在鸡中发现了 8 种矮小基因，它们分别位于染色体和性染色体上。爬行鸡也称匍匐鸡或矮脚鸡，是由 Cp 致死基因作用的结果，爬行性状为显性，因纯合致死，所以爬行鸡都是杂合体。

二、畜禽的血型

1. 血型的概念

狭义血型：指能用抗体加以分类的红细胞型，包括 ABO、MN、Rh 等血型系统。

广义血型：指的是红细胞、血清，以及其他体液（唾液、精液、脏器）中的蛋白质、酶的遗传变异，统称为蛋白质型。

血细胞抗原因子是由染色体上的基因支配的，支配不同血型系统的抗原因子的基因可以在不同的染色体上，也可以在一条染色体的不同座上，使一些不同的血型系统之间产生连锁现象。

2. 常见畜禽的血型

目前已发现牛的血型系统有 12 个，总共有 80 多个血型的因子。猪的血型目前已知红细胞抗原有15个血型系统,70多种血型因子。此外,猪还有3个白细胞抗原型座。绵羊的血型中红细胞血型分为9个系统,20多个血型因子,100多个表现型;淋巴细胞抗原有大约12个血型因子。目前已知山羊有6个血型系统,20种以上的血型因子。已知鸡存在14个血型系统,即14个基因座,它们分别是A、B、C、D、E、H、I、J、K、L、Q、TR;火鸡7种,分别是A、C、F、J、K、L、Q;鸭6种。

3. 畜禽血型在生产上的应用

1)利用血型确定个体间的亲缘关系

当需要确定种畜的系谱关系或不同个体之间的亲缘关系时,血型鉴别结果是可靠的科学依据。

2)品种或品系间的亲缘程度分析

当进行杂交育种或杂种优势利用时,品种或品系间的血型因子的相似程度或差异的大小,显示出二者在遗传基础上差异的程度,可以预计杂种优势的大小。

3)预防新生畜溶血病

当新生畜发生溶血病时,血型分析可准确判断发病原因,从而可及时采取措施,防止幼畜因此而死亡。

4)利用血型选择抗病品系

例如,鸡的B系统血型中的某些血型因子与白血病、马立克氏病、白痢等有关,通过选择这些血型的个体,可能会增加后代的抗病能力。

5)利用血型可以预测生产性能

根据研究表明,家畜的生产性能与其血型存在着一定的联系。

第三节　数量性状及其遗传特征

数量性状是指表现为连续变异、性状之间界限不清楚、不易分类的性状，此类性状是可以度量的，例如产奶量、乳脂率、日增重、饲料转化率、背膘厚、产毛量、产蛋数、蛋重等。动物中绝大多数的经济性状都属于数量性状。

一、数量性状的特征

数量性状一般表现为正态分布，即属于中间程度的个体比较多，而趋向两极的个体越来越少。在群体较小时或多或少带点偏态分布。数量性状往往呈现出一系列程度上的差异，带有这种差异的个体没有质的差别，只有量的不同，其主要特征如下。

1. 变异呈连续性

数量性状的变异是连续的，属于中间类型的个体数较多，而趋向两极的个体数愈来愈少，呈一个钟形，性状的表型值用数字来表示，但无法明确地归类。大部分数量性状的频数分布都接近于正态分布。

2. 杂种一代往往表现出两个亲本的中间类型

数量性状的杂种一代往往表现出两个亲本的中间类型，表现部分显性或无显性，有时还会表现出超显性。

3. 易受环境影响

数量性状易受环境的作用，表型差异既由微效多基因不同所致，又由环境差异引起，这两种差异混在一起，不容易区分。

4. 决定性状的基因数目多，作用是累加的

数量性状受多个基因（一般在 10 对以上）控制，每个基因的作用微小，但其作用是可以累加的。数量性状的杂种后代基因型的分离比较复杂，需用数量统计的方法从基因的总效应上进行分析。

二、数量性状与质量性状的比较

为了更好地理解数量性状,可与质量性状作一粗略比较,见表 3-1。

表 3-1 数量性状与质量性状的比较

项目	数量性状	质量性状
性状主要类型	生产、生长性状	品种特征、外貌特征
遗传基础	微效多基因系统控制 遗传关系复杂	少数主基因控制 遗传关系较简单
变异表现方式	连续性	间断性
考察方式	度量	描述
环境影响	敏感	不敏感
研究水平	群体	家庭
研究方法	生物统计	系谱分析、概率论

三、数量性状的遗传特征

1. 多基因假说

由于数量性状在表现上和质量性状有明显不同,不符合孟德尔遗传规律。因此在遗传学发展史上有过数量性状不受孟德尔基因支配的观点。多基因假说(polygene hypothesis)的提出及其杂交实验证明了数量性状是许多基因在影响同一性状的结果,但对其中的单个基因来说,仍服从孟德尔遗传规律。

瑞典植物遗传学家 Nilsson-Ehle(1908)通过对小麦籽粒种皮颜色的遗传研究发现有 3 对不同染色体上的基因控制着小麦籽粒种皮的红色与白色。

单对基因杂交：

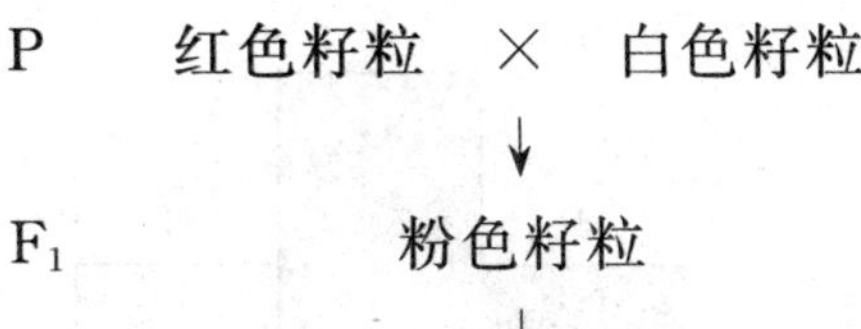

P　　红色籽粒　×　白色籽粒

↓

F_1　　　粉色籽粒

↓

F_2　1/4 红色，2/4 粉色，1/4 白色

这是一对无显隐性关系基因控制的性状，F_1 为中间性，F_2 以 1∶2∶1 的表型比例分离（图 3-1）。

两对基因杂交：

P　　红色籽粒　×　白色籽粒

↓

F_1　　　中等红色

↓

F_2　　15 红色∶1 白色

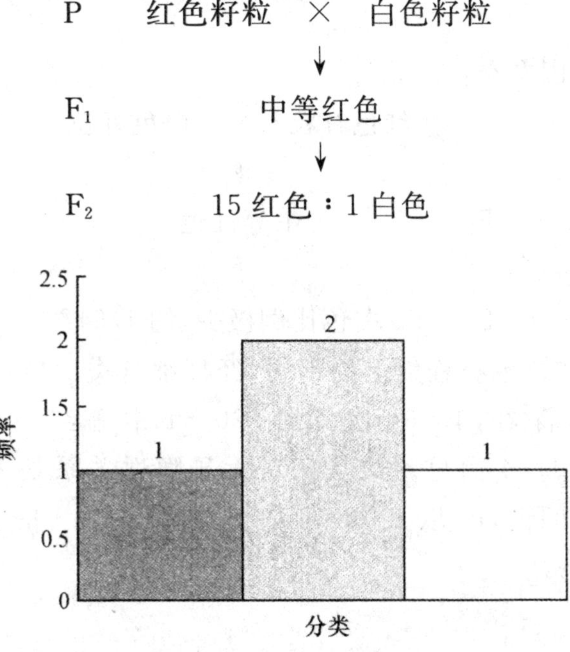

图 3-1　一对基因 F_2 的分离

经仔细观察，红色中还存在不同等级：1/16 深红，4/16 次深红，6/16 中等红，4/16 浅红，1/16 白色。这是两对无显隐性关系基因控制的性状，F_1 为中间性，F_2 以 1∶4∶6∶4∶1 的表型比例分离（图 3-2）。

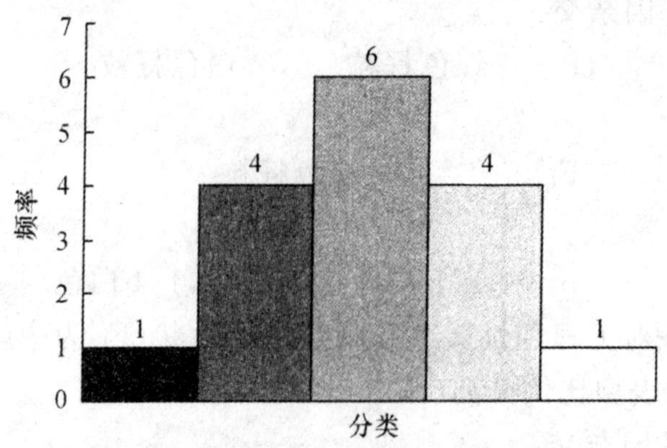

图 3-2 两对基因 F_2 的分离

3 对基因杂交:

P 红色籽粒 × 白色籽粒

↓

F_1 中等红色

↓

F_2 白色比例极少,约 1/64

F_2 中红色也有程度上的不同,经仔细分类,可得到:1/64 极深红,6/64 深红,15/64 次深红,20/64 中等红,15/64 粉红,6/64 浅红,1/64 白色。这是三对无显隐性关系基因控制的性状,F_1 为中间性,F_2 以 1∶6∶15∶20∶15∶6∶1 的表型比例分离(图 3-3)。

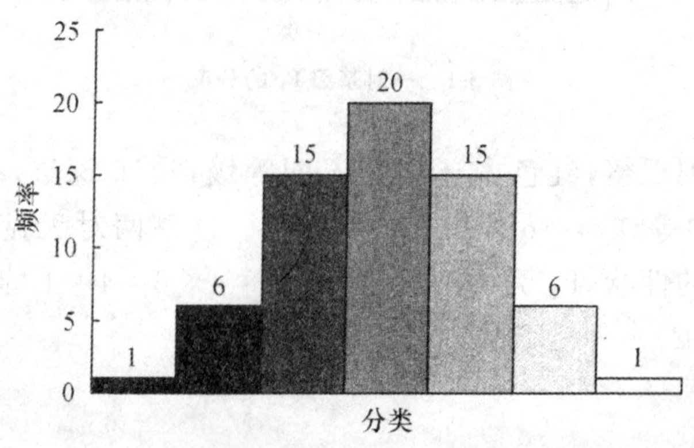

图 3-3 三对基因 F_2 的分离

设小麦籽粒种皮颜色受三对基因控制。籽粒红色程度与决定红色的基因数目有关。大写字母为对红色增效基因，小写字母为对红色无效基因，则

P　　*AABBCC*（极深红）　×　*aabbcc*（白）

↓

	红色增效基因数	比例
F_1	*AaBbCc*（中等红）	
F_2	红色增效基因数	比例
	6	1
	5	6
	4	15
	3	20
	2	15
	1	6
	0	1

F_2 中分离的比例可由二项分布中杨辉三角第$(2n+1)$层的系数求得（n 为基因对数）。如：

$$n = 1, 2n + 1 = 3(\text{层})$$

$$n = 2, 2n + 1 = 5(\text{层})$$

$$n = 3, 2n + 1 = 7(\text{层})$$

如用图形表示，随着 n 的增加，二项分布逐渐成为正态分布，从间断变异过渡为连续变异（图 3-4）。环境对基因型的影响，增加了表型变异的连续性。

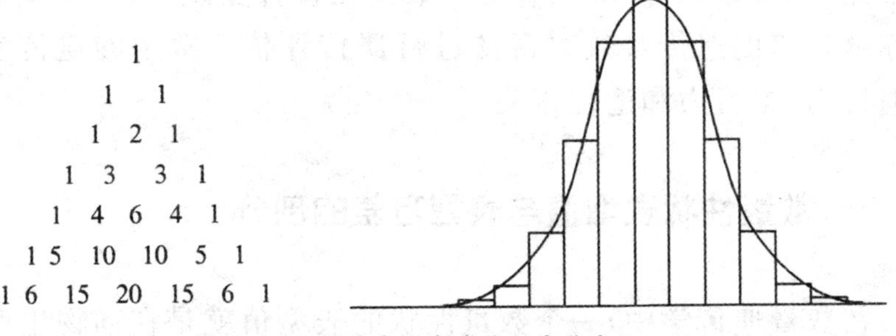

图 3-4　二项分布逐渐成为正态分布（n=8）

多基因假说要点:

(1)数量性状是受许多对微效基因(minor gene)控制。

(2)微效基因间无显隐性关系,其效应是累加的。

(3)单一的微效基因服从孟德尔遗传规律。

(4)微效基因不能被单独识别,而是从表现的性状作为整体来研究。

(5)由微效多基因决定的数量性状,易受环境影响。

2.对数量性状的新认识

随着遗传学研究的深入,对由多基因控制的数量性状的认识也有所发展。

(1)控制数量性状的基因除了微效基因,也可以有主效基因(major gene)。

(2)决定数量性状的基因有加性效应,也有显性效应和上位效应,更多的情况是几种基因效应同时存在。

(3)应用现代生物技术和统计方法,可以对控制数量性状的基因从整体到局部进行研究,如QTL、QTN。

第四节　常见家畜数量性状的遗传参数

研究数量性状一般采用统计学方法。为了说明某性状的特性以及不同性状之间的表型关系,可以根据表型值计算平均数、标准差、相关系数等,统称表型参数。在育种实践中,一项重要的工作就是借助遗传参数对畜禽进行遗传评估。常用的遗传参数有遗传力、重复力和遗传相关。

一、数量性状表型值与表型方差的剖分

在数量遗传学中,一个数量性状的表型值就是在动物生产中所度量或观察到的数值,以 P 表示;表型值中由基因型所决定的

部分称为基因型值，以 G 来表示；如果不存在基因型与环境互作效应，则表型值与基因型值之差就是环境效应值，以 E 表示。三者的数量关系可以用下面公式表示：

$$P = G + E$$

即任何一个数量性状的表现都是由遗传和环境共同作用的结果。

如果对基因型值作进一步的分析研究，它又可剖分为：基因的加性效应(A)、基因的显性效应(D)和基因的上位效应(I)3 个部分。于是，表型值的剖分用公式表示为

$$P = A + D + I + E$$

A 是许多基因效应的总和，是在动物育种工作中能够获得的效应，是能够遗传的，所以又称为育种值；D 是等位基因之间相互作用所产生的显性效应，它随着基因在不同世代中的分离和重组而发生变化，是不能在后代中固定的；J 是非等位基因之间的相互作用所产生的效应，也是在后代中无法固定的部分。由于 D 和 I 都不能固定，常常与环境效应一起统称为剩余值(R)。所以，表型值的剖分还可以用公式表示为

$$P = A + R$$

当求平均表型值时，由于 R 值有正有负，正负 R 值相抵消，所以表型平均值就等于加性效应平均值，也就是说，群体的表型平均值可以代表群体的平均育种值水平。

$$\overline{P} = \overline{A}$$

因此，两个群体的平均表型值之差，可以反映它们的平均育种值之差，但必须具备两个条件：一是所处的环境条件相同；二是有足够大的群体。

在一个群体中，因为

$$\overline{P} = \overline{G} + \overline{E}$$

于是可得

$$\begin{aligned}\sum(P-\overline{P})^2 &= \sum[(G+E)-(\overline{G}+\overline{E})]^2 \\ &= \sum(G-\overline{G})^2 + \sum(E-\overline{E})^2 + 2\sum(G-\overline{G})(E-\overline{E})\end{aligned}$$

如果基因型与环境条件之间不存在互作关系,则有

$$\sum(G-\overline{G})(E-\overline{E})=0$$

于是可得

$$\sum(P-\overline{P})^2=\sum(G-\overline{G})^2+\sum(E-\overline{E})^2$$

等式两边同除以自由度 $n-1$ 即得

$$\frac{\sum(P-\overline{P})^2}{n-1}=\frac{\sum(G-\overline{G})^2}{n-1}+\frac{\sum(E-\overline{E})^2}{n-1}$$

上式也可以表示为

$$V_{\mathrm{P}}=V_{\mathrm{G}}+V_{\mathrm{E}}$$

式中,V_{P}、V_{G} 和 V_{E} 分别为表现型方差(总方差)、遗传方差(基因型方差)和环境方差。上式表明表现型方差由遗传方差和环境方差两部分组成。

与表型值剖分相似的原理,可以对群体中的表型变异或表型方差(V_{P})进行剖分。当变量的各组成部分之间无相关时,表型方差可剖分为

$$V_{\mathrm{P}}=V_{\mathrm{A}}+V_{\mathrm{D}}+V_{\mathrm{I}}+V_{\mathrm{E}}$$

式中,V_{A} 为加性方差或育种值方差;V_{D} 为显性方差;V_{I} 为上位方差。

二、遗传力

遗传力是我们通过数量性状表型值认识性状遗传本质的一把钥匙,是数量遗传学的重要参数。

(一)遗传力的概念

遗传力(heritability),又称遗传率,是指一个群体中某性状遗传方差与表型总方差的比值,通常以百分数表示。

1. 广义遗传力

广义遗传力是指遗传方差占表型总方差的比值,通常用百分

数表示，记作 H^2，可用下式表示：

$$H^2=\frac{V_G}{V_P}\times100\%=\frac{V_G}{V_G+V_E}\times100\%$$

由此可知，遗传方差占表型总方差的比重愈大，环境方差占表型总方差的比重愈小，所求得的广义遗传力也就愈大，说明这个性状传递给子代的传递能力就愈强，受环境条件的影响也就愈小。

2. 狭义遗传力

数量性状的表型方差可以用下式表示：

$$V_P=V_G+V_E=V_A+V_D+V_I+V_E$$

因为显性方差和上位方差不能通过选择加以固定，所以把狭义遗传力定义为加性方差占表型总方差的比值，通常用百分数表示，记为 h^2，可用下式表示：

$$h^2=\frac{V_A}{V_P}\times100\%=\frac{V_A}{V_A+V_D+V_I+V_E}\times100\%$$

根据上述定义可知，狭义遗传力的值比广义遗传力的值要小。狭义遗传力作为性状选择指标的可靠性高于广义遗传力。

（二）遗传力的估算方法

估算遗传力的方法很多，在这里只介绍常用的几种。

1. 由亲子关系估算遗传力

此方法要求有两代资料，即子女和父母的表型记录资料。因为子代与亲代的相似性可以反映遗传力，相似性的程度在统计学中往往用回归系数来表示。对于两个性别都表现的性状，例如体重、成活率等，可用子代均值对双亲均值的回归系数估测遗传力，即 $h^2=b_{OP}$。如系限性性状，如泌乳量、产仔数、产蛋量等，因仅有母亲和女儿的资料，所以用女儿对母亲的回归系数，即母女回归法来估算遗传力，即 $h^2=2b_{OP}$。

2. 由半同胞相关估测遗传力

同父异母或同母异父的仔畜为半同胞,半同胞个体某性状育种值间的相关系数为$\frac{1}{4}$。由通径分析的原理可推导出计算遗传力的公式为

$$h^2=\frac{r_{HS}}{r_A}=4r_{HS}$$

式中,r_{HS}为半同胞个体同一性状表型值间的相关系数;r_A为半同胞个体同一性状育种值间的相关系数,又称遗传相关系数,即亲缘系数。

计算半同胞个体间的表型相关系数公式为

$$r_{HS}=\frac{\sigma_B^2}{\sigma_B^2+\sigma_W^2}=\frac{MS_B-MS_W}{MS_B+(n-1)MS_W}$$

式中,MS_B为组间(或公畜间)均方;MS_W为组内(或公畜内)均方;n为所有公畜或母畜的总子女数。

(三)遗传力的应用

1. 估计种畜的育种值

育种值是表型值中能真实遗传给后代的部分,它需要在表型值资料的基础上借助遗传力来估计。利用性状的遗传力来估计育种值,就可以使选种工作准确而有效。

2. 确定繁育方法

遗传力高的性状上下代相关大,通过对亲代的选择可以在子代得到较大的反应,因此选择效果好。这类性状采用纯繁就可以得到较大提高。早在20世纪20年代,人们预测鸡日增重的遗传力较高,通过纯繁选择可以改进提高这个性状,这个预见最后被育种实践所证实。有些性状遗传力低,品种间的差异很明显,这类性状可以通过杂交引入优良基因来提高。

3.确定选择方法

遗传力中等以上的性状可以采用个体表型选择，这种方法既简便又有效。遗传力低的性状采用均数选择的方法。因为个体随机环境偏差在均数中相互抵消，平均表型值接近于平均育种值，根据平均表型选择，其效果接近于平均育种值选择。近几十年来，鸡的产蛋量遗传进展很快，主要是采用家系选择的结果。有少数遗传力低，受母体效应影响大的性状可采用家系内选择的方法。

4.用于综合选择指数的制定

在制定多个性状的“综合选择指数”时，必须用到遗传力这个参数。此外，遗传力还可用于预测遗传进展。

三、重复力

（一）重复力的概念

同一个体的同一性状常常可以度量很多次，每次都有度量记录。把各次度量值之间的相关叫作重复力，用符号 r_e 表示。

重复力因为是同一个体同一性状多次度量值之间的相关，所以从统计学的角度讲，这个相关程度也是不同个体某一性状多次度量值的组内相关系数。可用组内相关系数公式来表示重复力

$$r_e=\frac{\text{个体间方差}}{\text{个体间方差}+\text{个体内方差}}=\frac{\sigma_B^2}{\sigma_B^2+\sigma_W^2}$$

为了说明重复力的性质，需要理解两个概念：一般环境方差（V_{Eg}）和特殊环境方差（V_{Es}）。对于个体而言，其环境方差可分为一般环境方差和特殊环境方差两部分。一般环境方差是由时间上持久的或空间上非局部条件所造成的，其影响是持久的（影响动物一生的生产性能），与由遗传因素所产生的效果一样，属于个体间的方差。因此有

$$r_e=\frac{\sigma_B^2}{\sigma_B^2+\sigma_W^2}=\frac{V_A}{V_A+V_{Eg}+V_{Es}}=\frac{V_A+V_{Eg}}{V_P}$$

从遗传角度来看,重复力就是遗传方差(育种值方差)与一般环境方差之和占总方差的比例。

一般来说,重复力 $r_e \geqslant 0.60$ 称为高重复力;$0.30 \leqslant r_e < 0.60$ 称为中等重复力;$r_e < 0.30$ 称为低重复力。

(二)重复力的计算方法

由重复力的定义可以看出,重复力实际上就是以个体多次度量值为组内成员的组内相关系数,估计方法与组内相关系数的计算完全一致。计算公式是

$$r_e=\frac{\sigma_B^2}{\sigma_B^2+\sigma_W^2}=\frac{MS_B-MS_W}{MS_B+(n-1)MS_W}$$

式中,MS_B 为个体间均方;MS_W 为个体内均方;n 为度量次数。实际测定时,每一个体的度量次数常不相同,需要计算加权平均度量次数(n_0)。

$$n_0=\frac{1}{k-1}\left[\sum n_i-\frac{\sum n_i^2}{\sum n_i}\right]$$

式中,k 为度量的个体数;n_i 为每一个体的度量次数。

(三)重复力的主要用途

1.检验遗传力估计的正确性

由重复力估计的原理可以知道,重复力的大小取决于基因型效应和一般环境效应,这两部分之和必然高于基因加性效应,因而重复力是同一性状遗传力的上限。另外,计算重复力的方法比较简单,而且估计误差比相同性状遗传力的估计误差要小,估计更为准确。

2.确定性状的度量次数

重复力高的性状,说明各次度量值之间相关程度强,只需要

度量几次就可正确估计个体生产性能；相反，重复力低的性状，则需要多次度量才能做出正确的估计。根据计算结果，当 $r_e=0.9$ 时，度量一次即可；$r_e=0.7\sim0.8$ 时，需度量 2～3 次；$r_e=0.5\sim0.6$ 时，需度量 4～5 次；$r_e=0.25$，需度量 7～8 次；$r_e=0.1$ 时，需要度量 9～10 次。

3. 估计个体可能的生产力

有了重复力参数，可以用畜禽早期生产记录资料估计其一生可能达到的生产力，从而做到早期选种。

Lush(1937)提出的估计畜禽最大可能生产力（*MPPA*）公式是

$$MPPA=\overline{P}+\frac{nr_e}{1+(n-1)r_e}(\overline{P}_n-\overline{P})$$

式中，*MPPA* 为个体的最大可能生产力估计值；$\overline{P}$ 为全群均数；$\overline{P}_n$ 为个体 n 次度量值的均值；r_e 为该性状的重复力；n 为度量次数。

MPPA 不仅与多次度量均值有关，而且与度量次数也有关系。度量次数多的个体，其平均值的准确度也高。

4. 用于评定家畜的育种值

在评定家畜育种值时，重复力是一个不可缺少的参数。

四、遗传相关

（一）基本概念

性状间的相关性（表型相关 r_{XY}）有两个原因，即遗传因素和环境因素，其中可遗传的部分称为遗传相关，一般用符号 $r_{A(XY)}$ 表示；两个形状环境效应或剩余值之间的相关为环境相关，用 $r_{E(XY)}$ 表示。根据数量遗传学的研究，性状的表型相关、遗传相关、环境相关的关系如下：

$$r_{XY}=h_X h_Y r_{A(XY)}+e_X e_Y r_{E(XY)}$$

式中,$e_X=\sqrt{1-h_X^2}$;$e_Y=\sqrt{1-h_Y^2}$。

两个性状间遗传相关有正值也有负值。当遗传相关是正值时,在选择中,一个性状的值提高另一个性状的值也会提高;当遗传相关是负值时,一个性状的值提高而另一个性状的值则降低。

(二)性状间遗传相关的估测方法

估测性状间遗传相关常用的方法有以下两种。

1. 亲子关系估测性状间遗传相关

此法利用亲代个体的两个性状与子代个体相应的两个性状搭配成对,并要求亲代与子代在同一年龄时的度量值。

亲子配对资料估测性状间遗传相关的公式为

$$r_{A(XY)}=\sqrt{\frac{COV_{X_1Y_2}\cdot COV_{X_2Y_1}}{COV_{X_1X_2}\cdot COV_{Y_1Y_2}}}=\sqrt{\frac{SP_{X_1Y_2}\cdot SP_{X_2Y_1}}{SP_{X_1X_2}\cdot SP_{Y_1Y_2}}}$$

式中,$COV_{X_1Y_2}\cdot COV_{X_2Y_1}$ 为亲代一个性状与子代另一个性状间的协方差;$COV_{X_1X_2}\cdot COV_{Y_1Y_2}$ 为亲代与子代同一个性状间的协方差;$SP_{X_1Y_2}\cdot SP_{X_2Y_1}$ 为亲代一个性状与子代另一个性状间的乘积和;$SP_{X_1X_2}\cdot SP_{Y_1Y_2}$ 为亲代与子代同一性状间的乘积和。

2. 由同胞关系估测性状间遗传相关

计算公式为

$$r_{A(XY)}=\frac{COV_{B(XY)}}{\sigma_{B(X)}^2\sigma_{B(Y)}^2}$$

$$=\frac{MP_{B(XY)}-MP_{W(XY)}}{\sqrt{[MS_{B(X)}-MS_{W(X)}][MS_{B(Y)}-MS_{W(Y)}]}}$$

式中,$MS_{B(X)}$ 为 X 性状的组间均方;$MS_{W(X)}$ 为 X 性状的组内均方;$MS_{B(Y)}$ 为 Y 性状的组间均方;$MS_{W(Y)}$ 为 Y 性状的组内均方;$MS_{B(XY)}$ 为 X 与 Y 性状的组间均积(也称协方差);$MS_{W(XY)}$ 为 X 与 Y 性状的组内均积。

（三）遗传相关的用途

1.进行间接选择

利用两性状之间的遗传相关，通过选择容易度量的性状，间接提高难以度量的性状。间接选择在家畜育种实践中具有很重要的意义，例如利用猪的生长速度与饲料利用率存在的强相关，在选种中只选择生长速度，而饲料利用率也随之提高；如果能找到与成年家畜主要经济性状高度相关的早期性状，就可以进行早期选种，从而加快选种速度，减少种畜饲养成本。

2.比较不同环境下的选择效果

遗传相关可用于比较不同环境条件下的选择效果。可以把同一性状在不同环境下的表现作为不同的性状看待。这就为解决育种工作中的一个重要实际问题提供了理论依据，即在条件优良的种畜场选育的优良品种，推广到条件较差的生产场如何保持其优良特性的问题。

3.用于制定综合选择指数

在制定一个合理的综合选择指数时，需要研究性状间遗传相关。如果两个性状间呈负的遗传相关，要想通过选择同时提高这两个性状，很难取得预期效果。

1）进行间接选择

有些经济性状很容易度量，有些性状很难度量（如屠宰率很难活体度量），有些是生长发育早期性状，有些是晚期性状。可应用性状间相关，选择那些容易度量的性状和早期性状，也就间接选择了难以度量和晚期发育的性状。

2）可以比较不同环境条件下的选择效果

同一品种在不同的环境条件下，品种的优良性状的表现会有差别，将不同环境下两性状的遗传相关求出后，找出一个矫正指数,提出正确推广和改进的措施指标。

3)性状的综合选择

制定综合选择指数时,除了其他的几个参数外,还要考虑性状间的相关参数。

第五节 CAPN1 基因和 CASP9 基因 mRNA 表达与肌纤维性状相关性分析

牛肉的品质特性受到肌纤维类型和直径等特征的影响,而肌纤维直径的增大和肌纤维类型的转化等是随着畜禽生长发育的进行在不断变化。研究发现,钙蛋白酶 I(CAPN1)基因和凋亡相关基因 caspase-9(CASP9)是与骨骼肌生长发育密切相关的两个重要基因。选取与骨骼肌生长发育相关的候选基因来研究肉品质,正成为肉品质研究的新方向,将会有效促进肉品质的改善。

一、材料

(一)实验对象

本研究采用的鲁西黄牛均在河南省洛阳市伊众食品有限公司处采取,屠宰前禁食 12～24h。采集背最长肌,一部分用于肌纤维性状的测定,另一部分浸泡在 RNA 保护液中,投入液氮中保存备用。实验分组:0.5～2 岁、2～3.5 岁、3.5～5 岁、5～6.5 岁和 6.5～8 岁共五个组,每组各 4 头进行相关实验。

(二)实验试剂

甲醛、无水乙醇、95%乙醇、二甲苯、石蜡[有三种:石蜡Ⅰ(56～58℃)、石蜡Ⅱ(58～60℃)、石蜡Ⅲ(60～62℃)]、苏木精、伊红、盐酸、中性树胶、多聚甲醛、无水硫酸钠、冰乙酸、荧光定量

PCR 用试剂等。

（三）实验仪器与耗材

202-1 型手摇式组织切片机：上海医械专机厂；Sartorius BA210 电子分析天平：Sartorius Olympus；仪表恒温水浴锅：山东省龙口市电炉制造厂；B×41 型显微镜：Olympus 显微镜；包埋盒（铁盒、白盒）、电炉、载玻片、盖玻片、莱卡牌刀片、染色缸、破片架、缸子、镊子、小刀、毛笔、铅笔、铁丝、勺子、纱布、量筒、台秤等：洛阳博冠化验器材行；荧光定量 PCR 用仪器与耗材。

二、方法

（一）组织处理

取材：取 3～4 块约 1.2cm×1.0cm×0.5cm 大小的肌肉组织块，截面与肌纤维方向垂直，用纱布包裹，绳子的一头系着纱布口，另一头贴上标签并编号；固定：将组织块投入 4％中性多聚甲醛溶液中固定不低于 24h；修块：流水冲洗 12h，解开纱布将组织修成长为 0.5cm、宽 0.5cm、厚 0.3cm 的组织块，将组织块放入白色包埋盒标上号放在 70％酒精中短暂存放。

（二）切片制作

1. 组织脱水与透明

脱水：70％酒精 30min；80％酒精 30min；95％酒精 30min；无水乙醇 Ⅰ 30min；无水乙醇 Ⅱ 30min；½ 无水乙醇＋½ 二甲苯 30min。

透明：二甲苯 Ⅰ 30min；二甲苯 Ⅱ 30min；½ 二甲苯＋½ 石蜡 30min。

浸蜡：石蜡 Ⅰ 30min；石蜡 Ⅱ 透蜡 30min。

2.组织包埋

用铁丝把铁盒放入已经熬好的石蜡中,再用镊子把组织放入铁盒中间(组织切面朝下),将白盒卡放在铁盒上(保证铁盒完全浸入蜡中,使用水浴锅加热避免蜡凝固)。把铁盒用铁丝捞出,平放在桌面,用蜡浇灌几次,确保无气泡。等待石蜡完全彻底地凝固后即可取出来以备使用。

3.切片的染色

二甲苯Ⅰ15min;二甲苯Ⅱ15min;½无水乙醇+½二甲苯10min;无水乙醇Ⅰ 5min;无水乙醇Ⅱ 5min;95%酒精2min;90%酒精2min;80%酒精2min;70%酒精2min;蒸馏水中洗2min;苏木精染色25min;流水冲洗5min;0.5%~1%盐酸分化5s;流水冲洗15min;蒸馏水2min;70%酒精中2min;80%酒精中2min;90%酒精2min;伊红染色60~90s;95%酒精Ⅰ 2min;95%酒精Ⅱ 2min;无水乙醇Ⅰ 5min;无水乙醇Ⅱ 5min;二甲苯Ⅰ 5min;二甲苯Ⅱ 5min;中性树胶封片。

(三)观察拍照

将切片分别在4×、10×、40×的光学显微镜下拍照,不同倍数下每张片子分别随机选取3、7、3个视野拍下。观察肌肉纤维的染色情况、细胞核的分布情况、纤维走向和纤维断面的性状,挑选出合格的组织切片。

(四)肌纤维性状测量

照片用Scion Image图像分析操作软件进行数据处理和分析,先将数据图片上肌纤维横断面上间距最长的两点间的距离作为长轴,再将垂直于长轴中点的长度作为短轴标示,然后进行精确的测定并随后求出长、短轴各自的几何平均值,以此来算出每条肌纤维的直径大小并记录下数据。每个样本取出10张片子,每张片子需要各测总共200条的肌纤维，准确计算出其总体平均数的值当作这一独立样本的肌纤维直径大小并记录数据。

（五）组织总RNA提取

选用经过纯化后且生长发育状态良好的第4、第5和第6代细胞为研究对象，分别提取其细胞总RNA。所用的实验器具均须用0.1% DEPC水提前浸泡过夜，并经过高压蒸汽灭菌后烘干备用，防止RNA酶对总RNA的降解。实验前需打开低温高速离心机设置4℃条件下预冷，制冰，并用75%酒精擦拭干净移液枪、离心管架和操作台的桌面。

（六）荧光定量PCR

梯度PCR优化退火温度，根据产物长度决定延伸时间，反应体系在20～50μL之间，确保扩增效率在90%～110%之间，标准曲线R>0.99或R^2>0.98。

荧光定量PCR反应体系如表3-2所示。

表3-2　荧光定量PCR反应体系

组分	用量	程序	时间	循环
cDNA模板	2μL	94℃	4min	
上游引物(10μM)	0.7μL	94℃	30s	39 cycles
下游引物(10μM)	0.7μL	退火温度	30s	39 cycles
2×SYBR Green PCR Premix HS Taq	13μL	72℃	30s	39 cycles
H_2O(DNase free)	8.6μL	72℃	10min	
		4℃	0s	

（七）数据处理

相对定量分析方法，标记方法的选择——SYBR Green法，一组标准样本比较的是两个或两个以上数量的样本里面，某一个基因的表达量的变化情况。其中的每一个样本均采用三个重复的反应孔，以此来保证数据统计的显著性。

相对定量分析方法采用—$2^{-\Delta\Delta Ct}$。公式如下：

$F=2^{-[(待测组目的基因平均Ct值-待测组内参基因平均Ct值)-(对照组目的基因平均Ct值-对照组内参基因平均Ct值)]}$

运用 SPSS Statistics 17 中的 Duncan 检验处理实验数据,对数据进行显著性分析,所有数据以"Mean±SEM"表示,当 $P<0.05$ 时表示差异显著,当 $P<0.01$ 时表示差异极显著。并用 Pearson 检验对数据进行相关性分析,当 $P<0.05$ 时表示显著相关。

三、结果

1.肌纤维性状测定

从表 3-3 中可以看出 0.5～2 岁年龄段的鲁西黄牛的肌纤维直径为(49.82±1.01)μm,而后随着鲁西黄牛年龄的增长,其肌纤维直径也显著增大,在 6.5～8 岁年龄段间达到了(60.11±0.75)μm。由此可见,随着鲁西黄牛年龄的增长,其肌纤维的直径大小也在显著地进行增长($P<0.05$)。

表 3-3　不同年龄鲁西黄牛肌纤维直径测定结果

肌纤维特性/岁	0.5～2	2～3.5	3.5～5	5～6.5	6.5～8
肌纤维直径/μm	49.82±1.01[e]	51.97±0.86[d]	54.65±0.82[c]	57.44±0.73[b]	60.11±0.75[a]

注:同一行中不同肩标表示差异显著($P<0.05$)。

2.不同年龄鲁西黄牛 CAPN1 基因 mRNA 表达的变化

从图 3-5 中可以得到 CAPN1 基因在不同年龄段的鲁西黄牛中 mRNA 表达量变化趋势,其随着鲁西黄牛年龄的增长,表达量起先是增加的,而后逐渐降低。在 2～3.5 岁年龄段间的表达量情况达到最大值,为 0.36,随后一直降低并在 6.5～8 岁年龄段间的表达量达到最低值,为 0.13。

3.不同年龄鲁西黄牛 CASP9 基因 mRNA 表达的变化

从图 3-6 中可以得到 CASP9 基因在不同年龄段的鲁西黄牛

中 mRNA 表达量变化趋势,其随着鲁西黄牛年龄的增长,表达量的整体趋势是先增加,而后逐渐降低,随后再增加。

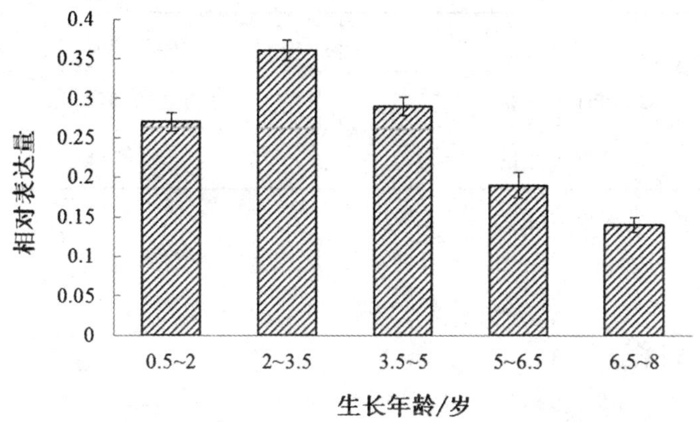

图 3-5　不同年龄鲁西黄牛 CAPN1 基因 mRNA 表达

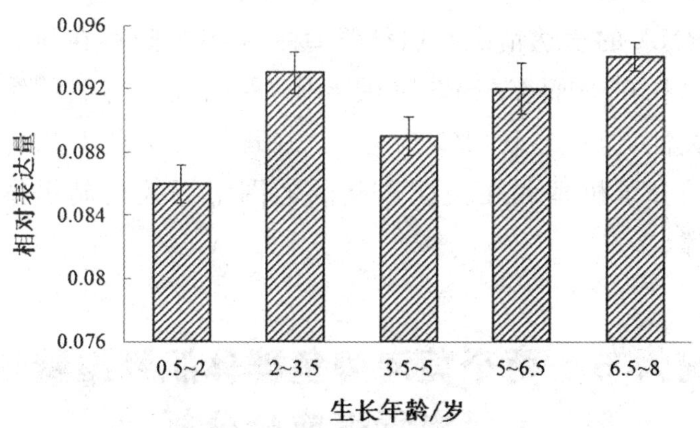

图 3-6　不同年龄鲁西黄牛 CASP9 基因 mRNA 表达

4. CAPN1 和 CASP9 基因 mRNA 表达与肌纤维性状相关性分析

鲁西黄牛 0.5～2 岁、2～3.5 岁、3.5～5 岁、5～6.5 岁和 6.5～8 岁共 5 个年龄段背最长肌中 CAPN1 基因和 CASP9 基因 mRNA 的表达与肌纤维性状之间的相关性分析见表 3-4,可以发现,CAPN1 基因 mRNA 的表达情况与肌纤维直径大小之间存在显著的负相关性($P<0.05$),而 CASP9 基因 mRNA 的表达与肌纤

维直径呈现正相关性,但不显著($P>0.05$)。

表 3-4 CAPN1 和 CASP9 基因 mRNA 表达与肌纤维性状相关性分析

指标	肌纤维直径
CAPN1 表达量	−0.672*
CASP9 表达量	0.324

注:* 表示显著相关($P<0.05$)。

四、讨论

鲁西黄牛 5 个年龄段背最长肌中 CAPN1 基因和 CASP9 基因 mRNA 的表达与肌纤维性状之间的相关性分析表明 CAPN1 基因 mRNA 的表达情况与肌纤维直径大小之间存在显著的负相关性($P<0.05$),而 CASP9 基因 mRNA 的表达与肌纤维直径呈现正相关性,但不显著($P>0.05$)。在理论上为阐明牛骨骼肌生长发育的分子机理和相关候选基因的网络调控机制提供重要的数据支撑。

第六节 两个黄河鲤鱼群体肌纤维特性及肌肉营养成分分析

河南黄河鲤鱼作为一种优质的、备受欢迎的食材,应该被更深入地了解以及重视并加以保护和利用。判断肉的食用品质好坏主要从肉的质地、嫩度、风味、多汁性和其中所含化学成分这些指标特性来判定,而肌肉中各种营养物质的含量是评鉴鱼肉营养价值的重要指标。近年来,人工养殖的黄河鲤鱼数量逐渐增加,由于人工养殖的鱼有相对稳定的生长环境以及充足的饵料来源,因此其生长速度也比野生鱼快,但饲料饲喂下的鱼在肉质风味、营养物质含量方面与野生黄河鲤鱼相比是否发生改变尚不清楚。本实验通过对两个黄河鲤鱼群体肌纤维特征及肌肉中的常规营养成分如水分、粗蛋白质、粗脂肪、粗灰分以及氨基酸组成，重要矿物质元素钙、磷含量等的分析比较，可为这方面的研究提供一定的理论依据，并对改善鲤鱼肉品质及风味具有重要的理论和实践意义，为鉴别黄河鲤鱼及其营养价值的评鉴和产业化发展提供一定的理论支持，对河南黄河鲤鱼种质资源的保护具有一定的指导意义。

一、材料

1. 实验用鱼

河南黄河鲤鱼，分为 2 组，即人工养殖黄河鲤鱼（图 3-7）、河南洛阳吉利区黄河段野生黄河鲤鱼（图 3-8），各 25 尾，每尾鱼作为一个样本（表 3-5）。

图 3-7　人工养殖黄河鲤鱼

图 3-8　野生黄河鲤鱼

表 3-5　两个群体的样本量及体长和体重

组别	n	体长/cm		体重/g	
		范围	平均数±标准差	范围	平均数±标准差
野生组	25	21.31～37.30	26.97±5.11	200.00～1160.00	468.00±302.01
养殖组	25	23.18～30.52	26.74±1.47	340.00～770.00	491.29±88.19

2.样本处理

肌纤维特征研究用样本:根据鱼类肌肉的解剖学和肌肉学特征,选取实验用鱼的背部肌肉作为最佳测定部位(图 3-9)。每尾鱼采取 3～4 块约 1.2cm×1.0cm×0.5cm(长×宽×高)大小的肌肉组织块,所取肌肉组织用纱布包裹,标签纸标记编号,备用。

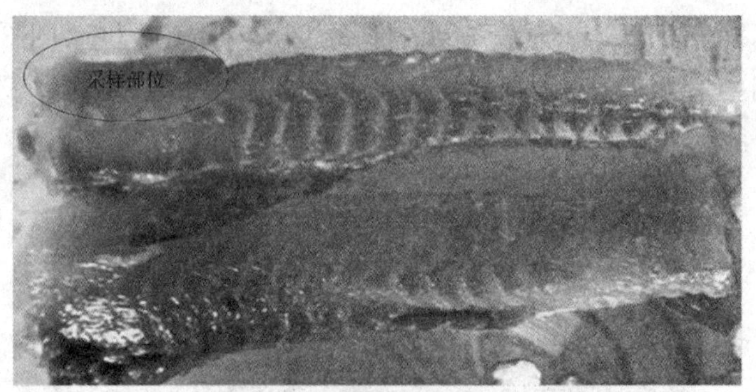

图 3-9　黄河鲤鱼背部肌肉

肌肉营养成分分析用样本:取鱼背部肌肉(背鳍以下侧线鳞以上)约 100g,用剪刀剪成肉糜状态,装入已编好号的密封袋中,－20℃条件下储存,备用。

二、方法

1.肌纤维性状的测定

每条样本鱼在其背部肌肉处采取 4 块长 1.2cm×宽 1.0cm×

高 0.5cm 大小的组织样，并用纱布包裹，投入 4%中性多聚甲醛溶液中固定最少 24h 后用流水冲洗 12h。解开纱布之后用眼科剪将组织修剪成长、宽、高均为原组织样长度一半左右的组织块，将修剪好的组织块放入预先准备好的含有浓度为 70%乙醇的白色包埋盒内浸泡并标上编号短暂存放。将样本依照常规石蜡切片法依次进行脱水、透明、包埋、苏木精-伊红（H. E.）染色处理，最后制成厚度为 6～8μm 的石蜡切片，并在普通光学显微镜下进行观察、拍照，保存，备用。用 Scion Image 图像分析软件进行组织学显微图像分析和形态测量（肌纤维直径和密度测量）。

2. 肌肉常规营养成分分析

采取鱼肌肉样本，采用食品水分测定的直接干燥法测定肌肉内水分含量，采用马福炉灼烧法测定肌肉粗灰分含量，采用乙醚索氏提取法测定肌肉粗脂肪含量，采用微量凯氏定氮法测定肌肉粗蛋白质含量，按照肉与肉制品中钙的测定方法（GB/T 9695.13—2009）测定钙含量，按照肉与肉制品中总磷含量的测定方法（GB/T 9695.4—2009）测定磷含量，并使用分光光度计进行测定。

3. 氨基酸的测定

参照《养殖鱼类种质检验》（GB/T 18654.11—2008）的方法对样本进行处理，用盐酸将各组织样本解离成游离状态的氨基酸，然后用氨基酸自动分析仪检测肌肉中 17 种氨基酸的含量。

4. 数据的统计分析

实验所获得数据首先用 Excel 2010 数据处理软件整理后以“平均数±标准差（$x \pm s$）”表示，再使用 SPSS 17.0 统计软件对其进行单因子方差分析（One-Way ANOVA），用 LSD 多重比较法对数据进行处理和分析。

三、结果与分析

1. 骨骼肌肌纤维石蜡切片的观察

黄河鲤鱼的背部肌纤维的特征,见图 3-10。本实验对象的肌纤维断面为不规则多边形,纹路排列清晰,细胞核大多分布于肌纤维外侧,肌纤维平行面为条带状。

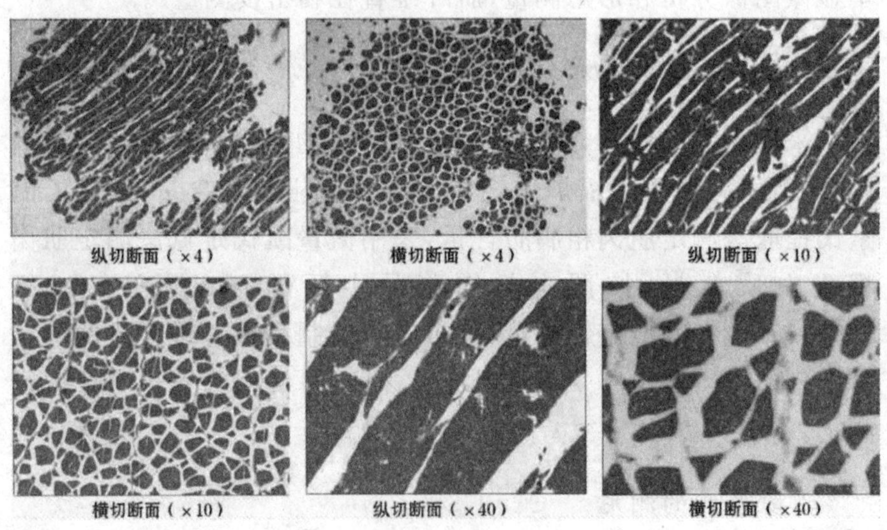

图 3-10 背部肌肉组织纤维切片

2. 骨骼肌肌纤维横切面直径大小和密度比较

肌纤维的特征分析结果见表 3-6。

表 3-6 肌纤维的特征分析

组别	直径/mm	密度/(N·mm^{-2})
野生组	$0.051^{a}\pm0.002$	$226.66^{A}\pm22.42$
养殖组	$0.057^{b}\pm0.003$	$183.81^{B}\pm9.74$

注:同列数据肩标小写字母不同表示差异显著($P<0.05$),大写字母不同表示差异极显著($P<0.01$)。

由表 3-6 可知，两个黄河鲤鱼群体肌纤维直径差异显著（$P<0.05$），肌纤维密度差异极显著（$P<0.01$）。

3. 常规营养成分分析

野生黄河鲤鱼和人工养殖黄河鲤鱼的营养成分分析结果见表 3-7。

表 3-7 野生黄河鲤鱼和人工养殖黄河鲤鱼的营养成分分析 单位：%

组别	水分	粗蛋白质	粗脂肪	粗灰分
野生组	$80.600^{b}\pm0.005$	$16.897^{b}\pm0.035$	$1.6567^{b}\pm0.0665$	$1.0944^{a}\pm0.2123$
养殖组	$78.013^{a}\pm0.006$	$18.383^{a}\pm0.031$	$2.9203^{a}\pm0.0103$	$1.1491^{a}\pm0.0347$

注：同列数据肩标字母不同表示差异显著（$P<0.05$），字母相同表示差异不显著（$P>0.05$）。

由表 3-7 可知，养殖组黄河鲤鱼的水分含量显著低于野生组（$P<0.05$），养殖组黄河鲤鱼的粗蛋白质含量显著高于野生组（$P<0.05$），养殖组黄河鲤鱼的粗脂肪含量显著高于野生组（$P<0.05$），养殖组黄河鲤鱼的粗灰分含量与野生组相比差异不显著（$P>0.05$）。人工养殖的河南黄河鲤鱼和野生的河南黄河鲤鱼由于生活环境、地理位置、食物来源、水质等因素的不同，其营养成分会存在较大的差异。

4. 氨基酸的组成分析

野生鲤鱼与人工养殖鲤鱼肌肉中氨基酸组成的比较结果见表 3-8。

表 3-8 野生鲤鱼与人工养殖鲤鱼肌肉中氨基酸组成的比较 单位：%

组别	野生组	养殖组
甲硫氨酸*	$0.595^{a}\pm0.150$	$0.642^{a}\pm0.010$
亮氨酸*	$1.485^{a}\pm0.025$	$1.545^{a}\pm0.015$
赖氨酸*	$0.605^{a}\pm0.025$	$0.675^{a}\pm0.045$

续表

组别	野生组	养殖组
缬氨酸*	0.890[a]±0.001	0.915[b]±0.005
苯丙氨酸*	0.790[a]±0.020	0.815[a]±0.152
苏氨酸*	0.8550[a]±0.0150	0.8875[a]±0.0025
异亮氨酸*	0.812[a]±0.010	0.835[a]±0.005
甘氨酸	0.905[a]±0.150	0.850[a]±0.102
丙氨酸	1.11[a]±0.20	1.11a±0.01
天门冬氨酸	1.840[a]±0.040	1.895[a]±0.155
丝氨酸	0.74[a]±0.01	0.76a±0.05
胱氨酸	0.160[a]±0.030	0.155[a]±0.054
脯氨酸	0.52[a]±0.02	0.49[a]±0.01
组氨酸	0.605[a]±0.022	0.675[a]±0.045
精氨酸	1.095[a]±0.015	1.115[a]±0.052
酪氨酸	0.315[a]±0.125	0.342[a]±0.001
谷氨酸	2.775[a]±0.035	2.915[a]±0.015
7种必需氨基酸总量	7.165[a]±0.075	7.455[a]±0.075
氨基酸总量	17.21[a]±0.34	17.57[a]±0.36

注:同列数据肩标字母不同表示差异显著($P<0.05$),字母相同表示差异不显著($P>0.05$);*表示必需氨基酸。

由表3-8可知,在野生和人工养殖河南黄河鲤鱼肌肉中,谷氨酸的含量是存在于这两个群体中最高的氨基酸,其他氨基酸含量的高低依次为天门冬氨酸、丙氨酸、精氨酸。养殖组黄河鲤鱼缬氨酸含量显著高于野生组($P<0.05$),养殖组黄河鲤鱼的其他氨基酸含量基本都高于野生组($P>0.05$),养殖组黄河鲤鱼的7种必需氨基酸总量和氨基酸总量都大于野生组($P>0.05$)。养殖和野生黄河鲤鱼的第一限制性、第二限制性氨基酸均相同,分别是胱氨酸和酪氨酸。鲤鱼肌肉中的鲜味氨基酸(谷氨酸、天门冬氨酸、甘氨酸和丙氨酸)的组成和含量决定其味道鲜美的程度,但哪种鲜味氨基酸起主要作用还有待于进一步研究。

5. 钙、磷含量分析

两组鱼矿物质元素钙、磷含量的差异见表3-9。

表3-9 两组鱼矿物质元素钙、磷含量的差异 单位:mg·kg^{-1}

组别	钙	磷
野生组	0.1368[a]±0.0055	2.5945[a]±0.1643
养殖组	0.1691[a]±0.0322	2.1285[a]±0.2135

注:同列数据肩标字母相同表示差异不显著($P>0.05$)。

由表3-9可知,养殖组黄河鲤鱼钙含量高于野生组($P>0.05$),磷含量低于野生组($P>0.05$)。钙是促进机体骨骼、牙齿发育的重要矿物质,磷是组成机体并参与机体各种调节的矿物质,两组鱼的钙、磷含量的差异可能是受长期食物来源的不同以及生活环境的不同所影响。

四、讨论

1. 肌纤维直径、密度对鱼肉质的影响

鱼肉的品质同畜禽肉质判定方法一致,从其外观、气味、口感等感官方面,肉味鲜美可口则肉质为上等。从肌纤维学来说,鱼的肌纤维直径与其嫩度、剪切力密切相关。前人在多种鱼类的实验中发现,肌纤维直径大小与鱼肉的硬度存在负相关性,其内在原因为肌原纤维,肌纤维细的肌原纤维缔结得相对牢固,不容易被切断,因此硬度就大,也就是说在肌纤维的体积大小确定时,如果单根的肌纤维体积变小,那连接各单根肌纤维的组织填充物质就会相应增多,也就会使肌纤维的密度增大,因此肌肉硬度就大。肌纤维的密度用单位面积内肌纤维数量的多少来表示,肌纤维直径越小的品种,肌肉纤维密度就会越大,肌肉的口感也就越好。实验中,养殖组黄河鲤鱼肌纤维直径平均值显著大于野生组($P<0.05$),养殖组黄河鲤鱼肌纤维密度极显著小于野生组($P<0.01$)。从肌肉纤维特性的比较上看,野生组黄河鲤鱼肌纤维密度要大于养殖组,因此野生黄河鲤鱼的肌肉硬度更大。

2.肌肉营养成分分析

由于购买以及捕捞黄河鲤鱼条件的限制,所获鱼的质量和年龄无法达到理想要求,而随着鱼的生长发育,鱼肉中的营养物质也会发生很大变化。实验主要采取鱼脊背两侧的鱼肉样本,这并不代表整条鱼的肌肉营养成分,仅代表所取部位的营养成分。本实验对黄河鲤鱼所选部位的肌肉进行营养成分分析以期为全鱼肌肉营养成分提供部分参考数据。

实验测得的人工养殖河南黄河鲤鱼的水分含量平均值为78.013%,野生黄河鲤鱼的水分含量平均值为80.600%,与过正乾等在野生和人工养殖黄河鲤鱼的营养成分比较分析的相关实验中所得结果79.97%、79.21%基本一致。

鱼肉中含有丰富的蛋白质,蛋白质含量的高低是衡量鱼肉品质的一项重要指标依据,蛋白质含量越高,在一定程度上也说明鱼肉品质越好,蛋白质含量的多少可以赋予鱼肉不同的风味、特色、嫩度和口感。同时,肌肉中的脂肪也在很大程度上影响着肉的品质,与肉的风味、嫩度和多汁性有关。本实验测得野生黄河鲤鱼的粗蛋白质含量显著低于人工养殖黄河鲤鱼($P<0.05$),与唐雪等在野生刀鲚和杨培民等在鸭绿江鳜的野生与养殖群体肌肉营养成分的研究测定结果一致。然而,也有些研究得到了不同结论,宋超等在中华鲟,A. Fuentes 等在欧洲鲈鱼的相关研究中发现,野生鱼类的蛋白质含量通常高于养殖鱼类。这可能是因为捕捞的野生黄河鲤鱼食物来源长期不足且其中蛋白质含量较少,也可能是由于水质污染严重影响鱼体的肌肉发育,甚至导致个别

鱼畸形，进而影响实验结果。本实验所测得野生组黄河鲤鱼粗脂肪含量显著低于养殖组（$P<0.05$），与李劲等的研究结果相同。由于人工养殖的黄河鲤鱼饵料丰富且种类齐全，但养殖户为了追求高效高利，会给鱼类饲喂含有较高脂质的饲料，且养殖的黄河鲤鱼活动空间小，能量消耗少，而野生鱼类的生活环境变化幅度较大，饵料来源不稳定且不能保证有充足的食物来源，因此其脂肪含量显著低于养殖鱼类。而不同地区、不同体重的两种野生黄河鲤鱼和人工养殖黄河鲤鱼营养成分分析结果有很大差异，一是可能受不同地段的黄河鲤鱼生长环境、饲料来源的影响；二是可能随着黄河鲤鱼的生长发育其体内的营养物质含量发生变化所致。

3. 氨基酸组成分析

黄河鲤鱼中含有人体所需的 18 种氨基酸，其中包括 8 种人体必需氨基酸和 10 种非必需氨基酸，而且无论是野生的还是人工养殖的黄河鲤鱼中氨基酸含量都很高。本实验中，人工养殖黄河鲤鱼的 7 种必需氨基酸总量高于野生组（$P>0.05$），这可能与养殖组鱼类投喂配合饲料、近亲交配及活动空间相对不足有关。鱼类肌肉的营养成分在很大程度上受其生长环境、饵料组成、生理时期的影响。野生组黄河鲤鱼饵料来源不足，生长发育缓慢，生活环境多变也可能是重要的影响因素。两组黄河鲤鱼之间的鲜味氨基酸虽有差异，但差异不显著（$P>0.05$）。

4. 钙、磷含量分析

对人体健康来说钙和磷是两种重要的矿物质元素，人体骨骼、牙齿的发育，肌肉及神经的运动都离不开钙；而磷作为一种必不可少的元素存在机体内，磷不但是构成机体的一部分，而且还参与体液调节和各种物质和能量代谢。在饮食中适当比例的钙、磷对促进其他营养物质的吸收代谢起重要作用。张耀武等研究表明，高蛋白含量能有效促进人体对钙的吸收，而鱼肉中蛋白质含量很高，是很好的补钙食材。鲤鱼鱼肉中的钙、磷含量较低，而且在测量时极易受鱼刺中钙、磷含量的影响，而鱼刺不易完全剔除，也不能很好地确定鱼刺的量及鱼刺中钙、磷的量，因此会造成一些误差。所测鱼类肌肉中磷的平均含量略低于鸡肉、牛肉，与猪肉相当，但钙、磷比例在鱼肉中比较适当，因此人体对鱼肉的消化吸收率高。

另外，鱼的性别、年龄也会对实验结果有很大影响，由于在鱼性成熟之前不易鉴别雌雄，而雌鱼较雄鱼腹部大、圆，脂肪含量相对较高，且怀卵的母鱼中大部分营养都用于供给鱼卵，这种特殊生理时期中测得的营养物质含量会有偏差，从鱼塘购买的 30 条人工养殖的黄河鲤鱼中怀卵的鱼占有很大比例，因此所测的脂肪含量可能稍微偏高。

五、结论

实验通过对人工养殖黄河鲤鱼和野生黄河鲤鱼的各种营养成分进行分析比较，结果表明，两组鱼的水分、粗蛋白质、粗脂肪含量均存在显著差异($P<0.05$)，两组鱼粗灰分含量差异不显著($P>0.05$)。野生组黄河鲤鱼的水分含量显著高于养殖组($P<0.05$)，粗脂肪含量显著低于养殖组($P<0.05$)，粗蛋白质含量显著低于养殖组($P<0.05$)。野生组黄河鲤鱼的缬氨酸含量显著低于养殖组($P<0.05$)，两组黄河鲤鱼的其他氨基酸含量差异不显著($P>0.05$)，养殖组 7 种必需氨基酸总量和氨基酸总量均略高于野生组($P>0.05$)。野生组黄河鲤鱼的磷含量略高于养殖组($P>0.05$)，钙含量低于养殖组($P>0.05$)。实验结果表明，野生的河南黄河鲤鱼和养殖的河南黄河鲤鱼在多种营养成分上存在显著差异，特别是脂肪含量。肌纤维特征分析表明，两个群体黄河鲤鱼的肌纤维直径平均值差异显著($P<0.05$)，肌纤维密度差异极显著($P<0.01$)。人工养殖的河南黄河鲤鱼的营养价值以及口感、肉质均高于野生黄河鲤鱼，说明野生黄河鲤鱼生存环境可

能已经受到严重破坏，需要引起重视并采取相应的保护措施，保护野生黄河鲤鱼的种质资源。

第七节 两个黄河鲤鱼群体遗传多样性的微卫星标记分析

黄河鲤鱼以其体型梭长、金鳞赤尾和肉品细嫩鲜美而驰名中外，是我国宝贵的淡水经济鱼类资源之一。近年来受竞争性鱼类放流、酷渔滥捕、水质污染等因素的影响，黄河鲤鱼的自然资源量日益减少，特别是野生黄河鲤鱼的数量在持续减少。随着人工养殖的增多，养殖产量已经占水产产量的相当大的比例。由于过度捕捞、垂钓以及黄河水环境的污染，使得野生黄河鲤鱼的数量急剧下降，已经达到资源枯竭的地步，严重影响野生资源的生物遗传多样性。随着国家对野生生物资源的重视，采取了增殖、放养等措施来保证野生生物的数量。但由于缺乏保护意识、管理措施和有效的鉴定手段，通过人工放养和人工养殖的逃逸，人工养殖的黄河鲤鱼进入黄河水域，使得野生黄河鲤鱼和人工养殖鲤鱼杂交，两者的基因发生交流，从而引起黄河鲤鱼基因的混杂进而使其品种变得较杂。本研究采用微卫星分子标记技术对黄河鲤鱼进行了遗传多样性分析，以期通过对黄河鲤鱼的种质鉴定了解黄河鲤鱼的遗传结构特征、种群历史，为其遗传资源的保护提供较为准确的相关信息和依据。

一、材料与方法

1. 主要仪器与试剂

PCR Thermal Cycler Dice，购自 TaKaRa 公司；低温高速离心机（型号为 Heraeus Multifuge X1R），购自 Thermo Scientific

公司;凝胶成像仪(型号为 Tanon-1600),购自上海天能公司;琼脂糖水平电泳槽(型号 DL-31CN)、双垂直电泳槽(型号为 DL-24DN)、DNA 提取试剂盒,购自北京鼎国昌盛生物技术有限责任公司;ddH_2O、10×LAPCR Buffer、2×Power TaqPCR Master Mix、500 bp DNA Ladder Marker、琼脂糖,Lysis Buffer A,Lysis Buffer B,Proteinase K,Wash BufferB,Elution Buffer 等,均购自新乡智宝生物科技有限责任公司。

2. 实验动物及 DNA 样品的采集与处理

采取河南洛阳吉利区黄河段野生黄河鲤鱼和池塘人工养殖黄河鲤鱼各 25 尾,每尾鱼作为一个样本提取其组织基因组 DNA。剪取鱼样背鳍以下侧线鳞以上背部肌肉,用液氮研磨或匀浆后,加入 600μL Lysis Buffer A,震荡混匀后加入 10μL Proteinase K,60℃水浴 20~40min(期间颠倒混匀数次);再加入 400μL Lysis Buffer B 漩涡震荡 30s;12000r/min 离心 5min;将上清液转入离心柱中,12000r/min 离心 1min;弃废液并加入 500μL Wash Buffer B,12000r/min 离心 2min,重复洗涤 2 次;弃废液,室温下干燥 6min 后,在硅基质膜中央加入 50~200μL Elution Buffer,12000r/min 离心 2min,即可获得鱼样 DNA,于－20℃保存,备用。

3. 微卫星引物及来源

参照文献报道的引物序列,结合生物信息学方法从 GenBank 数据库中查找鲤鱼的微卫星位点,用 Primer Premier 5.0 软件设计和筛选引物,并委托北京鼎国昌盛生物技术有限责任公司合成。

4. PCR 扩增及琼脂糖凝胶电泳检测

PCR 反应体系(20μL):DNA 模板 1μL,2×Power Taq PCR MasterMix 10μL,上、下游引物各 1μL,双蒸去离子水 7μL。PCR

扩增程序为:94℃预变性5min;94℃变性30s,退火30s(每对微卫星引物的最佳退火温度经过梯度PCR摸索优化后见表3-10),72℃延伸30s,共39个循环;72℃延伸10min;4℃保存。

表3-10 微卫星扩增引物及PCR反应条件

基因座	引物(5′~3′)	退火温度(Tm)/℃	Mg^{2+}浓度/($mmol \cdot L^{-1}$)
NFW1	F GTCCAGACTGTCATCAGGAG R GAGGTGTACACTGAGTCACGC	55	2.0
NFW4	F TCCAAGTCAGTTTAATCACCG R GGGAAGCGTTGACAACAAGC	55	2.0
NFW13	F TGAGAGAACAATGTGGATGAC R ATGATGAGAACATTGTTTACG	55	2.0
HLJ30	F AAGTATTCGTCCTGTCGG R GGCTCTTGGCTTGTTTAT	50	2.0
HLJ338	F GAAGAATGGGTGAGTAAGA R ACTAGGATTTGGAAGAGC	47	2.0
HLJ483	F AAAGCGTCTGGGACTAAA R ACGGAAAATATCTGGAGAA	51	2.0

取PCR扩增产物5μL,用2%琼脂糖凝胶电泳检测,Goldview染色,5V/cm电泳约40min,以500bpDNA Ladder Marker作参照,在凝胶成像仪下观察,选择目的条带较亮并且杂带少者,运用与之对应的反应程序和体系进行非变性聚丙烯酰胺凝胶电泳。

5.非变性聚丙烯酰胺凝胶电泳

选取PCR扩增稳定且条带清晰的微卫星引物用于群体遗传多样性分析。将50%丙烯酰胺、5×TBE、10%过硫酸铵、四甲基乙二胺(TEMED)和纯化水按照一定比例配制成10%非变性聚丙烯酰胺凝胶。取扩增产物4~6μL进行垂直电泳,120V电压下电泳140min左右,直至溴酚蓝从凝胶中跑出。小心从玻璃板中取出凝胶，通过10%乙醇固定、1%硝酸氧化、0.1%硝酸银染色和最终3%碳酸钠显色、10%乙酸终止显色操作步骤获取目的条带，在凝胶成像系统下观察并拍照保存。

6.数据的统计与分析

从凝胶成像系统上获取的照片判别每个个体的基因型，输入Excel表格做好记录。用PopGene 3.2软件统计各微卫星位点的等位基因数（A）、有效等位基因数（Ne）、观测杂合度（Ho）、期望杂合度（He）、遗传分化系数（Fst）、固定系数（Fis）、基因流（Nm），并对各个位点进行Hardy-Weinberg平衡（PHW）检测。群体间的基因流通过公式“Nm＝0.25(1－Fst)/Fst”计算。多态信息含量（PIC）利用PIC CALC 0.6软件进行计算。

二、结果与分析

1.肌肉组织基因组DNA的提取、检测结果

鱼样肌肉组织基因组DNA经2%的琼脂糖凝胶电泳检测，结果见图3-11。

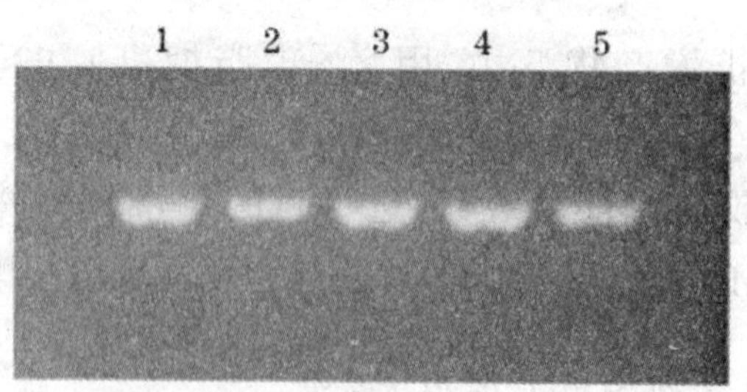

图3-11 肌肉组织基因组DNA的电泳结果

1～5—不同的鱼样DNA

从图3-11可以看出，用试剂盒提取法提取的黄河鲤鱼的DNA条带清晰明亮、整齐、无降解现象，符合PCR扩增要求，放入－20℃冰箱贮存，备用。

2. 非变性聚丙烯酰胺凝胶电泳结果

微卫星位点的扩增产物首先经过琼脂糖凝胶电泳检测，取具有特异性扩增条带的产物在10％的非变性聚丙烯酰胺凝胶上检测各个位点的多态性，检测效果均比较好。见图3-12～图3-15。

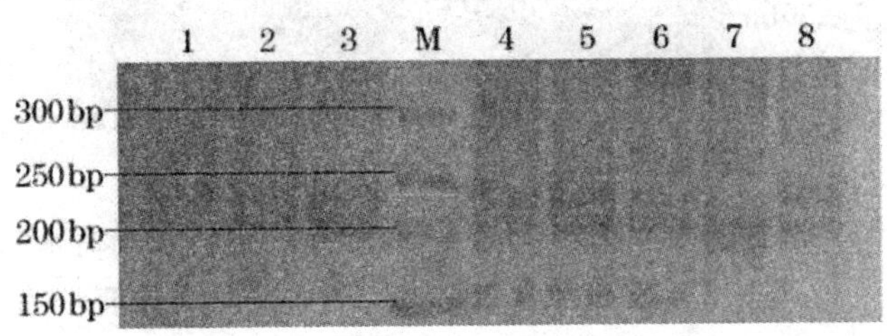

1～8——具有代表性的野生和养殖黄河鲤鱼不同个体样本；
M——500bp DNA Ladder Marker

图3-12　黄河鲤鱼微卫星位点HLJ338的电泳结果

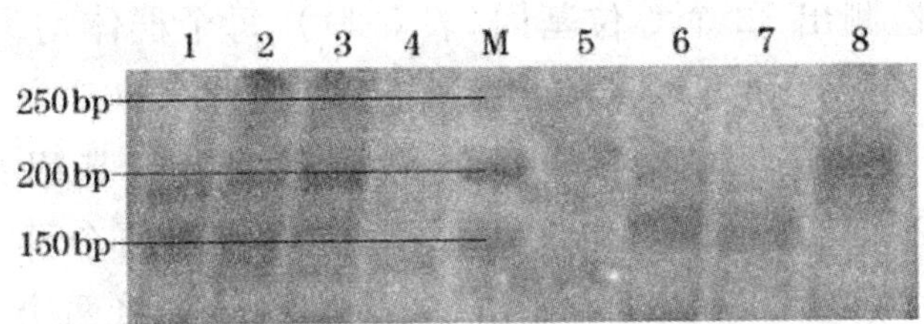

1～8——具有代表性的野生和养殖黄河鲤鱼不同个体样本；
M——500bp DNA Ladder Marker

图3-13　黄河鲤鱼微卫星位点HLJ483的电泳结果

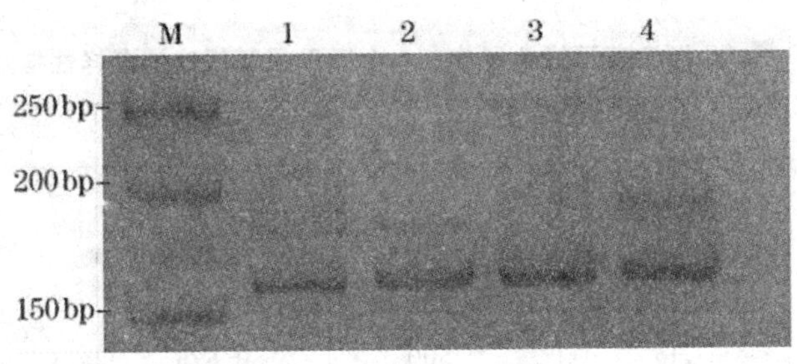

M——500bp DNA Ladder Marker；
1～4——具有代表性的野生和养殖黄河鲤鱼不同个体样本

图3-14　黄河鲤鱼微卫星位点NFW1的电泳结果

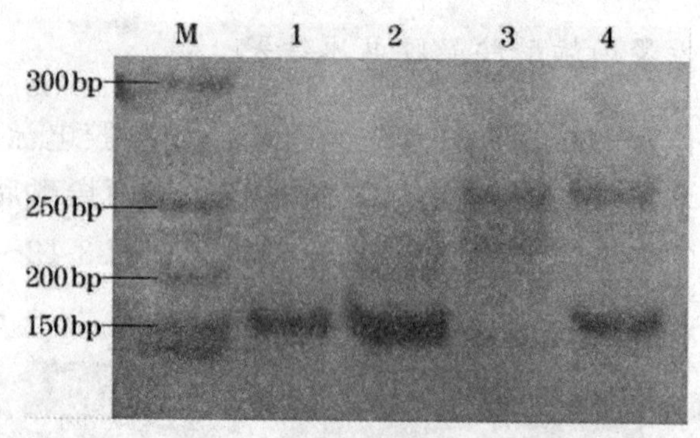

M——500bp DNA Ladder Marker;

1~4——具有代表性的野生和养殖黄河鲤鱼不同个体样本

图 3-15 黄河鲤鱼微卫星位点 NFW4 的电泳结果

3. 河南黄河鲤鱼群体的遗传多样性分析

黄河鲤鱼人工养殖群体和野生群体在本研究的 6 个微卫星位点上共检测出 32 个等位基因(表 3-11),每个群体均为 16 个等位基因。NFW1 和 HLJ30 位点等位基因数为 2.000,其他位点为 3.000,人工养殖群体和野生群体平均有效等位基因数分别为 2.350 和 2.085,即本研究 6 个微卫星位点在这两个群体中均显示有一定多态性。对人工养殖群体、野生群体和将两个群体混合进行计算分析后,平均 Ho 分别为 0.614、0.576、0.601,平均 He 分别为 0.569、0.535、0.559;PIC 平均值分别为 0.474、0.428、0.468(表 3-11),6 个位点的 PIC 在 0.304～ 0.864 之间。

表 3-11 两个黄河鲤鱼群体在 6 个微卫星基因座的多样性指数

位点	参数	养殖群	野生群	两个群体混合
NFW1	A	2.000	2.000	2.000
	Ne	1.600	1.766	1.658
	He	0.384	0.455	0.403
	Ho	0.500	0.636	0.546
	PIC	0.305	0.340	0.318
	PHW	n. s.	n. s.	*

续表

位点	参数	养殖群	野生群	两个群体混合
NFW4	A	3.000	3.000	3.000
	Ne	2.451	2.180	2.380
	He	0.606	0.567	0.589
	Ho	0.864	0.818	0.848
	PIC	0.505	0.463	0.495
	PHW	* *	n. s.	* *
NFW13	A	3.000	3.000	3.000
	Ne	2.638	2.396	2.562
	He	0.635	0.610	0.619
	Ho	0.455	0.273	0.394
	PIC	0.549	0.508	0.537
	PHW	n. s.	*	*
HLJ30	A	2.000	2.000	2.000
	Ne	1.902	1.984	1.936
	He	0.485	0.520	0.491
	Ho	0.591	0.546	0.576
	PIC	0.362	0.373	0.367
	PHW	n. s.	n. s.	n. s.
HLJ338	A	3.000	3.000	3.000
	Ne	2.602	1.716	2.310
	He	0.630	0.437	0.576
	Ho	0.546	0.455	0.515
	PIC	0.542	0.360	0.497
	PHW	n. s.	n. s.	n. s.
HLF483	A	3.000	3.000	3.000
	Ne	2.907	2.469	2.988
	He	0.671	0.623	0.676
	Ho	0.727	0.727	0.727
	PIC	0.581	0.526	0.591
	PHW	n. s.	n. s.	n. s.

续表

位点	参数	养殖群	野生群	两个群体混合
平均值（所有位点）	A	2.667	2.667	2.667
	Ne	2.350	2.085	2.306
	He	0.569	0.535	0.559
	Ho	0.614	0.576	0.601
	PIC	0.474	0.428	0.468

注：* 表示差异显著（$P<0.05$）；* * 表示差异极显著（$P<0.01$）；n.s. 表示差异不显著（$P>0.05$）。

4. 河南黄河鲤鱼群体的 Hardy-Weinberg 平衡检验

用卡方检验方法进行的 Hardy-Weinberg 精确 P 值的无偏估测对各群体的 6 个微卫星位点进行检测，发现养殖鲤鱼群体和混合群体在位点 NFW4 上极显著地偏离了遗传平衡（$P<0.01$），而野生群体和混合群体在位点 NFW13 上显著地偏离了遗传平衡（$P<0.05$），混合群体在位点 NFW1 上也显著地偏离了遗传平衡（$P<0.05$），见表 3-11。

5. 河南黄河鲤鱼群体遗传分化分析

两个鲤鱼群体在 6 个微卫星位点上的遗传分化见表 3-12。

表 3-12　两个鲤鱼群体在 6 个微卫星位点上的遗传分化

位点	固定系数(Fis)	遗传分化系数(Fst)	基因流(Nm)
NFW1	−0.405	0.006	43.500
NFW4	−0.484	0.010	26.119
NFW13	0.396	0.003	83.214
HLJ30	−0.172	0.005	52.167
HLJ338	0.032	0.037	6.579
HLJ483	−0.163	0.051	4.694
平均	−0.113	0.020	12.202

注：群体间的基因流通过公式 $Nm=0.25(1-Fst)/Fst$ 计算而得。

通过对两个鲤鱼群体的遗传分化分析，计算了河南黄河鲤鱼群体的 Fis、Fst 和 Nm。本研究的 6 个位点中，除微卫星位点 HLJ483 上的 Fst 大于 0.05 外，其余位点的 Fst 均小于 0.05，符合种群间无遗传分化的标准(Fst＝0～0.05)，6 个位点 Fst 的平均值为 0.02，各个位点基因流均大于 1，其平均值为 12.202。本研究中的两个群体在位点 NFW1、NFW4、HLH30 和 HLJ483 的 Fis 均为负值，说明这两个鲤鱼群体在这四个位点上存在观测杂合度过剩现象。

三、讨论

1. 关于微卫星位点的保守性

微卫星 DNA 标记是目前用于研究动物遗传资源多样性最常用的方法之一。微卫星并不容易准确定位，因为这种多态性的标记本身无位点的特异性。但是这种标记位点的侧翼序列非常保守，可以通过此侧翼序列合成引物对全基因组进行扩增，对特异位点的标记产物进行多态性检查，通过侧翼序列的保守性也可以特异地将此位点定位于核内染色体上准确的位置。由于侧翼序列在相近的物种中也具有保守性，在进行新的遗传资源多样性研究时可以利用相近物种的侧翼序列来筛选微卫星引物，从而减少检查微卫星位点的工作量来提高检测效率。本研究也采用这种检测策略。有人成功用微卫星标记技术对加拿大东海岸的 30 个鲤鱼种群进行了种群遗传多样性和种群结构的系统分析，并且由此对野生的鲤鱼和人工养殖的鲤鱼均扩增出了多态性；2011 年，闫春梅等利用 17 对微卫星分子标记的方法，对来自鸭绿江的两批鲤鱼进行了种间遗传多样性的系统分析，并对其杂合度等数据进行统计分析；岳兴建等选择 12 对微卫星标记检测了元江的 192 尾鲤鱼的群体遗传多样性；张义凤等利用 47 个微卫星标记对鲤鱼的体重、体长和体高性状进行了分析，筛选出 6 个相关标记。

本研究从众多的鲤鱼微卫星位点中筛选了6个位点对河南黄河鲤鱼的两个群体进行了检查,6个位点均获得了一定的多态性。故本研究利用微卫星位点的多态性的检测结果对于河南黄河鲤鱼种群遗传多样性和种质资源的鉴定具有一定的参考价值。但是鉴于水产动物的许多重要经济性状多是复杂的数量性状,而本研究选择的微卫星位点和采集样品群体规模的局限性,对于河南黄河鲤鱼种质资源分子水平的研究还需要进行进一步的研究。

2.关于河南黄河鲤鱼的遗传多样性分析

本研究利用6个微卫星位点检测了反映河南黄河鲤鱼两个群体的遗传多样性和遗传潜力的度量参数,如Ne、He、Ho和PIC。这些参数数值越大说明基因的多态性越好,其遗传潜力越大。在本研究中,6个微卫星位点在人工养殖群体鲤鱼和野生群体鲤鱼上共检测出32个等位基因,每个群体均为16个等位基因。人工养殖和野生群体的平均Ne分别为2.350和2.085,即虽然这6个微卫星位点在这两个群体中均显示出一定的多态性,但检测的有效等位基因数还不够丰富。人工养殖和野生群体的PIC的平均值分别为0.474和0.428,6个位点的PIC在0.304～0.864之间。PIC的高低可以反映群体内等位基因的杂合度和微卫星位点的遗传变异程度。本研究中的两个鲤鱼群体均属于中度多态性群体,其中人工养殖群体多态信息含量稍高于野生群体,原因也许与人工养殖群体采样于多个养殖场有关。在本研究中,对养殖群体、野生群体和将两个群体混合进行计算分析后,平均He分别为0.569、0.535和0.559,这些值均超过了随机交配群体的Hardy-Weinberg定理中群体的杂合度不超过0.5的标准,其中人工养殖群体超出数值较高,而野生群体较低,出现这种现象的原因可能是:人工养殖群体中有其他的鲤鱼品种基因混入而使杂合度过剩,种质混杂;而野生群体生活在被保护的黄河流域里,没有遗传瓶颈发生而且其亲本数量较充足和遗传多态性较高。

3.关于河南黄河鲤鱼的遗传分化分析

本研究通过对两个鲤鱼群体的遗传分化分析，计算了河南黄河鲤鱼群体的 Fis、Fst 和 Nm。在检测的 6 个位点中，除了微卫星位点 HLJ483 上的 Fst 大于 0.05 外，其余位点的 Fst 均小于 0.05，6 个位点的 Fst 平均值为 0.02，符合种群间无遗传分化的标准（Fst＝0～0.05）。Nm 的数值是反映群体间遗传分化的主要因素，当 Nm 大于 1 时可以阻止遗传漂变引起的种群间的分化，而本研究中各个位点 Nm 均大于 1，其平均值为 12.202，说明本研究选用的两个黄河鲤鱼群体不会由于遗传漂变而引起种群间的分化。在本研究中的两个群体在位点 MFW1、NFW4、HLH30 和 HLJ483 上的 Fis 均为负值，说明这两个鲤鱼群体在这四个位点上存在观测杂合度过剩现象，也表明这两个群体没有近亲繁殖，或者换句话说，群体的所有个体都是远交个体。

四、结论

综上所述，本研究中的两个黄河鲤鱼群体具有较为丰富的遗传多样性，黄河鲤鱼的种质资源目前尚处于安全状态。虽然竞争性鱼类放流、酷渔滥捕、水质污染和富营养化等不良因素还未对黄河鲤鱼造成遗传资源上严重的危害，但是不能放松警惕。从本研究的结果看，各个位点上的有效等位基因数还比较少，个别位点（HLJ483）的 Fst 也超过了种群间无遗传分化的标准（Fst＝0～0.05）。保持必要的群体数量特别是野生群体的数量是减少容易发生瓶颈效应和近交衰退现象的有效手段，对河南黄河鲤鱼资源应制定并严格执行相关制度，对其资源合理开发利用和加以保护。

第四章　种畜选择与选配

选种是畜禽育种工作的主要手段和基本技术措施。选种就是从畜群中选出符合人们要求的优良个体留作种用，同时淘汰不良个体。选种的目的在于增加畜群中某些优良基因和基因型的频率，定向改变群体的遗传结构，从而提高原群体的性能水平或在原有群体基础上创造出新的类型。但是要想取得理想的下一代，不仅需要通过选种技术选出育种价值高的亲本，还要特别注重亲本间的交配体制，为了达到特定目的，人为确定个体间的交配体制称为选配。选配就是对畜群的交配进行人工干预，为了要按一定的育种目标培育出最好的后代，就需要有意识地组织优良的种用公母畜进行配种。

第一节　种畜的鉴定

根据畜禽的生长发育、体质外貌和生产性能等资料来评定畜禽的品质是选种的基础，也是在育种实践中经常开展的一项工作。根据表型评定，可从畜群中初步选出比较优秀的公母畜，以满足育种需要。

一、畜禽的生长发育

（一）生长发育的概念

生长和发育是两个不同的概念。生长是动物达到体成熟前体重的增加,即细胞数目的增加和组织器官体积的增大,它是以细胞分裂增殖为基础的量变过程。而发育则是动物达到体成熟前体态结构的改变和各种机能的完善,即各种组织器官的分化和形成,它是以细胞分化为基础的质变过程。从遗传学的角度来看,畜禽的生长发育是遗传基础与环境共同作用的结果,因此了解和掌握遗传因素及环境条件对生长发育的影响,就可以通过选种或人为地改变环境条件,达到不断改进畜产品品质和提高畜产品产量的目的。

(二)研究生长发育的方法

由于畜禽机体结构、机能与环境的复杂关系,因而对生长发育规律的研究,很难在短时间内根据单方面的观察得出正确结论。研究生长发育常用观察衡量法和计算分析法。

1.观察衡量法

人们在长期的生产实践中,积累了许多关于畜禽生长发育方面的经验,如根据出牙、换齿、牙齿的磨损程度、牛的角轮数目、马眼皱纹的出现等来判断其年龄及生产性能的高低。但这些多是对质量性状特征的一个大概描述,没有用量化指标来反映畜禽生长发育的准确情况。现在通常的做法是针对某一部位进行测量(称量)和计算。

2.计算分析法

要想用具体数值说明生长发育变化的情况,目前最常用的仍是体重与体尺的测量,测量后经过分析计算,根据计算结果判定畜禽的生长发育情况。

1)测量时间和次数

研究生长发育,最主要的几个测定时间是:初生、断乳、初配和成年。具体时间间隔,可因畜禽种类不同而异。具体测定的次数和项目,应视畜禽种类、用途和年龄的不同而异,对育种群和幼龄畜禽可多测几次,对其他畜禽则可减少测定次数;在科研时根据实验目的可多次测定,在实际生产上则可适当少测,避免产生应激。

2)测量要求

测定数值一定要精确可靠。称重一般安排在早上饲喂前进行;体尺测量应注意畜禽的站立姿势和测具的使用方法。称重和测量都要注意测量器械的准确度。称重与测量体尺,是从两个不同的角度来研究分析家畜的生长发育情况。两者结合进行,可以判定畜禽身体发育的协调性。

3)常用的计算与分析方法

(1)累积生长。累积生长是指畜禽某一时期生长的最终重量或大小。所测得的体重或体尺,代表该畜禽被测定以前生长发育的累积结果,用图解方法表示累积生长曲线呈“S”形。

(2)绝对生长。指在一定时间内体重或体尺的增长量,用以说明畜禽在某个时期生长发育的绝对速度。绝对生长在生产上使用较普遍,用以检查畜群的营养水平、评定畜禽优劣和制定各项生产指标的依据等。通常用以下公式表示:

$$G = \frac{w_1 - w_0}{t_1 - t_0}$$

式中,w_0 为始重(即前一次测定的重量或体尺);w_1 为末重(即后一次测定的重量或体尺);t_0 为前一次测定的月龄或日龄;t_1 为后一次测定的月龄或日龄。

(3)相对生长。相对生长是指畜禽在一定时间内的增重占始重的百分率,表明畜禽的生长强度。相对生长用 R 代表,计算公式如下:

$$R = \frac{w_1 - w_0}{w_0} \times 100\% \text{或} R = \frac{w_1 - w_0}{\frac{w_1 + w_0}{2}} \times 100\%$$

式中,w_0 为始重(即前一次测定的重量或体尺);w_1 为末重(即后一次测定的重量或体尺)。

将累积生长、绝对生长、相对生长绘制成典型的曲线对比图,如图 4-1 所示。

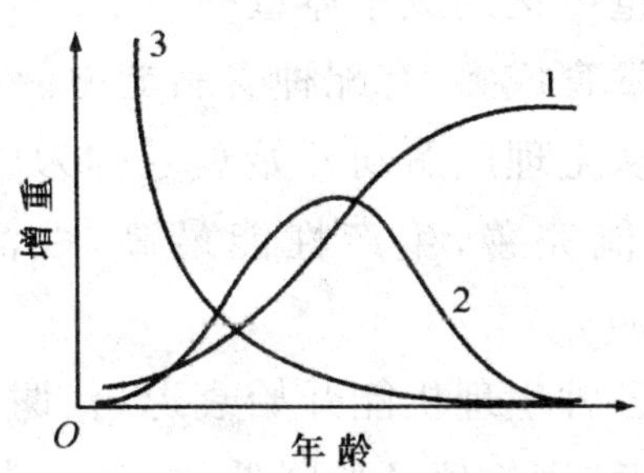

1—累积生长曲线；2—绝对生长曲线；3—相对生长曲线

图 4-1 生长曲线对比图

(三)生长发育的阶段性

在畜禽生长发育的全过程中，都要经历几个区分明显的时期，一般把出生前后作为分界线，把整个生长发育过程分为胚胎时期与生后时期。每个时期又可根据生理解剖、生理机能、对环境条件的要求等情况，再划分为若干时期。

1. 胚胎时期

从受精卵开始到出生时为止，此期又分为胚体期和胎儿期。

(1)胚体期。胚体期指从受精卵开始到胚胎着床时为止。这一时期较短，虽然发育很快，但生长缓慢，因而重量小。

(2)胎儿期。胎儿期是由胎儿形成到出生。此期生长极快，初生重的 3/4 约在后期长成。因而营养需要量急剧增加，若营养不足则易造成生前生长发育受阻。

2. 生后时期

由出生后直到衰老死亡，生后期较长，又分为以下 4 个时期。

(1)哺乳期。由初生到断乳时为止。此期特点是生长发育快，条件反射相继形成，增重及适应能力不断提高，末期由哺乳渐变为采食饲料。

(2)育成期。从断乳到初配时为止。此期增重还处于上升阶段,育成期期末体重可达到成年体重的50%～70%。体躯结构基本定型,生殖器官发育成熟,有配种受胎能力。

(3)成年期。从生理成熟到开始衰老称为成年期。此期体躯完全定型,各种性能完善,生产性能最高,性活动最旺盛,增重停止。

(4)老年期。各种生理机能开始衰退,代谢水平降低,生产力下降。一般在经济利用价值开始降低时,就可能已被淘汰。

二、畜禽的体质和外形鉴定

体质和外形是两个联系紧密、不可分割而又有所区别的概念。外形是体质的外在表现,是体质的组成部分,其概念偏重于“样子”,而体质的概念偏重于机能。二者均与生产性能和健康状况有关,因此在外形鉴定时,应将体质和外形有机地结合起来进行。

(一)畜禽的体质

体质就是人们通常所说的身体素质,是机体机能和结构协调性的表现。家畜有机体是一个复杂的整体,只有在有机体各部分、各器官间以及整个有机体与外界环境间保持一定协调的情况下,畜禽才能很好地发育和繁殖,才能充分发挥其生产性能。这种协调性的表现就是体质。

(二)畜禽的外形

1.外形的概念和研究意义

外形指畜禽的外表形态,我国古代称为“相”。外形不仅是畜禽的外部表现,而且能在一定程度上反映出畜禽的内部结构、生产性能、营养水平和健康状况。早在公元前1000多年,根据外形来鉴定家畜已非常盛行,如伯乐和他的《相马经》。后人有“伯乐一过，其马群遂空，非无马也，无良马也”的记载，说明伯乐相马技术相当高超。我国古代的外形鉴定带有相关观点，如“肺欲得大，鼻大则肺大，肺大则能奔；心欲得大，目大则心大，心大则猛烈不惊”；同时整体观念强、注重动静结合，如“相马之道，形骨为先”，“徒以貌取，失之远矣”，“举蹄轻快不起尘者善走”等。

通过外形观察，不仅可以鉴别品种、年龄，了解畜禽的体质、健康状况、对环境条件的适应性，而且还能判断畜禽的主要生产用途和大致的生产性能，这一点在生产中很具有实用价值，因为直接研究畜禽的内部机能有一定困难，而外形观察就为畜禽内部机能的研究打开了一条通道。

2.不同用途畜禽的外形特点

不同生产用途和不同性别的畜禽，其外形特征差别很大。要想准确地进行外形鉴定，就必须掌握不同生产用途畜禽的外形特征。

1)肉用型

肌肉和皮下结缔组织发育良好，低身广躯，体型呈长方形或圆桶形。头短宽，颈粗厚，肩宽广，胸宽且深，背腰平直，后躯宽广丰满，四肢短小，皮肤松软有弹性。

2)乳用型

后躯比前躯发达，中躯相对较长，体型呈三角形。全身清瘦，棱角突出，体大肉不多。头清秀而长，颈长而薄，胸深长，背腰宽平，腹圆大，乳房大呈四方形，乳静脉粗多弯曲，乳井大，皮肤薄而有弹性。

3)蛋用型

目前蛋用禽主要是鸡、鸭、鹅等，它们的外形特征是：头颈宽长适中，胸宽深而圆，腹部相对发达，整个体形小而紧凑，毛紧、腿细，身体呈船形。

4)毛用型

全身被毛密度大，皮薄有弹性，四肢长，体形窄，呈长方形。

头宽大,颈中等长,颈肩结合良好,颈上通常有横皱褶;肋部圆拱,背腰平直,四肢长而结实。目前常见的毛用畜有绵羊、山羊、兔等。

5)乘用型

身高且瘦,体窄而深,四肢稍长,体高与体长接近相等。头清秀,颈细长,鬐甲高长,背腰短平,肩长而斜,胸部深长但较窄,尻平长,四肢端正,关节明显,蹄质地坚实、大小适中,精神活泼,行动灵活,运步轻快。

(三)鉴定方法

外形鉴定的方法很多,但都不尽完善,有待进一步发展和补充。外形鉴定方法大体上分为两大类:即肉眼鉴定和测量鉴定。

1.肉眼鉴定

肉眼鉴定指通过肉眼观察畜禽的整体及各个部位,并辅助以手摸和行动观察,来辨别其优劣。肉眼鉴定的方法是:先粗后细,先整体后局部,先静后动,先眼后手的原则。

为了减少主观成分,也可采用评分鉴定。这种鉴定方法是在评定前,根据畜禽各部位在生产及育种上的重要性,定出最高分或系数,同时对每个部位规定理想标准,鉴定人依据评分表对畜禽进行系统的外形鉴定。评分的方法有两种,一为百分制,对各部位规定出最高分的标准,然后对每个部位逐一评定,分别给予评分,最后将每个部位的得分加在一起求出总分,满分为100分。另一种是五分制,即把评定的各部位的最高分定为五分,根据各部位的实际情况进行评定,然后乘上该部位规定的系数。最后根据总分定出等级。

2.测量鉴定

测量鉴定可以避免肉眼鉴定带有的主观性,可以用具体的数值定量地描绘出畜禽的外貌特征。体尺测量鉴定是通过测量工具测出畜禽某些体尺数值，并根据一定的计算公式计算出体尺指数，以反映畜禽各部位的发育情况，进而说明畜禽的外形结构特征。这种方法虽然可以避免肉眼鉴定带有的主观性，但是整体观念不是很强。

20 世纪 80 年代，美国率先在荷斯坦牛中使用奶牛的体型外貌线性评定法。这种外貌鉴定方法是把奶牛的体型外貌性状分为主要性状（体高、体强度、体深、乳用性等）和次要性状，一般只测定主要性状。每个性状的线性分值为 1～50 分。但线性分值的高低并不代表性状的好坏，需将其转换成功能分后方可反映出性状的优劣。如奶牛体强度，主要依据胸部宽度和深度、鼻镜宽度以及前躯骨骼结构等综合表现给分。特别纤弱的线性分为 1～5 分，中等的评 25 分，极度强健宽阔的评 45～50 分。而线性值为 37 分时转化成的功能分最高，即奶牛体强度的最佳线性分值是 37 分。奶牛的体型外貌线性评定法避免了传统评分法的主观性，目前已相继在荷兰、日本、加拿大、德国、英国等国家推广应用。

3. 线性评定

在 20 世纪 70 年代后期，美国奶牛人工授精育种者联合会提出了奶牛体型线性评定的方法，这种评定方法是完全客观性的，并且可用相同的统计学方法对评定结果进行分析。这种方法原则上也同样适用于其他畜种，下面以乳牛为例进行说明。

中国奶牛协会规定使用美国和日本的 50 分评分体制。现代的体型鉴定即线性评定要求母牛在 2～6 岁进行，可每年 1 次。亦即 24～72 月龄的牛，最好是处于 2～5 泌乳月。性状的线性评分与奶牛的年龄、泌乳时期、饲养管理情况无关。以各性状的假定平均值为 25 分，评分要拉得开，不要常评成 25 分附近的分数。对某一性状的评定，也不要联系其他性状。未投产牛、干奶牛、产犊牛、疾病的牛一般不鉴定。

线性评定方法基本形成了国际性的统一标准。但各国在测定性状的选择上以及对各个性状的重视程度上有所不同。在我国,一般将奶牛的体形性状分为两级,一级性状共 15 个,归纳为以下 5 个部分。

(1)体型部分:体高、强壮度、体深、棱角清秀度。

(2)尻臀部:尻角、尻长、尻宽。

(3)肢蹄部:后肢侧望、蹄角度。

(4)乳房部:前房附着、后房高度、后房宽度、乳房悬垂形状、乳房深度。

(5)乳头部分:从后面观看乳头基底部在乳区内的分布(乳头间的距离)情况。

三、畜禽的生产力

(一)生产力的概念

生产力是指畜禽给人类提供产品的能力。在畜禽育种实践中,生产力是重点选择的性状,是表示畜禽个体品质最重要的指标。饲养畜禽的目的就是要生产更多更好的畜产品,有更高的饲料报酬和经济效益。正确的评定并计算生产力,对指导育种工作和有效地组织生产具有重要意义。

(二)生产力的种类和主要指标

由于畜禽种类不同、品种繁多,用途及特性各异,因而其产品也各不相同。一般情况下,可将畜禽生产力分为六大类,即产肉力、产乳力、产毛力、产蛋力、役用能力和繁殖力。

1. 产肉力指标

肉用畜禽主要有猪、牛、羊、鸡等,以猪为例,其评定指标主要有活重、经济早熟性、日增重、饲料利用率、屠宰率、瘦肉率、膘厚、眼肌面积、肉的品质等。

2. 产乳力指标

产乳动物有乳牛、水牛和奶山羊等。乳牛分娩后从开始泌乳至停止泌乳的整个时期叫泌乳期；妊娠最后两个月停止泌乳至下次分娩的间隔时间叫干乳期。评定指标主要有产乳量、乳脂率、乳蛋白率、乳干物质率、排乳速度、前乳房指数[(前乳房奶量/总奶量)×100%，理想值为45%以上]、牛乳的体细胞计数(正常荷斯坦牛牛乳中的体细胞数量应该不大于30万/mL)、饲料转化率等。

为便于比较不同个体的产乳性能，常将实际产乳量换算成4%的标准乳量，其公式为

$$FCM = M \times (0.4 + 15F)$$

式中，FCM 为含脂4%的标准乳；M 为乳脂率为 F 的乳量；F 为乳脂率。

3. 产毛力指标

产毛家畜主要有绵羊、山羊、兔和骆驼等。评定产毛力的主要指标包括剪毛量、净毛率、毛的品质(长度、密度、细度)、裘皮和羔皮品质等。

4. 产蛋力指标

产蛋禽主要有鸡、鸭、鹅等。评定指标包括产蛋量、蛋重、蛋的品质(蛋形、蛋壳色泽和厚度、蛋黄量、血斑)等。

5. 役用能力指标

役用家畜有马、牛、驴、骡、骆驼等，它们在我国当前农业生产上还起着一定的作用。役用力的评定指标主要是挽力、速度和持久力。

6. 繁殖力指标

繁殖力是指家畜维持正常生殖机能、繁衍后代的能力，是评定种用家畜生产力的重要指标。评定雄性动物繁殖力的指标，主

要有精液品质(如射精量、活力、密度等)和性发育指标(如初情期、性成熟期以及配种受胎率等)。雌性家畜的繁殖力评定指标在不同家畜间存在差异,常用评定指标有受胎率、繁殖率、成活率、增殖率、产仔数、断乳窝重等。

第二节 种畜选择的原理与方法

一、质量性状的选择

质量性状是指个体间没有明显量的区别而表现非连续性变异,各变异类型间存在明显区别,能够直接加以描述的性状。其遗传规律符合孟德尔经典遗传学理论。

(一)隐性基因的选择

对隐性基因的选择意味着淘汰显性基因。也就是对显性个体和杂合体的淘汰。为便于阐明选择原理,以一对等位基因为例加以说明。例如,在一个大的随机交配的群体中,某一对相对性状,其等位基因为 A 和 a,A 对 a 为完全显性。基因型为 AA、Aa 和 aa,AA 和 Aa 的表型相同,都表现为显性性状,群体初始的基因型频率为 $D=p^2$、$H=2pq$、$R=q^2$。根据表型选择,淘汰显性个体和杂合体,保留全部隐性纯合个体。设淘汰率为 S,则留种率为 $1-S$,经过一个世代的选择后,基因频率变化情况见表 4-1。

表 4-1 选择隐性基因、淘汰显性基因时,后代基因频率的变化

基因型	AA	Aa	aa
初始频率	p_0^2	$2p_0q_0$	q_0^2
留种率	$1-S$	$1-S$	1
选择后频率	$\frac{p_0^2(1-S)}{1-S(1-q_0^2)}$	$\frac{2p_0q_0(1-S)}{1-S(1-q_0^2)}$	$\frac{q_0^2}{1-S(1-q_0^2)}$

经过一代的选择后，隐性基因频率为

$$q_1 = \frac{1}{2}H_1 + R_1 = \frac{q_0 - S(q_0 - q_0^2)}{1 - S(1 - q_0^2)}$$

若 $S=0$，则 $q_1=q_0$，此时群体处于自然平衡状态；若 $S=1$，则 $q_1=1$，即当显性个体淘汰率达到 1 时，没有突变发生且基因的外显率为 100%，只要经过一代选择，下一代隐性基因的频率就可以达到 1。所以，选择隐性基因是比较容易的，选择进展很快。

（二）显性基因的选择

一般来说，致病有害基因在群体中往往以隐性基因的形式存在，隐性有害基因在群体中的频率不高，但如果选留了杂合体作种畜，则会使群体中隐性有害基因频率迅速增加。如海福特牛的侏儒症是由隐性基因控制的，含有侏儒基因的杂合体具有粗壮而紧凑的体躯和清新的头部，更容易被选留作种用，所以 20 世纪 50～70 年代，在海福特牛的育种中，导致了该基因的扩散。

由于杂合体的表型与显性个体表型相同，所以在群体中彻底清除隐性基因是比较困难的。表 4-2 归纳了一个大的随机交配的群体，某一对相对性状，其等位基因为 A 和 a，A 对 a 为完全显性，选择显性基因、淘汰隐性基因时基因频率的变化情况。

表 4-2　选择显性基因、淘汰隐性基因时，后代基因频率的变化

基因型	AA	Aa	aa
选择前基因型频率为	p_0^2	$2p_0q_0$	q_0^2
留种率	1	1	0
选择后基因型频率	$\frac{p_0^2}{p_0^2+2p_0q_0}$	$\frac{2p_0q_0}{p_0^2+2p_0q_0}$	0

则经过一代选择后，隐性基因 a 的频率为

$$q_1 = \frac{p_0q_0}{p_0^2+2p_0q_0} = \frac{q_0}{1+q_0}$$

经过两代选择后，隐性基因 a 的频率为

$$q_2 = \frac{q_1}{1+q_1} = \frac{q_0}{1+2q_0}$$

经过 n 代选择后,隐性基因 a 的频率为

$$q_n = \frac{q_0}{1+nq_0}$$

假设某群体 10000 个个体中有 1 隐性纯合子个体,每代淘汰隐性纯合子个体,将隐性基因频率降低一半需要多少代?

$$n = \frac{q_0 - q_n}{q_0 q_n} = \frac{1}{q_n} - \frac{1}{q_0} = \frac{1}{\frac{1}{200}} - \frac{1}{\frac{1}{100}} = 100$$

如果家畜的世代间隔较长,则所需时间非常长,可见选择进展非常缓慢。故单纯根据表型淘汰隐性纯合子个体,不能彻底剔除隐性基因。

(三)伴性基因的选择

遗传学研究表明,绝大部分的伴性基因仅被携带在一条性染色体上,即哺乳动物的 X 染色体或鸟类的 Z 染色体上,而且伴性基因所决定的多是表型等级分明的质量性状。因此,对某一伴性基因的判别和选择,主要通过对个体的表型辨别来实现。

在鸡的 Z 染色体上有着丰富的伴性基因,目前已经研究清楚的伴性基因包括:头纹基因(Ko-ko)、真皮黑色素基因(Id-id)、芦花羽色基因(B-b)、眼色基因(Br-br)、出壳白—棕羽色基因(Li-li)、银—金羽色基因(S-s)、慢—快羽基因(K-k)、肝坏死基因(N-n)、矮脚基因(Dw-dw)和无翅基因(WL-wl)等。上述伴性基因之间均表现为显隐性遗传方式,因此不同性染色体组合类型,即 ZZ 和 ZW 在决定鸡个体性别的同时,Z 染色体上携带的伴性基因也随性别表现出特殊的遗传规律。在育种上常将伴性性状用于雏禽雌雄鉴别或其他方面。

1. 利用矮脚基因(dw)进行选择

dw 基因是矮小基因中的一种。研究证明,其分子基础是由

生长激素受体基因的缺陷所造成的。dw 基因能引起甲状腺功能降低，使鸡的体型变小，维持需要降低，但生产性能比正常体型鸡的下降不多，甚至在有些方面有所改进，如产蛋性能好、饲料转化率高、死亡率低、种蛋的孵化率高等。此外，因矮小型鸡体型小，占用鸡舍面积小，所以可以适当加大饲养密度，降低饲养成本。还由于 dw 为一隐性伴性基因，位于 Z 染色体上，当纯合的矮小型公鸡与正常体型的母鸡交配时，可以按体型自别雌雄，减少饲养公鸡的饲养成本。其交配模式如图 4-2 所示。

P　$Z^{dw}Z^{dw}$♂　×　$Z^{Dw}W$♀
　　矮小型　↓　正常型
F_1　$Z^{Dw}Z^{dw}$　$Z^{dw}W$
　　正常型♂　矮小型♀

图 4-2　矮小型基因交配模式

研究发现，dw 基因为一主基因，它既具有质量性状的基因特性，又具有数量性状的基因特性，有很高的经济适用性。目前，矮小型家鸡品系培育已经应用于生产实践中，培育矮小型品系可以采用适当的交配组合使 dw 基因在公母鸡中都达到纯合。当纯合的矮小型公母鸡出现后，即可进行纯种繁育，在群体内选优去劣，扩大种群数量，经过几代选种扩群后，就能培育出矮小型品系。矮小型品系培育模式如图 4-3 所示。

P　$Z^{dw}Z^{dw}$♂　×　$Z^{Dw}W$♀
　　矮小型　↓　正常型
F_1　$Z^{Dw}Z^{dw}$　$Z^{dw}W$
　　正常型♂　矮小型♀

图 4-3　矮小型品系培育模式

2. 利用羽色基因进行选择

羽毛颜色的伴性基因，目前除芦花鸡中由横斑基因(B)控制的芦花性状和由非横斑基因(b)控制的非芦花性状这对显隐性基因之外,广泛用于自别雌雄的羽色伴性基因还有金色基因(s)和银白色基因(S)。如海蓝褐是褐壳蛋用鸡,其父母代公鸡羽毛是红褐色,母鸡是白色;在商品代,雄雏绒毛是淡黄色,雌雏绒毛是黄褐色,能够自别雌雄。山东省家禽科学研究所从济南花鸡中选出浅花与红花两个伴性基因,利用红花公鸡与浅花母鸡交配,后代雄雏为白色,雌雏为红色。

二、种畜选择的基本方法

(一)单性状选择方法

畜禽育种工作中,需要选择提高的性状很多,比如奶牛需要提高产奶量、乳脂率、乳蛋白率;蛋鸡需要提高产蛋数、蛋重、受精率、孵化率等许多性状。但在动物育种的某一阶段可能需要只针对某一性状进行选择,称为单性状选择。在单性状选择中,除个体本身的表型值以外,最重要的信息来源就是个体所在家系的遗传基础,即家系平均数。因此,在探讨单性状选择方法时,就是从个体表型值和家系均值出发。一个个体的表型值可分为两部分:一是它的家系均值 P_f;二是该个体表型值与家系均值的偏差,即家系内偏差 P_w,若以 P 代表个体的表型值,则 $P=P_w+P_f$。各种选择方法的差异就在于对这两部分 P_w+P_f 加权的不同。若只根据个体表型值来选择,也就是对这两部分值同样加权,则为个体选择。而只根据家系的均值,完全不考虑家系内偏差进行选择,则为家系选择。相反,只根据家系内偏差,不顾家系均值进行选择,则为家系内选择。如果我们同时注意 P_f 和 P_w,但是给予两者不同加权,以便更好地利用两种来源的信息,则为合并选择。

1. 个体选择

根据个体表型值的高低对家畜种用价值做出评定的方法称为个体表型选择,简称个体选择。个体选择的依据是个体表型值与群体均值之差——离均差。离均差越大的个体越好,同时选择差越大,获得的遗传进展越大,个体选择的效果越好。这种方法简单易行,并且可以缩短世代间隔。但它只对遗传力高的性状选择效果好,因为遗传力高的性状其表型值受非遗传因素的影响小,在很大程度上接近于育种值。活体上不能度量的性状或者限性性状不适合使用个体选择法。

应用个体选择的条件:一是高遗传力性状。性状的遗传力高,表型值的大小就越能真实地反映个体育种值的高低;二是标准差大的群体。一般情况,在选择强度一定的条件下,性状标准差越大,选择差越大,这样下一代产生的选择反应就越大。

2. 家系选择

根据家系均值的高低对家系做出种用价值的评定,这种方法称为家系选择。这种方法是把整个家系作为一个选择单位,选留或淘汰整个家系,凡是中选的家系除有遗传缺陷的个体外,其余全部留种。这里所说的家系主要指全同胞家系和半同胞家系。亲缘关系更远的家系对选择的意义不大。

家系选择的最大缺点是易造成基因流失,因为被淘汰的家系所含的一些有利基因没有机会存留下来。

3. 家系内选择

根据个体表型值与家系平均表型值离差的大小进行选择称为家系内选择。具体做法就是挑选个体表型值超过家系均值多的个体留作种用。适合家系内选择的条件有:首先,性状的遗传力低;其次,家系间环境差异大、家系内个体表型相关大;最后,群体规模小、家系数量少。

在此情况下,家系间的差异和家系内个体间的表型相关主要是由共同环境造成的,而不是由遗传原因造成的。如仔猪的断奶重,该性状的遗传力不高,个体间的表型相关主要由母体效应造成,一窝泌乳力好,则全窝断奶重均高;另一窝泌乳力差,则全窝断奶重均低。在这种情况下,如果采用家系选择选断奶重高的一窝,则选中的性状是泌乳力,而没有真正选择断奶重的育种值。所以这种情况下更应该采用家系内选择,因为在共同环境影响下家系内表现出的差异,主要是遗传因素的好坏的差异。

4.合并选择

为了克服前三种选择方法的不足,同时利用家系均数和家系内偏差两种信息,根据性状遗传力和家系内表型相关,分别给予两种信息不同的加权,将其合并成一个指数——合并选择指数(I),按指数大小进行选择的方法称为合并选择。一般情况,根据合并选择指数选择的准确性高于上述各选择方法,可获得理想的选择进展。

合并选择指数的公式为

$$I = b_f P_f + b_w P_w = h_f^2 P_f + h_w^2 P_w$$

$$h_w^2 = h^2 \times \frac{1-r}{1-t}$$

$$h_f^2 = h^2 \times \frac{1+(n-1)r}{1+(n-1)t}$$

式中,I 为对 P_w 和 P_f 分别加权后的指数;h_w^2 为家系内离差的遗传力;h_f^2 为家系平均数的遗传力;h^2 为性状的一般遗传力;r 为家系成员间的亲缘相关系数;t 为家系成员间的表型相关系数;n 为家系成员数。

现根据4窝仔猪170日龄体重资料(表4-3),分别利用个体选择、家系选择、家系内选择和合并选择方法选择其中4个最好的个体留作种用,比较不同选择方法的差异(表4-4)。

表4-3　4窝仔猪170日龄体重资料

家系(窝)	个体180日龄体重(kg)	家系均值(kg)
1	A=80.00　B=86.00　C=93.50　D=106.50	$\overline{X}_1$ =91.50
2	E=79.00　F=99.50　G=105.00　H=114.50	$\overline{X}_2$ =99.50

续表

家系(窝)	个体 180 日龄体重(kg)	家系均值(kg)
3	I=56.50 J=60.00 K=65.00 L=118.50	$\overline{X}_3$ =75.00
4	M=87.00 N=90.00 O=95.50 P=103.50	$\overline{X}_4$ =94.00
—	—	$\overline{X}$ =90.00

表 4-4 选择结果

选择方法	中选个体	中选理由
个体选择	L H D G	个体表型值高
家系选择	E F G H	家系均值高
家系内选择	D H L P	家系内个体表型值高
合并选择	G H F P	合并选择指数值高

5. 同胞选择

根据同胞生产性能的高低对家畜的种用价值做出评定。同胞测定主要应用于限性性状的选择,如鸡的产蛋量、乳牛的产乳量、猪的产仔性状都限于母畜能表现出来,在对公畜禽进行选择的时候,可以根据半同胞的成绩来选择公鸡的产蛋量和公牛的产乳量性状。另外,同胞测定还可以用于活体难以准确度量的性状(如瘦肉率)或根本不能度量的性状(如胴体品质),这样的性状可以根据全同胞的成绩选择猪的瘦肉率、屠宰率和胴体品质。

(二)多性状选择方法

1. 顺序选择法

顺序选择法又称单项选择法,将所要选择的性状一个一个依次选择改进的方法,每个性状选择一个或数个世代,待所选的单个性状达到理想的选择效果后,就停止对这个性状的选择,再开始选择第二个性状,达到目标后,接着选择第三个性状,如此顺序选择。

2.独立淘汰法

对所选的几个性状分别制定最低选留标准,各性状都能达标的个体方能留种,否则被淘汰。

该方法的最大优点是对家畜的各个性状进行了全面衡量,但这样做往往留下了一些各方面刚刚合格的家畜,而把那些仅某个性状较差,而其他性状都优秀的个体淘汰了。另外,同时考虑的性状越多,中选的个体数就越少,就越不容易达到预期的留种率。生产中有时为了保证一定的留种率,降低选择标准,结果大量的“中庸者”中选,甚至低于群体均值的个体也有被选留的可能,这对保持和提高群体的品质是十分不利的。例如,现行的奶牛综合鉴定等级法与独立淘汰选择法有相似的缺陷:如甲、乙两头奶牛的乳脂率相同,甲牛的头胎产奶量 6000kg,评为一级;外形评分 75 分,也评为一级,因此甲牛可以作为良种牛登记。而乙牛头胎产奶量 8000kg,评为特级;外形评分 73 分,被评为二级,因此乙牛不能被登记为良种牛。

由此看来,在采用独立淘汰法和实行良种登记时,同时考虑的性状不宜太多,所定的标准也不能太死,应该在一定程度上彼此兼顾,否则,某些高产的个体和性状就有可能会被不合理地淘汰掉。

(三)间接选择方法

间接选择利用的是性状间的相关关系,通过对某个性状的选择来间接选择所要改良的目标性状,又称相关选择。如 X、Y 两个性状之间存在强的遗传相关,我们感兴趣的 Y 性状遗传力低,但 X 性状遗传力很高,那么通过 X 性状的选择就可以间接提高 Y 性状。间接选择主要应用在以下几个方面。

1.主要性状无法度量

有些性状由于受到性别限制不能表现出来,但该性别却对其后代此性状的表现影响很大,所以采用间接选择较合适。如奶牛中公牛对其女儿的产奶量影响很大，所以可以通过间接选择来选出具有高的产奶潜力的公牛作种用。生产中还有对种公鸡产蛋潜力的选择也可应用此法。

2. 有些性状活体难度量

如与屠宰相关联的一些性状，如屠宰率、瘦肉率等，在选种时活体不能度量，所以需找到与它们有强的遗传相关性状进行选择。如养猪生产中用背膘仪测定背膘厚来评价猪的瘦肉率，就是利用背膘厚与瘦肉率之间的强负相关关系。

3. 晚生性状的早期选择

有些重要的经济性状需要早期进行选择，如鸡的500日龄产蛋量、小母牛的产奶潜力、小仔猪的育肥性能等，这些性状往往在家畜幼年时就要进行选择。因此，生产中人们一直在努力寻找本身遗传力高，且与重要经济性状有高度遗传相关的早期性状。如鸡的适时开产日龄、300日龄产蛋量都与500日龄产蛋量呈正相关关系；仔猪的初生重、断奶重与育肥性能呈正相关；再如某些生理生化指标近年来研究颇多，有些已经被确定为进行间接选择的直接选择性状，如有人报道小母牛血液中总蛋白(TP)和游离脂肪酸(FFA)的含量，有希望作为预测产奶量遗传价值的遗传标记。

4. 主要性状遗传力低

遗传力低的性状直接选择效果差，如有一些辅助性状的遗传力高，且与所选性状有很大的遗传相关，在这种情况下，间接选择的效果可能好于直接选择。

总之，间接选择在畜禽育种工作中有着广阔的应用前途，尤其是应用于早期选择。人们正在努力寻找本身遗传力高，且与重要的经济性状有高度遗传相关的早期性状，特别是生理生化性状，如血型、某种蛋白含量等，作为辅助性状对晚期表现的经济性状进行间接选择。早期选择可大大减少饲养成本，扩大供选群体,从而加大选择差,提高选择效果。解决早期选择问题,是当前畜禽育种工作中的一项重要课题。

第三节　常用育种软件应用

一、统计分析软件

1. SAS 统计软件

SAS 统计分析系统具有十分完备的数据访问、数据管理和数据分析功能。SAS 系统是一个模块组合式结构的软件系统,共有 30 多个功能模块,其基本部分是 BASE SAS 模块。在 BASE SAS 的基础上,还有许多模块来完成不同的功能。

2. SPSS 统计软件

SPSS 软件也是一个组合式通用统计软件包,兼有数据管理、统计分析、统计绘图和统计报表功能。其统计功能是 SPSS 的核心部分,利用该软件,几乎可以完成所有的数理统计任务。

3. DPS 统计软件

DPS 数据处理系统是目前国内统计分析功能最全的软件包。软件的运行环境是中文视窗系统,采用多级下拉式菜单。用户使用时整个屏幕犹如一张工作平台,随意调整,操作自如,故称其为 DPS 数据处理工作平台,简称 DPS 平台。

二、育种值估计软件

1. PEST 软件

PEST 软件是一个用于多变量预测和估计的软件包,主要用于求解混合模型方程组。模型类型可以是固定效应模型、随机效应模型和混合模型。特点是适用于不同的操作平台，既可以处理大型数据，又可以处理小型数据，并可以接受各种格式的输入数据。

PEST 可以配合动物模型、公畜模型、公畜—母畜模型和遗传组模型；模型中可以配合任意数目的固定效应、随机效应和协变量；对单变量和多变量固定模型和混合模型进行假设检验；处理缺失值、近交、异质方差和高达 20 阶的多项式；采用不同的关联矩阵；考虑个体间的血缘关系；将基础亲本的平均育种值置为 0；计算最佳线性无偏预测值的预测误差方差和最佳线性无偏估计值的标准误差，并获得固定效应和随机效应的协方差矩阵。

2. BLUPF90 系列软件

BLUPF90 系列软件是一个用 FORTRAN 90/95 编写的动物育种数据的混合模型分析软件集，其主要包括：

(1) BLUPF90：由 3 个程序组成，分别用数据矩阵技术、Gauss-Seidel 迭代和先决条件的共轭梯度法估计 BLUP 育种值。

(2)REMLF90：用期望最大化算法估计方差组分。

(3)AIREMLF90：用平均信息算法估计方差组分。

(4)GIBBSF90：用 Gibbs 抽样进行方差组分的贝叶斯估计。

(5)MRF90：用 R 法估计方差组分。

(6)RENUMMAT：个体重新编号以创建数据文件和加性遗传效应系谱文件。

(7)RENDOMN：建立显性遗传效应系谱文件和计算近交系数。

(8)SIMF90：育种数据模拟程序。

(9)ACCF90：计算个体动物模型和母体效应模型中 BLUP 育种值的近似准确性。这些程序都是行模式接口。Monchai Duangjiinda 用 Visual Basic for MS-Access 2000 集成了上述程序的 Windows 图形化接口，并将软件命名为 BLUPF90 PCPAK。

三、选择效果估计软件

SelAction 是一个预测家畜和伴侣动物实际育种方案的选择反应和近交速率的计算机程序。程序允许用户在有限时间内以交互方式比较不同育种方案的选择反应和近交速率。程序利用确定性模拟方法,计算时间需求少,界面友好,因而可以作为一种交互式育种方案优化工具。

SelAction 可以预测下列育种方案及其组合方案的选择反应。

(1)多性状选择。可以预测多达 20 个性状的育种方案的选择反应。

(2)BLUP。可以预测基于动物模型 BLUP 选种的育种方案的选择反应。

(3)同胞和后裔信息。可以预测利用同胞信息和后裔信息选种的育种方案的选择反应。

(4)多阶段选择。可以预测利用 2 阶段或 3 阶段选种的育种方案的选择反应。

(5)离散和重叠世代。可以预测世代分明和世代重叠群体的选择反应。对于世代重叠群体,每个性别的年龄类型可以多达 20 个。

(6)近交。可以预测因选择而导致的具有离散世代和多性状选择的群体的近交速率。

另外,通过利用 MTDFREML、PEST、BLUPF90 等软件估计育种值,进而计算遗传趋势,也可以反映选择效果。

育种数据分析是一项复杂的技术工作,采用不同的方法和统计软件可能会产生不同的结果,应用上要根据具体的数据结构和实际育种需要选用相应的分析方法和计算软件。相信随着动物育种理论和方法以及计算机技术的进一步发展,各种遗传育种和统计分析软件的进一步开发,动物的遗传改良将会取得更大进展。

第四节　选配及选配方法

一、选配的作用

选配是一种交配制度，是人们有意识、有计划地决定公母畜的配对，以达到优化后代遗传基础、培育和利用良种的目的。因此，选配是控制和改良家畜品质的一种强有力的手段，它能使群体的遗传结构按照人们的意志不断得到优化。选配的作用表现在以下四个方面。

1. 创造新的变异，培育理想类型

选配是研究配对家畜间关系，而家畜选配双方的品质、亲缘关系和所属种群特征等方面的情况，无疑是极其复杂多变的。也就是说交配双方的遗传基础不可能完全相同，有时甚至相差很大。这样的交配双方配对的结果，它们的后代就不可能与双亲任何一方完全相同，后代的遗传基础得到了重新组合，产生了许多变异，这就为培育优良畜禽新的理想类型提供了遗传基础。

2. 加速基因纯化、稳定遗传性、固定理想型

遗传基础相似的公母畜交配，其后代的遗传基础通常与其父母相似。因此，若通过连续几代选择性状特征相似的公母畜相配，则控制该性状的基因就会逐渐纯合，最终性状特征也会被固定下来。这也为新品种或新品系培育的实践所证实。

3. 避免非亲和基因的配对

配子的亲和力主要决定于交配双方配子间的互作效应，在实际育种中可以通过交配实验来选择配子间互作效应大的公母畜

交配，使其产生优良的后代，满足人们物质生活的需要。

4. 控制近交程度，防止近交衰退

细致地做好选配工作可防止畜群被迫近交。即使近交，选配也可将近交系数的增量控制在合理水平，从而减缓近交衰退，甚至可以做到防止衰退。

综上所述，合理地运用选种和选配，不仅可以保持和巩固畜群原有的优良性状，而且通过基因的分离和重组，还可以使优良性状得以发展甚至创造出更优异的性能，发挥选种和选配的创造性作用。

二、选配的种类

选配时按其着眼对象的不同，可大体分为个体选配和种群选配。个体选配按交配双方品质的不同，可细分为同质选配和异质选配；按交配双方亲缘关系的远近，可区分为近亲交配和远亲交配，而在种群选配按交配双方所属种群特性的不同，可分为纯种繁育与杂交繁育。选配种类见图 4-4。

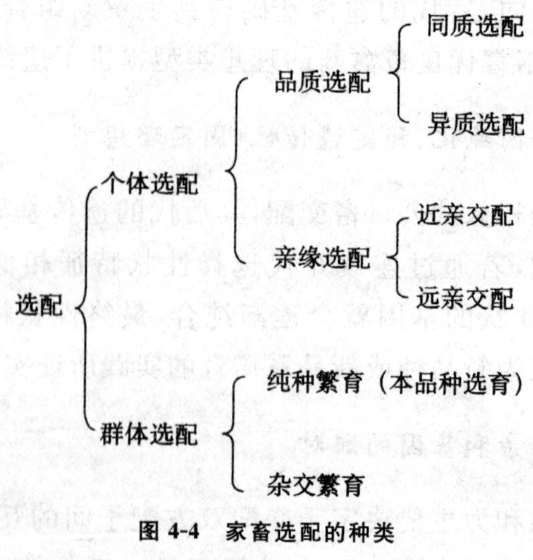

图 4-4　家畜选配的种类

1. 个体选配

个体选配是以畜群中的个体为单位的选配方法,选配时主要考虑与配个体之间的品质关系和特点而进行的选配称个体选配。个体选配又可分为品质选配和亲缘选配。品质选配是根据雌雄个体间的品质对比进行选配,品质选配又可分为同质选配和异质选配两种。亲缘选配是根据雌雄个体间的亲缘关系远近进行选配,亲缘选配则可分为近亲交配、远亲交配两种。

2. 种群选配

种群选配是以畜群为单位的选配方法研究与配个体所隶属的种群特性和配种关系,根据双方是属于相同的还是不同的种群而进行的选配。因此,在生产实践中种群选配分为纯种繁育与杂交繁育两大类。

三、选配方法

(一)品质选配

品质选配,又称选型交配,一般是指表型选配。品质,可指一般品质,如体质、体型、生物学特性、生产性能、产品质量等方面的品质;也可指遗传品质,以数量性状而言,如估计育种值的高低。品质选配是按个体的质量性状和数量性状表现,即考虑交配双方的品质对比进行选配。

1. 同质选配

1)同质选配的方法

同质选配是以表型相似性为基础的选配方式。就是选用性状相同、性能表现一致或育种值相似的优秀公母畜来配种,以期获得与亲代品质相似的优秀后代。所谓的同质性,可以是一个性状的同质,也可以是一些性状的同质,即指所选的主要性状相同,并且只可能是相对的同质,绝对同质的性状和家畜是没有的。

2)同质选配方法的优点

同质选配方法的优点是期望在后代群体中巩固发展与配双方共同的优良品质,有利于基因型的纯合一致。例如,在长白猪中选用生长速度快的公猪与生长速度快的母猪交配,能够获得生长速度快的后代。

3)同质选配的缺点

同质选配的缺点是不利于产生新变异,或使种群内的变异性相对减小;有时可能使种畜的某些缺点得到强化;而且长期采用同质选配有可能导致无意识的近交,引起衰退现象,因为越是同质的个体,它们的亲缘关系往往越近。所以在选配过程中要特别加强选择,严格淘汰体质衰弱或有遗传缺陷的个体。

4)同质选配的效果

在育种中应用同质选配的效果往往取决于对基因型判断的正确与否,如能正确判断基因型,根据纯合基因型选配,则可收到良好效果;或取决于选配双方的同质程度,越是同质者,则选配效果越好;还取决于同质选配所持续的时间,连续继代进行,可加强其效果。

5)同质交配的主要作用

(1)同质交配并不改变基因频率。但这需要两个条件;一是公畜群与母畜群的基因频率相同,公畜与母畜的使用频率相同;二是在交配前对于交配类型没有选择,在交配后对下一代的基因型也没有选择。

(2)同质交配改变基因型的频率,即纯合子的频率增加,杂合子的频率减少。所增加的纯合子频率的幅度等于所降低的杂合子的频率的幅度,而且各种纯合子的频率增加的幅度相同。

在育种实践中,使用同质选配促进基因纯合的同时,有可能提高有害基因结合的频率,把双亲的缺点暴露出来,从而使后代适应性和生活力下降,生产水平降低。因此,应用同质选配时,应加强选择，严格淘汰有遗传缺陷的个体，并改善饲养管理。同质选配的效果与基因型的判断是否准确密切相关。

2.异质选配

异质选配是指选用具有不同品质的公母畜交配。如选毛长的羊与毛密的羊相配；选产奶量高的牛与乳脂率高的牛相配，就是从这一目的出发的。另一种是选择同一性状但优劣程度不同的公母畜交配，以优改劣，以期后代能取得较大的改进和提高。例如，在毛肉兼用细毛羊中，二级羊一般毛密但毛长不够理想，可用特级或一级羊毛密且长的公羊与二级羊进行选配，以提高二级羊后代的毛长；又如，用产毛量高的公羊去配产毛量中等的母羊等。实践证明，这是一种可以用来改良许多性状的行之有效的选配方法。

(二)亲缘选配

亲缘选配就是考虑交配双方有无亲缘关系。双方有较近的亲缘关系，就叫作近亲交配，简称近交；反之，双方无亲缘交配，称为远亲交配，简称远交。近交能促使群体中等位基因纯合，配合选种可使群体整齐一致。

1.近交

畜牧学上把亲缘交配简称近交，它是指6代以内双方具有共同祖先的公母畜交配。在家畜中近交程度最大的是父女、母子和全同胞的交配，其次是半同胞、祖孙、叔侄、姑侄、堂兄妹、表兄妹之间的交配。近交既有有利的一面，又有有害的一面，因此一般在商品生产场不宜采用，而在育种场可适度使用。

2.远交

远交分为群体内的远交和群体间的远交两种情况。

(1)群体内的远交。这种远交是在一个群体之内选择亲缘关系远的个体相互交配,其在群体规模有限时有重大意义。因在小群体中,即使采用随机交配,近交程度也将不断增大,此时,人们可采用远交,有意识地回避近交,以有效阻止近交程度的增大,从而避免近交带来的一系列负面效应。

(2)群体间的远交。这种远交是指两个种群的个体相互交配,而群体内的个体不交配。因为涉及不同的群体,这种远交又称杂交。根据交配群体的类别,进一步可分为品系间、品种间杂交和种间、属间的杂交(简称远缘杂交)。

第五节　近交程度分析

近交作为一种育种措施,必须使用适度,才能收到理想的效果。近交程度同近交后果直接有关,所以应正确分析近交程度,有计划地加以控制。相互有亲缘关系的个体,其系谱中必定有重复出现的祖先,称共同祖先。分析近交程度则看共同祖先的个数多少和出现代数的远近。共同祖先个数越多、出现代数越近,则近交程度越大;反之越小。

一、近交系数计算法

1.近交系数计算方法

近交系数是指形成个体的两个配子间因近交而造成的相关系数,也表示纯合的相同等位基因来自共同祖先的概率。

根据通径系数原理,个体 x 的近交系数即是形成 x 个体的两个配子间的相关系数,用 F_x 表示,其计算公式为

$$F_x = \sum\left[\left(\frac{1}{2}\right)^{n_1+n_2+1}(1+F_A)\right]$$

式中,F_x 为个体 x 的近交系数;1/2 为各代遗传结构的半数;n_1 为父亲到共同祖先的代数;n_2 为母亲到共同祖先的代数;F_A 为共

同祖先本身的近交系数；$\sum$ 将按每个共同祖先计算的值总加起来；$n_1+n_2+1=N$ 为亲本相关通径链中的个体数。

注意：公式中的方次加 1 表示从父母到子代，血统还要经历一次半化作用。

如共同祖先不是近交所生个体，即

$$F_A=0$$

公式简化为

$$F_x=\sum\left(\frac{1}{2}\right)^{n_1+n_2+1}$$

近交系数的计算方法一般分三步。

第一步，根据系谱找全共同祖先，绘制箭头式系谱。

在箭头式系谱中，一般用 X 代表个体，S 和 D 分别代表个体 X 的父亲和母亲，其余祖先以各自的畜号或名字。凡是同近交无关的个体，不必绘出；每个个体在图中只占一个位置。

箭头由共同祖先引出，通过各代祖先，一个箭头一个箭头地分别指向 S 与 D 而归结于 X。共同祖先及通过的个体在箭形图中的位置，以从右向左，逐代合理安排为好。系谱绘制如图 4-5、图 4-6 所示。

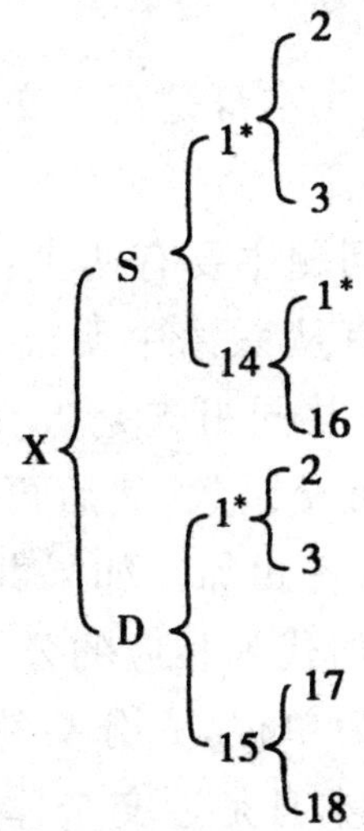

图 4-5　横式系谱

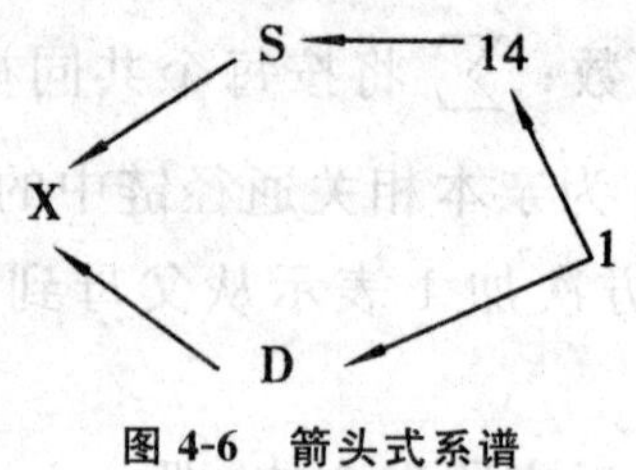

图 4-6　箭头式系谱

第二步,找全通径,确定 n_1,n_2 值。

一条通径是指由共同祖先指向 S 与 D 归结于 X 的所有箭头连接而成的线路。其中,从共同祖先到 S 的箭头总数为 n_1 值,从共同祖先到 D 的箭头总数为 n_2 值。图 4-6 中,共同祖先 1 号指向 S 与 D 而归结于 X 的通径共有两条,即

X←S←1→D→X;　$n_1=1$　$n_2=1$

X←S←14←1→D→X;　$n_1=2$　$n_2=1$

由此可见,同一头共同祖先指向 S 与 D 而归结于 X 的通径不一定只有一条,只要通径中有一个个体和另一条通径不同,就算两条通径,但在任何一条通径中不会有两头相同的个体;同时,同一头共同祖先指向 S 与 D 而归结于 X 的不同通径,其 n_1 与 n_2 值不一定相同。

在计算个体近交系数时,一定要找全通径,切勿遗漏,而且要分别确定其 n_1、n_2 值。

第三步,根据共同祖先本身是否近交个体,将 n_1、n_2 值代入相应的公式,求得近交系数。

在这一步要注意的问题主要有两个:一是正确判断共同祖先本身是否近交个体。只有从系谱中明确看出共同祖先的父母有亲缘关系时,才能确定该共同祖先是近交个体。在这种情况下,一般先计算出它本身的近交系数,然后再按相应公式计算它对 X 造成的近交系数,并将二者相加。如果共同祖先不是近交个体,即 $F_A=0$,则将 n_1 与 n_2 值代入相应的公式进行计算即可。

二是要以共同祖先为单位,先分头算清,然后再总和。不同的共同祖先中,可能有的本身是近交个体,而有的不是近交个体,因代入的公式不同,因而要逐一计算,不得有误。最后,再将所有

共同祖先的所有通径对个体 X 造成的一部分近交系数加在一起，才能求出个体近交系数。

图 4-6 中，共同祖先只有一个，且不是近交个体，通径共有两条，将这两条通径的 n_1、n_2 值逐一代入同一公式，即得

$$F_x = \sum\left[\left(\frac{1}{2}\right)^{1+1+1} + \left(\frac{1}{2}\right)^{2+1+1}\right]$$
$$= \left(\frac{1}{2}\right)^{3} + \left(\frac{1}{2}\right)^{4}$$
$$= 0.125 + 0.0625$$
$$= 0.1875$$

为了简化计算过程，也可将每条通径上由共同祖先到 S 与 D 的所有个体数(包括 S 与 D)相加为 $N(n_1+n_2+1=N)$；再逐一找出所有共同祖先的所有通径上的 N 值，并且代入相应公式中后，计算个体近交系数。

2. 近交系数计算方法举例

现将常用近交类型的近交系数的计算方法举例说明如下。

1)半同胞后代的近交系数

$$F_x=\left(\frac{1}{2}\right)^{1+1+1}=\frac{1}{8}=12.5\%$$

2)全同胞后代的近交系数

$$F_x=\left(\frac{1}{2}\right)^{1+1+1}+\left(\frac{1}{2}\right)^{1+1+1}=25\%$$

3)亲子交配后代的近交系数

$$F_x=\left(\frac{1}{2}\right)^{1+0+1}=25\%$$

4)共同祖先自身是近交个体的情况(图 4-7)

$$F_x=\left(\frac{1}{2}\right)^{1+1+1}\cdot\left[1+\left(\frac{1}{2}\right)^{1+1+1}\right]=14.06\%$$

5)近交系数的迭代公式

(1)连续自交下，第 t 代个体的近交系数为

$$F_t = \frac{1}{2}(1 + F_{t-1})$$

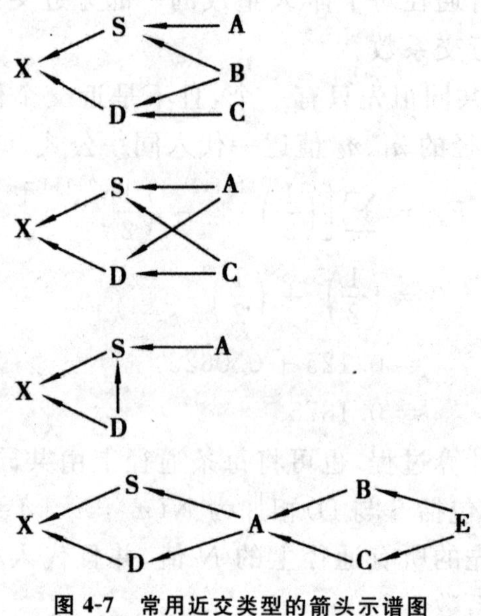

图 4-7　常用近交类型的箭头示谱图

(2)连续用全同胞交配,第 t 代个体的近交系数为

$$F_t = \frac{1}{4}(1 + 2F_{t-1} + F_{t-2})$$

(3)连续半同胞交配条件下,第 t 代个体的近交系数为

$$F_t = \frac{1}{8}(1 + 6F_{t-1} + F_{t-2})$$

(4)连续与同一个体交配情况下,第 t 代个体的近交系数为

$$F_t = \frac{1}{4}(1 + 2F_{t-1})$$

为便于在工作中参考,现将各种主要类型近交所得后代的近交系数列表,如表 4-5 所示。

表 4-5　各种主要近交类型所生子女的近交系数(当共同祖先的 F_x 等于 0 时)

近交类型	示意图	通径链上所有的个体数/个	所生子女的近交系数/%
亲子	◎—●	2	25

续表

近交类型	示意图	通径链上所有的个体数/个	所生子女的近交系数/%
全同胞	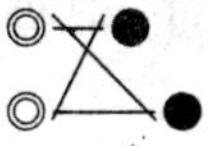	3.3	25
半同胞	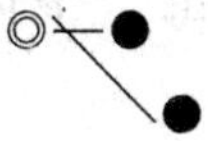	3	12.5
祖孙		3	12.5
叔侄	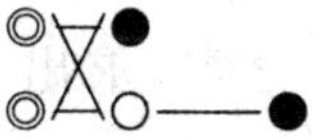	4.4	12.5
堂兄妹	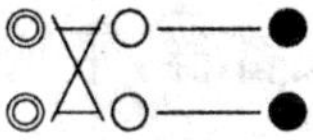	5.5	6.25
半叔侄	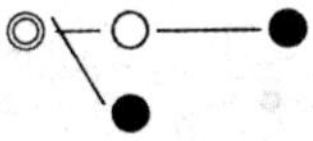	4	6.25
曾祖孙		4	6.25
半堂兄妹	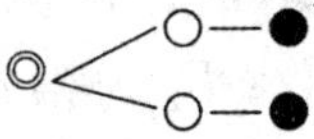	5	3.125
半堂祖孙	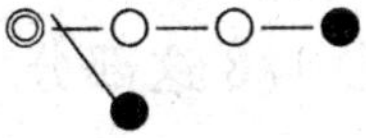	5	3.125
半堂叔侄	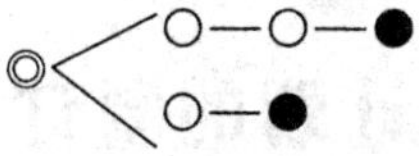	6	1.562
半堂曾祖孙	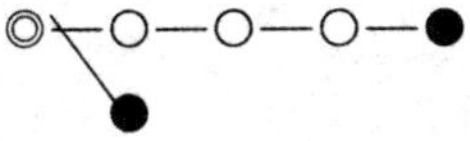	6	1.562
远堂兄妹	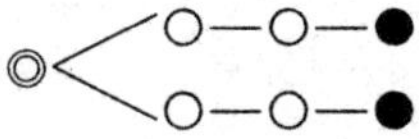	7	0.781
其他		7	0.781

注:◎代表共同祖先;●代表交配双方;○代表亲属。

二、畜群近交程度估算法

需估算某一畜群的平均近交程度时，根据具体情况选用下列方法：

(1)当畜群规模较小时，可先求出每个个体的近交系数，再计算其平均值。

(2)当畜群规模很大时，随机抽取一定数量的家畜，逐个计算近交系数。然后用样本平均数来代表畜群平均近交系数。

(3)将畜群中的个体按近交程度分类，求出每类的近交系数，再以加权均数来代表。

(4)对于长期不引进种畜的闭锁畜群，平均近交系数可用下面的近似公式来进行估算：

$$\Delta F = \frac{1}{8N_S} + \frac{1}{8N_D}$$

$$F_t = 1 - (1 - \Delta F)^t$$

式中，ΔF 为畜群平均近交系数每代增量；N_S 为每代参加配种的公畜数；N_D 为每代参加配种的母畜数；F_t 为第 t 世代的畜群近交系数；t 为该群体所经历的世代数。畜群中的母畜数，一般数量较大，当母畜数在 12 头以上时，可略去 1/8 这部分不计。

第六节　选配计划的制订

一、选配的实施原则

1. 有明确的目的

选配在任何时候，都必须切实根据既定的育种目标来进行，在分析个体和畜群特性的基础上，注意加强其优良品质和克服其缺点。

2.筛选亲和力好的公母畜交配

尽量选择配合力好的个体交配　分析过去的交配结果，找出产生过良好后代的杂交组合继续使用，并增选具有相应品质的公母畜与之交配。

3.公畜等级要高于母畜

公畜有带动和改进整个畜群的作用，而且选留数量较少，因此，对其等级和质量，其要求都应高于母畜。对特、一级公畜应充分使用，二、三级公畜则只能控制使用。最低限度也要等级相同，绝不能使用低于母畜等级的公畜来交配。

4.相同缺陷或相反缺陷的个体不能交配

选配中，绝不能使具有相同缺点（如毛短与毛短）或相反缺点（凹背与凸背）的公母畜相配，以免加重缺点的发展。

5.不随便近交

近交只能在育种群使用，并控制一定代数，生产上一般要采用远交。因此，同一种公畜在一个种群中使用年限不能过长，应定期更换种公畜或导入外血。

二、选配的准备工作及选配程序

为了制订好选配计划，事先必须了解和收集一些必要的资料。

首先，应深刻了解整个畜群和品种的基本情况，包括系谱结构和形成历史、畜群的群体特性，即现有水平和需要改进提高的地方。为此，应该分析畜群的历史和品种形成过程，并对畜群进行普遍鉴定。

其次，应认真分析以前的交配结果，查清每一头母畜与哪些公畜交配曾产生过优良的后代,与哪些公畜交配效果不好,以便从中总结经验教训。对于已产生良好效果的交配组合,今后可采用"重复选配"的方法,即重复选定同一公母畜组合配种。对于还未产生过后代的初配母畜,可以分析其全同胞姐妹或半同胞姐妹与什么样的公畜交配,曾经产生了良好效果,那么,不妨也用这样的公畜与这些初配母畜试配。当这些母畜产生第一胎仔畜后,就可进行总结,找出较好的配对作为今后选配的依据。

最后,应分析即将参加配种公母畜的系谱和个体品质(如体尺、体重、外形、体质类型、生产力、选择指数、评定等级、育种值等),对每头家畜今后所应保持的优点,所要克服的缺点和所要提高的品质,都应做到心中有数。此外,还可分析后裔测定资料,直接为选配提供依据,找出最好的交配组合,使制订的选配计划更有把握。

在准备上述资料时,可采用以下具体方法。

1)分析选配双方的优缺点

将母畜每一头或每一群(按其父畜分群)列出表格,如表 4-6 所示,分析其优缺点,以后就可根据这些优缺点来选配最合适的公畜。

表 4-6 不同畜群优缺点分析表

群别	要保留的特性	要提高改进的特性	要清除的特性

2)绘制畜群系谱图

为了避免盲目近交,必须分析畜群的亲缘关系。分析时可采用绘制畜群系谱图的方法,这样可使整个畜群的亲缘关系一目了然。

3)分析系、族间亲和力

从畜群系谱图可追溯到各个体所属的系和族,然后比较不同系、族后代的交配效果,以判断不同系、族间亲和力的大小。

三、拟订选配计划

选配计划又叫选配方案。选配计划没有固定的格式，但一般都包括每头公畜与配的母畜号（或母群别）及其品质说明、选配目的、选配原则、亲缘关系、选配方法、预期效果等。

具体选配时，可有个体选配与等级选配两种形式。个体选配是在逐头分析的基础上，选定与配公畜。牛、马等大家畜以及各畜种的核心群母畜，一般都应采取这种形式。

等级选配是按等级所进行的选配，是群体选配的一种。由于各等级的家畜都有各自的相似特点，为了工作方便，就可以以等级群为单位进行选配，实际也等于是按个体特性进行选配。

目前在有些小家畜品系繁育中所采取的“随机交配”，实际也是一种群体选配方法，是在选定的公、母畜群间进行随机结合。

等级选配的优点是简单易行，只要公畜挑选得当，也能取得良好效果，因为畜群质量的改进，很大程度取决于优秀的公畜。

在制订选配方案时，为避免产生近交或近交速度太快，对公畜可做如表 4-7 所示的安排。

表 4-7 3 头公畜 A、B、C 在 3 个世代中的配种程序

畜群 公畜世代	一	二	三
Ⅰ	A	B	C
Ⅱ	B	C	A
Ⅲ	C	A	B

在选配计划执行中，如发生公畜精液品质变劣或伤残死亡等偶然情况，应及时对选配计划做出合理修订。对优良公畜应千方百计扩大其利用范围。选配计划执行后，在下次配种季节到来之前，应具体分析上次选配效果，本着“好的维持，坏的重选”的原则，将上次选配计划进行全面修订。

表 4-8、表 4-9 为牛、猪选配计划表的式样,供参考。

表 4-8　牛的选配计划表

母牛				与配公牛				亲缘关系	选配目的
牛号	品种	等级	特点	牛号	品种	等级	特点		

表 4-9　猪的选配计划表

母猪号	品种	预期配种期	主要特点	与配公猪						选配原因
				前次		本次计划				
						主要的		候补的		
				猪号	品种	猪号	品种	猪号	品种	

第五章　品种与品系的培育

近几百年，人类在应用遗传学理论控制、改造动物遗传特性的过程中，创造和培育了大量的品种和品系，为动物生产提供了丰富的品种资源，使动物育种工作成为了动物生产中最富有创造性的工作。

第一节　品种与品种资源

一、品种的概念

动物的“种”是具有一定形态、生理特征和自然分布区域的生物类群，是动物分类学的基本单位，是自然选择的产物。从遗传学观点来说，各个物种染色体数目和形态结构不同，基因位点不同，因此种间存在生殖隔离现象。品种是人们为了某种经济目的，在一定的自然和经济条件下，通过长期选育而形成的具有某种经济价值的动物类群。品种是畜牧学上的分类单位，是人工选择的结果。品种间的基因位点相同，染色体可以配对，因此品种间可以自由交配。

随着生产的发展，形成品种的数量越来越多。据不完全统计，全世界目前共有各种家畜品种 2337 个，其中，牛 1000 个，猪 203 个，绵羊 160 个，山羊 20 个，家禽 232 个，兔 60 个，狗 400 个，鹿 12 个，马 250 个。

品种的好坏可直接影响畜牧业的生产水平。优良的品种，不但可在相似的条件下生产更多更好的产品,而且可大大提高畜牧业的劳动生产效率。因此,充分利用现有品种,并进一步选育提高,以及不断地培育新品种,是实现畜牧业现代化的一个重要组成部分。

作为一个畜禽品种应具备以下条件:

1.具有较高的经济价值

一般来说,作为一个品种应具备较高的经济价值,能够满足人们的需要,或是生产水平高,或是产品质量好,或是对某一地区具有良好的适应性。如太湖猪具备高繁殖性能,以产仔数多闻名于世;金华猪以肉脂品质好,细嫩多汁著称;美利奴羊细毛多;滩羊的裘皮质量好;蒙古羊适应性强。

2.来源相同

凡属于同一个品种的畜禽,都具有基本相同的血统来源,其遗传基础也非常相似。一般来说,古老的品种往往来源于一个祖先,而培育的新品种则可能来源于多个祖先。如我国培育的新疆细毛羊的共同祖先是哈萨克羊、蒙古羊、高加索羊及泊列考斯羊4个品种。

3.特征特性相似

同一个品种畜禽在体型结构、外貌特征、主要经济性状及对自然环境条件的适应性等方面都很相似,如东北民猪是黑色;金华猪是两头乌;中国黑白花奶牛产奶量高;海福特牛产肉多。

4.遗传稳定,种用价值高

畜禽品种不仅要有一定的经济价值,更重要的是要有稳定的遗传性,才能将其典型的特征遗传给后代。一个品种必须具有一定的育种价值,否则其经济价值也就很有限了,这是纯种畜禽与杂种畜禽的最根本区别。

5. 有一定的结构

一个品种的个体可以分为若干各具特点的类群，称为品系或类型。所谓品系是一群具有某种突出性状，能稳定遗传，相互有亲缘关系的个体组成的类群。如东北细毛羊有辽宁小东种畜场、吉林双辽种羊场和黑龙江银浪羊场等不同类型。

6. 被社会、政府或品种协会认可

作为一个品种必须在社会生产实践中被生产者所接受，得到较大范围的推广，经过政府或品种协会等权威机构进行审定，确定其是否满足以上条件，并予以命名，只有这样才能正式称为品种。

二、畜禽品种的分类

目前畜禽生产中较常用且实用的分类方法主要有 3 种，即按品种的体型外貌特征、品种的培育程度和品种的经济用途来分类。

（一）按体型和外貌特征分类

1. 按体型大小分类

可将畜禽分为小型、中型、大型 3 种。例如马有小型马（阿根廷的微型马）、中型马（蒙古马）和大型马（重挽马）；家兔有小型品种、中型品种、大型品种；猪也有小型猪（中国的香猪）。

2. 按毛色或羽色分类

猪有黑（汉普夏猪）、白（长白猪）、花斑（皮特兰猪）、棕红（杜洛克猪）等品种；羊有黑头（黑萨福克）和白头（白萨福克）等品种；鸡的芦花羽、白羽、红羽等都是重要的品种特征。

3.按角的有无分类

根据角的有无可将牛、绵羊分为有角品种和无角品种。

4.按尾的长短或大小分类

绵羊有大尾品种(大尾寒羊)、小尾品种(小尾寒羊)以及脂尾品种(哈萨克羊)等。

5.按鸡的蛋壳颜色分类

有褐壳品种、青壳品种和白壳品种等。

6.按骆驼的峰数分类

有单峰驼和双峰驼。

(二)按培育程度分类

1.原始品种

一般都是较古老的品种,是农业生产水平较低,长期选种选配水平不高,饲养管理粗放,种群基因库基本上保持着长期自然选择、自然进化的结果,个体适应野生时期原有的生态环境,未经系统的人工选择而形成的品种。

因此,对当地自然条件具有很强适应性的原始品种,是培育能适应当地生态环境而又高产新品种所必需的原始素材。在改良提高原始品种时,首先要加强饲养管理,然后再进行适当的选种选配或杂交,从而提高其遗传性能和生产性能。

2.培育品种

是有明确育种目标,经过系统的人工选择而育成的品种。这类品种是在人类经济和科技水平较发达的社会阶段形成的,集中了特定的优良基因,其产品相对比较专门化,在某些性状上的表现明显高于原始品种，具有较高的生产力和育种价值，对畜牧业生产力的提高起重要作用。培育品种大多具有以下特点。

(1)生产性能水平高，而且比较专门化。如专门乳用的黑白花奶牛、肉用的海福特牛、裘皮用的滩羊。

(2)体型较大，早熟，即能在较短时期内达到成熟。

(3)分布广泛，往往超出原产地范围。由于生产性能好，受人类青睐，保证了它的广泛分布。如荷斯坦奶牛、约克夏猪等已遍布全球大部分地区。

(4)育种价值高，与其他品种杂交时，能起到改良作用。

(5)对饲养管理条件要求较高，同时也要求较高的选种选配技术条件来保持和提高。

(6)品种结构复杂。一般来说，原始品种的结构只有地方类型，而培育品种因人工选择，除地方类型和育种场类型外，还有许多品系和类群。

3.过渡品种

过渡品种是指尚未成为培育品种，但比原始品种的培育程度高的品种。但过渡品种很不稳定，如能加强选育，就能成为培育品种。

(三)按生产类型分类

按生产类型可将品种分为专用品种和兼用品种。

1.专用品种

专用品种又称专门化品种，经人类长期选择和培育，品种的某些特征获得了显著发展或某些组织器官产生了突出的变化，从而形成了专门的生产力。如羊分为细毛品种、半细毛品种、羔皮品种、裘皮品种和肉用品种等；猪分为脂肪型品种和瘦肉型品种等。

2.兼用品种

兼用品种也称综合品种，即兼有两种或两种以上生产力方向的品种。具有较强的适应性,体质健康结实,但生产力低于专用品种。如羊有毛肉兼用细毛羊品种、牛有肉乳兼用品种、鸡有蛋肉兼用品种。

三、品种资源的保护与利用

一个品种就是一个特殊的基因库,这些品种资源在当前及今后畜牧业可持续发展中仍然发挥作用,也是培育优质高产品种和利用杂种优势的良好原始材料。

(一)我国家畜品种资源

我国是世界上畜禽遗传资源最丰富的国家之一,不仅物种、类群齐全,而且种质特性各异。我国畜禽遗传资源主要有猪、鸡、鸭、鹅、特禽、牛、羊、马、驴、骆驼、兔、梅花鹿、马鹿、貉、蜂等20个物种,共计576个品种(类群),其中地方品种(类群)426个,占品种资源总数的74%;培育品种73个,占品种资源总数的12.7%;引进品种77个,占品种资源总数的13.3%(表5-1)。

表5-1 国内部分畜禽品种一览表

畜别	品种名称	类别	原产地	生产力类型
猪	民猪	地方品种	东北三省	肉脂兼用
	太湖猪	地方品种	江、浙太湖流域	肉脂兼用
	华中两头乌	地方品种	湖北、湖南、江西、广西	肉脂兼用
	宁乡猪	地方品种	湖南	脂用
	大花白猪	地方品种	广东	脂肉兼用
	金华猪	地方品种	浙江	腌用
	内江猪	地方品种	四川	脂肉兼用
	荣昌猪	地方品种	四川	肉脂兼用
	两广小花猪	地方品种	广东、广西	脂用
	滇南小耳猪	地方品种	云南	脂用

续表

畜别	品种名称	类别	原产地	生产力类型
猪	哈白猪	培育品种	黑龙江	肉脂兼用
	新金猪	培育品种	辽宁	肉脂兼用
	东北花猪	培育品种	东北三省	肉脂兼用
	新淮猪	培育品种	江苏	肉脂兼用
	上海白猪	培育品种	上海	肉脂兼用
	北京黑猪	培育品种	北京	肉脂兼用
	伊犁白猪	培育品种	新疆	肉脂兼用
	三江白猪	培育品种	黑龙江	肉用
	湖北白猪	培育品种	湖北	肉用
牛	乌珠穆沁牛	地方品种	内蒙古	肉乳役兼用
	蒙古牛	地方品种	内蒙古	非专门化
	秦川牛	地方品种	陕西	役肉兼用
	南阳牛	地方品种	河南	役用
	鲁西牛	地方品种	山东	役肉兼用
	晋南牛	地方品种	山西	役肉兼用
	延边牛	地方品种	吉林	役用
	南方牛	地方品种	长江流域以南各省	役用
	黑白花牛	培育品种	全国各地	乳用、乳肉兼用
	三河牛	培育品种	内蒙古	乳肉兼用
	草原红牛	培育品种	内蒙古、河北、吉林	乳肉兼用
绵羊	新疆细毛羊	培育品种	新疆	毛肉兼用细毛羊
	东北细毛羊	培育品种	东北三省	毛肉兼用细毛羊
	内蒙古细毛羊	培育品种	内蒙古	毛肉兼用细毛羊
	寒羊	地方品种	河南、河北、山东	半细毛
	同羊	地方品种	陕西	半细毛
	乌珠穆沁羊	地方品种	内蒙古	肉脂兼用，粗毛羊
	蒙古羊	地方品种	内蒙古	肉脂兼用，粗毛
	阿勒泰羊	地方品种	新疆	肉脂兼用，粗毛

续表

畜别	品种名称	类别	原产地	生产力类型
绵羊	西藏羊	地方品种	青藏高原	粗毛
	哈萨克羊	地方品种	新疆	肉脂兼用,粗毛
	湖羊	地方品种	浙江、江苏	羔皮用
	滩羊	地方品种	宁夏	裘皮用
山羊	成都麻羊	地方品种	四川	兼用 肉蛋兼用 肉蛋兼用
	中卫山羊	地方品种	宁夏	裘皮用
	内蒙古白绒山羊	地方品种	内蒙古	绒肉兼用
	青山羊	地方品种	山东	羔皮用
	辽宁绒山羊	地方品种	辽宁	肉绒兼用
	马头山羊	地方品种	陕西、湖北、湖南	肉用
家禽	仙居鸡	地方品种	浙江	蛋用
	浦东鸡	地方品种	上海	肉蛋兼用
	庄河鸡	地方品种	辽宁	肉蛋兼用
	惠阳鸡	地方品种	广东	肉用
	寿光鸡	地方品种	山东	肉蛋兼用
	北京油鸡	地方品种	北京	肉蛋兼用
	狼山鸡	地方品种	江苏	肉蛋兼用
	九斤黄	地方品种	北京	肉用
	丝毛鸡	地方品种	江西、福建等	药用
	金定鸭	地方品种	福建	蛋用
	高邮鸭	地方品种	江苏	肉蛋兼用
	北京鸭	地方品种	北京	肉蛋兼用
	狮头鹅	地方品种	广东	肉用
	太湖鹅	地方品种	江苏、浙江	肉蛋兼用

1.猪

我国猪品种资源丰富，按来源、分布及其形态和性能特点等，大体可分为华北、华南、华中、江海、西南、高原六大类型。每一类型中又有许多独特的猪种类型，如产仔数多的太湖猪，早熟快长的陆川猪，耐寒体大的东北民猪，体型很小的香猪，适于腌制优质火腿的金华猪，能适应高海拔条件且具有抗寒、耐粗饲的藏猪等。列入《中国畜禽遗传资源志》的猪种有104个地方品种，18个培育品种和6个引入品种。

2.牛

我国也有极其丰富的牛种资源，不仅分布着牦牛、黄牛、水牛等不同种属的牛，而且还形成了许多著名的地方良种或类型。如著名的地方良种有秦川牛、鲁西牛、南阳牛、晋南牛和延边牛，这些牛品种体格高大、结实，役用能力强，肉用性能好，是发展和培育我国肉牛的基础。水牛类群较多，但都属于沼泽型，有产于江苏、浙江沿海一带的海子水牛；有产于湖南的滨湖水牛，体力强，适于南方水田耕作。牦牛产于青藏高原海拔3000m以上的高寒地带，具有产奶、产肉、驮运等特性。如产于甘肃省天祝地区的天祝白牦牛，不仅是甘肃省宝贵的畜种资源，也是我国珍稀的牦牛种质资源。列入《中国畜禽遗传资源志》的牛种有94个地方品种，10个培育品种和13个引入品种。

3.羊

一般根据用途将绵羊分为细毛羊、半细毛羊、粗毛羊、裘皮羊和羔皮羊；将山羊分为乳用山羊、毛用山羊、绒用山羊和皮用山羊。我国拥有很多世界著名的绵、山羊品种资源，如具有特别良好生态适应性的蒙古羊、哈萨克羊和藏羊；江苏、浙江的湖羊是著名的羔皮羊品种；产白色二毛裘皮，花穗弯曲美观等中卫山羊以及产绒量高的辽宁绒山羊和内蒙古绒山羊等。列入《中国畜禽遗传资源志》的羊种有 140 个,其中绵羊有 42 个地方品种、21 个培育品种和 8 个引入品种,山羊有 58 个地方品种、8 个培育品种和 3 个引入品种。

4. 家禽

在家禽方面,我国是品种资源最丰富的国家之一,主要有蛋用型、肉用型、观赏型、药用型等。如骨细、肉嫩、味鲜的北京油鸡等;体小省料,年产蛋达 200 枚以上,蛋重 40g 以上的浙江仙居鸡;生长快、产蛋多的北京鸭;体型大的狮头鹅等。列入《中国畜禽遗传资源志》的禽种有 181 个,其中鸡有 107 个地方品种、4 个培育品种、5 个引进品种;鸭 32 个地方品种、2 个引进品种;鹅有 30 个地方品种、1 个培育品种。

(二)保种的原理

保种是"品种资源保存"的简称,是指妥善地保护人们需要的畜禽品种资源,使之免遭混杂或灭绝,其优良特性不致丧失。也就是说,要妥善保存现有畜禽资源的基因库,使其中每一种基因不致丢失,无论它目前是否有利。从这个意义上说,保种要求闭锁繁育和防止近交,而不强调品质的提高。可以看出保种的实质是畜禽繁育体系的一种形式,也是保护生物多样性的内容之一。

保种并不是繁育某一品种的群体,也不是简单地保持一个品种的原状,保种的实质是保持品种的特异性状,稳定品种群体的基因频率,维持群体的基因平衡。要想妥善地保存现有畜禽品种,必须考虑以下因素。

1. 群体有效含量

群体近交系数增加的快慢,主要受群体大小和留种方式的影响。一般来说,群体愈大,近交系数增量愈小;相反,群体愈小,近交系数增量就愈大。但是,同样数量的群体,由于公母比例不同,近交系数增量也不同。因此,在进行群体比较时,常常以群体有效含量(N_e)来表示群体大小。所谓群体有效含量是指实际群体所具有的个体数相当于理想群体繁育个体的数目。理想群体是指规模恒定、公母各半、没有选择、迁移、突变,也没有世代交替的随机交配群体。当留种方式和公母比例不同时,群体有效含量的计算方式也不相同。

1)随机留种

所谓随机留种就是将群体内所有公畜的后代放在一起,根据个体的表型值高低来选留后备种畜,选留公畜数一般少于母畜数。这样,优良种畜的后代选留就多,劣等公畜的后代可能被排除在外,使以后各代群体内个体间亲缘关系越来越近,群体有效含量减少,近交系数增量加快。采用随机留种计算群体有效含量的公式为

$$N_e=\frac{4N_s \cdot N_D}{N_s+N_D}$$

此时每一代近交系数增量的公式为

$$\Delta F=\frac{1}{2N_e}=\frac{1}{8N_s}+\frac{1}{8N_D}$$

式中,N_e 表示群体有效含量;ΔF 表示每世代近交系数增量;N_s 表示实际参加繁殖的公畜数;N_D 表示实际参加繁殖的母畜数。

例如,有一群体由 5 头公畜和 25 头母畜组成,采取随机留种,每世代都保持 5 头公畜和 25 头母畜,群体的有效含量计算如下:

$$N_e=\frac{4\times5\times25}{5+25}=\frac{500}{30}=16.67(头)$$

每一世代近交增量为

$$\Delta F=\frac{1}{2N_e}=\frac{1}{33.34}=0.03$$

或

$$\Delta F=\frac{1}{8N_s}+\frac{1}{8N_D}=\frac{1}{8\times5}+\frac{1}{8\times25}=\frac{1}{40}+\frac{1}{200}=0.03$$

2)各家系等量留种

实行这种留种方式,就是在每世代中,各家系选留的数量相

等,而公、母数量保持原比例,这时计算群体有效含量的公式为

$$N_e=\frac{16N_s\cdot N_D}{N_s+3N_D}$$

此时每一代近交系数增量的公式为

$$\Delta F=\frac{1}{2N_e}=\frac{3}{32N_s}+\frac{1}{32N_D}$$

例如,有5头公畜和25头母畜组成的群体,每世代都按这个比例各家系等量留种,即每个家系留1公5母,群体有效含量计算如下:

$$N_e=\frac{16\times5\times25}{5+3\times25}=\frac{2000}{80}=25$$

群体近交系数增量为

$$\Delta F=\frac{1}{2N_e}=\frac{1}{2\times25}=0.02$$

或

$$\Delta F=\frac{3}{32N_s}+\frac{1}{32N_D}=\frac{3}{32\times5}+\frac{1}{32\times25}=0.02$$

不同的留种方式对群体有效含量和近交系数的增量有明显的影响。家系等量留种比随机留种近交系数增量要小;同样实行家系等量留种,公畜数多,近交系数增量相对较小。所以群体的公畜数量的多少对保种起着重要作用,在畜禽品种的保种过程中,就应保留一定数量的家系,在以后世代中也应采取各家系等量留种的方法,如果因某种原因必须减少群体头数的话,不应公母等量减少,而应尽量多留公畜,以保持更多的血缘来源,才有利于保种。

2.选择

从保种角度讲,应使群体中各种基因频率保持不变,而无论自然选择还是人工选择都使群体的基因频率发生改变。如果选择彻底,可使相对基因的一方达到固定,另一方消失,所以,选择不利于保种。

3.世代间隔

世代间隔越短,群体近交系数在一定期间上升的幅度越大,特定基因从群体中消失的速度越快。因此,除了濒临品种需要恒定数量的群体之外,在保证正常生殖的条件下应尽可能延长世代间隔。

(三)品种资源的利用

1.直接利用

我国的地方良种以及新育成的品种,大多具有较高的生产性能,或在某一方面有突出的生产用途,它们对当地自然条件及饲养管理条件又有良好的适应性,因此均可直接利用于生产畜产品。引入的外来良种,生产性能一般较高,有些品种的适应性也较好,也可直接利用。

2.间接利用

这是我国目前更为广泛的利用方式。

1)作为杂种优势利用的原始材料

在开展杂种优势利用时,对母本的要求主要是繁殖性能好、母性高、对当地条件的适应性强。我国地方良种,大多都要具备这些优点。对于父本的性能要求,主要是有较高的增重速度及饲料利用率,以及良好的产品品质,因此外来品种一般可用作父系。当然,不同品种间的杂交效果是不一样的,应从中找出最有效的杂交组合,供推广使用。

2)作为培育新品种的原始材料

培育新品种时,为了使新育成的品种对当地的气候条件和饲养管理条件具有良好的适应性,通常都利用当地优良品种或类型与外来品种杂交。例如,培育三江白猪就是采用长白猪与东北民猪杂交,培育草原红牛是采用短角牛与蒙古牛杂交。

第二节 某地方优良品种保种方案的设计

一、目的

通过实训,掌握制订某地方品种选育计划与保种实施方案,了解我国畜禽地方种质资源及地方优良品种的生产性能。

二、原理

我国地方畜禽遗传资源保护遵循以下原则。

(1)保证纯繁;保持动物的遗传多样性和表型多样性。

(2)在相应的生态条件下,采用随机小群保种或同一品种有多个地方保种,即"群体分割,多点保护"。

(3)根据"重点、濒危、特定性状"的保护原则和急需保护品种资源的分布情况,建成国家级地方畜禽品种资源基因库和地方性保种场,实施异地和原产地保护。

三、方法与步骤

保种工作是当前家畜育种工作中的一项重要任务,根据群体遗传学原理,在一个闭锁的有限群体内,任何一对等位基因都有可能因突变、选择、迁移、遗传漂变等影响,使其中一个基因固定为纯合子,另一个消失,致使群体中的纯合体频率增加,杂合体频率降低。近交不但能引起衰退,而且由于它具有使基因趋向纯合的作用,因而在选择和遗传漂变的配合下,也能使某些基因消失。因此,保种并不是繁育某一品种的群体,也不是简单地保持一个品种的原状,保种的实质是保持品种的特异性状,稳定品种群体的基因频率,维持群体的基因平衡。要想妥善地保存现有畜禽品种,必须考虑以下因素。

(一)保种群规模的确定

确定基础群最低含量的方式如下。

1.确定每世代近交系数的增量

基础群在繁殖过程中,必须使其中每一世代的近交系数增量,不要超过使畜群可能出现衰退现象的危险界限。一般认为,家畜每世代近交系数的增量不应超过 0.5%～1%;家禽则不应超过 0.25%～0.5%。否则,就有可能出现不良现象。

2.确定群体公母比例

群体中公畜数过少,如只留 2～3 头,是难以保持品种不因近交而造成退化的。群体必须有适当的公母比例。根据实际情况,各种家畜保种的公母比例是:猪、鸡 1∶5,牛、羊 1∶8。

3.计算最低需要的公母数量

确定了群体的适宜近交系数增量和公母比例后,可按下列公式计算一个基础群所需的最低公畜数量,然后再按比例计算母畜数。

在随机留种时,计算需要公畜数的公式为

$$N_e=\frac{n+1}{\Delta F\times 8n}$$

在家系等量留种时,计算公畜数公式为

$$N_s=\frac{3n+1}{\Delta F\times 32n}$$

式中,N_s 为最低需要的公畜数;n 为公母比例中的母畜数;ΔF 为每世代适宜的近交系数增量。

例如,某一品种猪群,在保种过程中,确定每世代近交系数增量为 0.005(0.5%),公母比例为 1∶5。试问:(1)实行随机留种群体需要多大?(2)实行家系等量留种群体又应有多大?

解:(1)已知 $\Delta F=0.005$,$n=5$,将数据代入随机留种计算公

畜数的公式,得

$$N_s=\frac{5+1}{0.05\times 8\times 5}=30(头)$$

这就是说,基础群至少需要有 30 头公猪,按公母比例为 1∶5,还需要 150 头母猪。

(2)已知 $\Delta F=0.005$,$n=5$,将数据代入家系等量留种计算公畜数的公式,得

$$N_s=\frac{3\times 5+1}{0.05\times 32\times 5}=20(头)$$

即按家系等量留种,基础群需要 20 头公猪和 100 头母猪。

(二)保种措施

根据以上原理,为了在整体上保存一个品种的遗传结构稳定,使其基因库中的每一种优良基因都不丢失,一般用以下方法保种。

(1)制订保种计划。包括保种的目的、保种地点、保种群大小、保种的年限及繁育方法等。

(2)品种调查。摸清各品种的数量、分布及生产性能,尤其是特殊性能和潜在价值的性能,并对品种资源进行评估。

(3)选择保种基地。保种基地一般选择在主产地区。该基地有明确的地理界限,基地内不能饲养相同畜种的其他品种,便于生殖和地理隔离,基地内饲料资料应丰富,有足够的面积支撑载畜量。

(4)建立适度规模的保种核心群。选择符合品种条件的优秀纯种组成核心群,个体无亲缘关系。保种规模可根据各代近交系数增量的要求进行确定,一般要求每代近交系数增量小于 0.5%,保证有足够的公畜。

(5)合理留种。实行各家系等量留种,即在每一世代留种时,实行每一公畜后代中选留 1 头公畜,每一母畜后代中选留相同数量的母畜,并且尽量保持每个世代的群体规模一致。

(6)制定合理的交配制度。在保种群体中避免全同胞、半同胞交配的不完全随机交配制度,或采取非近交的公畜轮回配种制

度，可以降低群体近交系数增量。

(7)适当延长世代间隔。延长世代间隔可以降低群体近交系数增量，控制近交率的上升速度。

(8)外界环境条件相对稳定，控制污染源，防止基因突变。

第三节　本品种选育

一、本品种选育的概念

本品种选育指在本品种内部通过选种选配、品系繁育、改善培育条件等措施，以提高品种性能的一种方法。一般包括地方良种的选育和培育品种(包括引进良种)的选育，广泛用于地方良种、新品种、育成品种的保纯和改良提高。一般在一个品种的生产性能基本上能满足国民经济需要，不必作重大方向性改变时使用。如国内地方优良品种秦川牛、小尾寒羊、太湖猪、湖羊等，都可采取本品种选育的方法。我国从国外引进的大量畜禽优良品种，以及通过杂交育种培育出的新品种，也需要进行本品种选育，以便保持和不断提高其生产性能和适应性。

二、本品种选育的基本措施

根据品种的选育程度，将本品种选育大体分为三类：第一类是选育程度较高，类型整齐，生产性能突出的良种；第二类是选育程度较低，群体类型不一，性状不纯，生产性能中等，但具有某些突出经济用途的地方品种；第三类是导入外血培育成的新品种，但其遗传性还不稳定，后代有分离现象，有待进一步选育。本品种选育的基本措施如下。

1.建立选育机构，确定选育目标

畜禽品种的选育是集技术、组织管理为一体的系统工程，具有长期性、综合性、群众性的特点,因此必须要加强领导,成立育种委员会或领导小组,组织科研院所、大专院校、生产场站协作,共同做好本品种选育工作。选育机构成立后,相关专家首先要根据国民经济发展的需要,结合当地的自然条件和社会经济条件,以及原品种具有的优良特性和缺点综合确定选育目标(包括选育方向和选育指标)后,制订科学合理的选育方案,指导和协调整个选育工作。

确定选育目标时要注意保留和发展原品种特有的经济类型和独特品质,并根据品种的具体情况确定重点选育性状。

2.划定选育基地,建立良种繁育体系

在地方良种的产区,应划定良种选育基地。在选育基础范围内逐步建立育种场和育种繁殖场,以及一般的繁殖饲养场,建立一套良种繁育体系,才能使良种不断扩大数量、提高质量。一般繁殖场主要供给商品幼畜,一般饲养场主要是饲养商品畜禽。在良种场内还要建立良种核心群,为选育区提供优良种畜,从而促进整个品种的改良。

3.健全生产性能测定,进行严格选种选配

在选育过程中,一项重要的技术措施就是定期进行生产性能测定。要拟定简易可行的良种鉴定标准和办法,实行专业选育与群众选育相结合,不断精选育种群和扩大繁殖群。育种场必须固定技术人员定期按全国统一的技术规定,及时、准确地做好性能测定,建立健全种畜档案,并实行良种登记制度。做好选种选配,加大公畜的选择强度,正确使用近交,严禁乱交乱配。

4.科学饲养与合理培育

任何畜禽品种都是在特定的自然环境和社会经济条件下形成,适宜的饲养条件和科学的管理是充分发挥畜禽生产性能的前提。因此,在本品种选育过程中,各级育种场应创造适宜该品种生长发育的环境条件，科学管理，合理营养，这样才能使良种有好的表现。

在开展本品种选育时，还要克服粗放的饲养习惯。应把饲草饲料基地建设，改善饲养管理条件，合理培育放在重要地位。

5. 开展品系繁育

在本品种选育过程中，积极创造条件，开展品系繁育，有利于品种的全面提高。一般来说，地方良种由于地理和血缘上的隔离，往往形成了若干不同类型，这为品系繁育提供了有利条件。

6. 适当导入外血

如采用上述选育措施进展不大，还不能有效地克服一个品种的个别严重缺陷时，则可考虑采用引入杂交。引入杂交时引入的外血量应控制在1/8～1/4，这样基本上没有改变原有品种的性质，所以仍属于本品种选育的范畴。

7. 加强组织领导，建立选育协作组织

实践经验说明，建立相应的各种畜禽选育协作组织，在统一组织领导下，制订选育方案，各单位分工负责，定期进行统一鉴定，评比检查，交流经验，对加速地方良种的选育能起到积极的推动作用。

第四节 地方品种和引入品种的选育

一、地方品种的选育

（一）我国地方品种的类型

我国的家畜品种资源十分丰富，其中有的是在我国土生土长的地方品种,这些品种历史悠久,有特定的产区,在我国家畜品种结构中占有重要的位置,是宝贵的遗传资源;有的是以地方品种为基础导入外血经杂交育成的培育品种,在我国家畜品种结构和畜牧业生产中起着重要的作用。按照选育程度可以把我国的地方品种分为三类。

第一类是原始品种。原始品种是指选育程度较低、性状不纯、生产性能中等或较低,但具有突出的经济用途或对当地自然生态条件具有特殊适应力的地方品种,例如蒙古马等。

第二类是地方良种。地方良种是指选育程度较高、类型整齐、生产性能较为突出的地方品种,例如秦川牛、南阳牛、河曲马、滩羊、小尾寒羊、辽宁绒山羊、金华猪、太湖猪、泰和鸡、仙居鸡、北京鸭、狮头鹅等品种。

第三类是培育品种。培育品种是指以地方品种为基础导入外血经杂交育成的品种,它们的育成时间较短,具有良好的适应性和较高的生产性能,但其遗传性还不很稳定,后代还有分离现象,如中国荷斯坦牛、新疆细毛羊、北京黑猪、新淮猪等品种。

不同类型的品种其选育工作的重点不尽相同。对于原始品种,在选育措施上应着重建立核心群、开展闭锁繁育、加强选择和提纯复壮。对于地方良种,在选育措施上应侧重开展品系繁育、利用系间杂交提高生产性能。对于育成品种,要继续加强育种工作,提高品种纯度,使品种的特征特性和生产性能更加一致,有的培育品种还要进一步扩大群体规模。

(二)我国地方品种的特点

我国地方品种种类繁多,特征特性各不相同,但一般具有如下共同特点。

1.适应性和生活力强

我国地方品种对原产地的自然生态条件具有极好的适应性,抗逆性和抗病力较强。抗逆性是指机体对不良环境条件的调节适应能力，主要表现在抗寒耐热、抗饥饿、耐粗饲、耐粗放管理等方面。因此，在较粗放的饲养管理条件和较恶劣的环境条件下，仍能保持一定的生产水平。

2. 生产性能较低，但产品品质好

我国地方品种大多生长速度较慢，体型偏小，胴体瘦肉较低，生产性能较低，但肉、蛋、奶等产品的品质较好、风味较佳。

3. 繁殖性能高、母性好

我国地方品种的母畜具有卓越的繁殖性能，突出地表现为产仔数多、母性强、繁殖利用年限长、发情症状明显等。

(三)我国地方品种选育的基本措施

我国地方品种繁多，特征特性各不相同，具体的选育措施也不尽相同，但在选育过程中的基本措施却是相同的，主要有以下几点。

1. 进行品种普查

进行品种选育之前首先要进行全面深入细致的品种普查，摸清品种的分布、数量、性能、主要优缺点、形成的历史条件以及当地人民的习惯与喜好等，在此基础上再制订选育和利用规划。

2. 制订选育计划，确定选育目标

在品种普查的基础上，根据国民经济的需要、当地的自然生态条件和社会经济条件以及品种的具体优缺点，综合考虑制订品种资源的选育计划，确定选育目标(包括选育方向和选育指标)。在确定选育目标时要注意保留和发展原品种特有的经济类型和独特品质，并根据品种的具体情况确定重点选育性状。

3. 划定选育基地，建立良种繁育体系

在地方良种的产区，应划定良种选育基地，建立良种繁育体系。良种繁育体系一般由育种场、良种繁殖场和一般繁殖饲养场三级组成,也可以采用育种场、良种专业户与良种户三结合的形式。在育种场内要建立良种选育核心群,为选育区提供优良种畜,以促进整个品种的提高,这是本品种选育中的一个关键措施。良种繁殖场的主要任务是扩大繁育良种,供应一般繁殖饲养场。

对于现有个体数量不多、经济效益较低的地方品种,要划定保种区,加强保种,并在保种的基础上合理利用。

4.建立健全性能测定制度与严格的选种选配制度

在选育过程中,一项重要的技术措施是定期进行性能测定。选育效果只有通过性能测定才能说明,性能测定不完善就不能充分说明选育是否成功。所以建立健全性能测定制度是进行本品种选育的重要环节。要拟定简单易行、可操作性强的良种鉴定标准和办法,实行专业选育与群众选育相结合,不断精选育种群和扩大繁殖群。育种场必须固定技术人员定期按全国统一的技术规定,及时准确地做好性能测定,建立健全种畜档案,实行良种登记制度。

要建立并严格执行选种选配方案。按照选育目标,采取以同质选配为主,适当结合异质选配的办法,使重点选育的性状逐步得到改良。同时,严格选优汰劣,不断提高畜群的纯合程度。

5.科学饲养与合理培育

每一个家畜品种都是在特定的条件下培育而成的,其生产性能的表现是遗传与环境共同作用的结果。因此,在开展本品种选育时,必须克服粗放饲养管理的习惯,把饲草饲料基地建设、改善饲养管理条件与合理培育放在重要地位,保证提供充足而平衡的营养、科学的管理措施和适合本品种生长发育与生产的良好环境条件等。

6.开展品系繁育

品系繁育是加快选育进度的一种行之有效的方法,在本品种选育过程中，要积极创造条件开展品系繁育，这样利于整个品种的全面提高。采用不同的建系方法建立繁殖性能高、生长快、胴体品质好的不同品系，使良种的优良特性得到不断的发展与提高。

7. 加强组织领导，建立选育机构

这是保证选育成功的组织措施。地方品种的选育涉及面广、经历时间长、任务重，因此成立育种委员会或领导小组，统一组织和领导相关单位进行协作选育，制订选育方案，各单位分工负责，定期进行统一鉴定、评比检查和交流经验是必要的。实践经验证明，这对加速地方品种选育能起到积极的推动作用。

二、引入品种的选育

（一）引入品种选育的意义

引入品种是指从其他地区引入到本地来的品种，包括从国外引进和国内其他地区引进的品种。

把外地或外国的优良品种、品系或类型引入当地，直接推广或作为育种材料的工作，就叫作引种。根据国民经济的需要，引入品种对实现畜禽良种化，促进畜牧业生产的发展具有重要意义。我国引入品种，一是作为杂交亲本；二是直接经济利用。

如果不了解引入品种特性就盲目引种，或者在引进之后培育不当，造成引入品种性能不高甚至退化死亡，就不可能为其所用，在改善家畜品质与提高经济效益方面发挥应有的作用。因此，慎重地引入品种，加强引入品种选育，是十分重要的。

（二）引入品种的特点

(1)适应性与耐粗饲能力往往较差，当新环境的自然条件或饲养管理条件不适合时，性能表现并不一定优良，甚至造成退化和死亡。

(2)生长较快,体格较大,早熟,性能水平较高,生产用途比较专门化(如瘦肉猪、乳用牛、肉用鸡、蛋用鸡、长毛兔、半细毛羊)。但在某些方面也有缺点(如繁殖性能低、产仔数少、猪肉的品质不够好)。

(3)品种结构比较完善,有些商品畜禽是若干品系配套合成的,对育种技术和培育条件的要求较高。

(三)引入品种选育的基本措施

1.集中饲养

同一品种的引入种畜,应相对集中饲养,建立以繁育该品种为主要任务的育种场,以利风土驯化和开展选育工作。这是引入品种选育工作中极为重要的一点。因为外来品种的引进头数往往较少,如果刚引进就仓促地分散饲养,不但难以养好,而且也容易被迫近交,从而引起退化现象。良种群的大小,可因畜种而不同。根据闭锁繁育条件下近交系数增长速度的计算,一般在良种群中需要保持50头以上的母畜和3头以上的公畜,才不致由于其近交系数的增长而引起有害影响。

2.慎重过渡

引种后的第一年是关键性的一年,为了避免不必要的损失,必须加强饲养管理。每一品种都有一定的适应范围,在为引入品种提供必需的环境条件的同时,要加强引入品种的适应性锻炼。

3.严格选种,以适应性为选择重点

对新环境的适应性不仅品种间存在差异,而且个体间也有不同。因此在选种时应注意选择适应性强的个体,淘汰那些不适应的个体。在选配时,为了防止生活力下降和退化,应避免近亲交配。此外,为了使引入品种对当地环境条件更容易适应,也可考

虑采取级进杂交的方法，使引入品种的成分逐代增加，拉长迁移的时间，缓和适应过程。

4.开展品系选育

品系选育是引入品种选育中一项重要的措施。目的是改进引入品种的缺点，稳定并提高其生产性能，使之更符合当地的要求；通过系间交流种畜，防止过度近交；综合不同系统（如长白猪的英系、法系、日系等）的特点，建立我国自己的综合品系。

5.加强组织领导，开展选育协作

及时交流经验，进行良种登记，开展评奖活动，以得到利用引入品种的最佳效果。

第五节 品系培育

一、品系的类别

从历史发展的角度来看，品系大体可以分为五类。

1.单系

单系是指来源于同一头系祖，并且具有与系祖相似的外貌特征和生产性能的畜群。

2.近交系

近交系是指采用连续高度近交的方式所形成的近交系数达37.5%以上的品系。近交系在家禽杂种优势的利用中已取得了巨大成就，在大家畜育种中由于建系成本高，因而未能普及。

3.群系

以优秀个体组成的群体进行闭锁繁育所形成的具有突出优点的品系。群系规模比单系大,遗传性丰富,保持时间比单系长。

4.专门化品系

利用单系、近交系、群系等建系方法育成的品系,专门用于与另一特定品系杂交获取杂种优势,该品系称为专门化品系。专门化品系杂交产生的商品代畜禽不仅生产性能高,而且品质整齐,适于集约化生产。

5.地方品系

地方品系是指由于各地生态条件和社会经济条件的差异,在同一品种内经长期选育而形成的具有不同特点的地方类群,是地方品种内部一些具有突出优点、遗传稳定的品系。

二、培育新品系的意义

1.促进新品种的育成

在新品种培育工作中,最重要的一项工作就是在新培育的品种内部建立各具特色的品系,以丰富新品种的结构和特色、促进新品种的育成、提高新品种的种质和各项性能。

2.丰富品种内部结构

在品种内部建立各具特色的品系,才能完善品种的内部结构,使品种基因库的遗传资源更加丰富、品种内主要优良特色性状更为突出。

3.加快种畜群的遗传进展和改良

在家畜选育工作中,只有在品种内部建立各具特色的品系,才能加快畜群的遗传进展，加大品种改良，提高群体水平。

4.进行品系的开发利用

建立各具特色的品系后，有利于系间杂交和开发利用（特别是配套系），有利于有计划地、科学地、可持续地、最大限度地获取杂种优势，从而为人类创造更多的畜产品，为企业创造更大的经济效益。

三、品系培育的条件

1.建系的数量

一般认为一个品种至少要有3个以上的品系，每个品系应有8～20个家系，每个家系应有30只母畜和5只以上的公畜，不过因畜种不同和饲养条件上的差异，上述数量可以视具体情况有适当的增减。

2.畜禽的质量

品系繁育的目的，是提高和改进现有品种的生产性能、充分利用品系间不同的遗传潜力来产生杂种优势。所以，每个品系的综合性能一般都要比原品种优越，而且各自都有自身的遗传特征。

3.饲养管理条件

保持饲养管理的相对稳定，是保证选育成功的必备条件之一。如果没有合理而稳定的饲养管理条件，就会直接影响育种数据的准确性，降低品系繁育的效率。例如，家畜的营养水平、饲养方式与环境卫生等条件的改变就能影响其能否正常发育和配种繁殖。

4.技术与设备

品系繁育是一项极其重要的育种工作措施，技术性比较强。

要求有统一的一套完整的技术组织体系。与此同时,先进的技术还应有必需的仪器设备保障,这样才能使育种数据更真实可靠。

四、品系培育的方法

(一)近交建系法

1.组建基础群

在组建基础群时,首先要考虑数量和质量的要求。由于高度近交时易出现衰退现象,需大量淘汰不良个体,所以建立近交系时必须有大量的原始材料,以数量多来弥补这方面的缺点。组成基础群的个体不仅要求优秀,而且要求它们是同质的,即性状的表现基本相同,不应有重大的缺点,没有遗传缺陷。因此,选择优良的公母畜作为基础群是建立近交系的重要条件。

2.实行高度近交

在建立近交系时,通常采用的是有规则地近亲繁殖,如全同胞交配、半同胞交配或亲子交配等形式。在实际运用近交时,既要考虑亲本个体品质的优秀程度和基因纯合程度,又要注意配偶间的关系。

3.开展配合力测定

在近交建系进行到第三代以后,基因(或遗传性)逐渐趋于纯合,这时就应作近交系间杂交组合实验,从中选出配合力强的近交系,采用温和的近亲交配。

在鸡、猪育种方面,可以采用近交建系法,但从培育近交系的实践证明,建立近交系并非完全都能成功。因此,要建立一个畜禽近交系需付出很大的代价,而效果却不及玉米自交系那样明显。例如,英国于20世纪50年代培育了146个近交系数在40%

以上的大白猪近交系，到 1970 年时只剩下 18 个，且杂交效果并没有取得显著效果。

（二）群体继代选育法

群体继代选育法又称为闭锁继代选育法、系统选育法、纯系内选育法。

组建基础群时，必须按照建系的目标，将品系预定的每一种特征和特性的基因汇集在基础群的基因库中。当预期的品系只需要突出个别少数性状时，则基础群以同质为好，这样可以加快品系的育成速度，减轻工作强度，提高育种效率；当预期的品系要求同时具有几方面的特点时，则基础群以异质为宜，因为客观上选集好几方面性状都优良的大量个体是困难的，而选集一方面或一个性状较突出的个体较为容易，建群以后可通过有计划地选配，把分散于不同个体的理想性状汇集于后代。一般来说，基础群要有一定数量的个体，尤其要有足够多的公畜，且公母畜比例应合适。例如，猪的公母数量以每世代 100 头母猪和 10 头公猪，鸡则以 1000 只母鸡和 200 只公鸡为宜。

在选配方案上，原则上应避免近交，不再是进行细致的个体间的同质选配，而是提倡以家系为单位进行随机交配。

种畜的选留要考虑到各个家系都能留下后代，优秀家系适当多留。一般情况下不用后裔测定来选留种畜，而是考虑本身性能和同胞测定，以缩短世代间隔，加快世代更替。例如，猪和禽可以做到一年一个世代。

第六节 专门化品系的培育

一、专门化品系的优点

培育专门化父系和母系较之通用品系至少有以下好处。

1.提高选择进展

生产性状和繁殖性状这两类性状分别在不同的系中进行选择,一般情况下比在一个系中同时选择两类性状其效率要高,特别是当性状间呈负相关时。

2.专门化品系用于杂交体系中可取得互补性

在作为杂交父本和母本的不同系中分别选择不同类的性状,然后通过杂交可把各自的优点结合于商品畜禽个体上。从理论和实践看,专门化品系间杂交的互补性极为明显,效果是比较好的。

二、专门化品系的建立与培育

1.确定专门化父系和专门化母系的主目标性状

将家畜的一些主要性状,分别由作为父本用的父系和作为母本用的母系来承担。由于这种品系不但特点鲜明,而且在培育时就已明确规定其将来专门作为父系或专门作为母系,所以称为专门化品系。专门化品系在鸡和猪选育及生产开发中应用最为广泛,特别是在蛋、肉鸡生产中技术成熟、效益显著。近几年我国草鸡专门化品系也备受重视,并得到了长足的发展。以猪、鸡专门化品系的主目标性状选育为例如下。

1)猪专门化品系的主目标性状

(1)猪专门化父系的主目标性状。肥育性状、胴体性状、雄性机能,兼顾繁殖性状、体型外貌及强健性。

(2)猪专门化母系的主目标性状。繁殖性状,兼顾生长速度、体型外貌及强健性。

2)蛋鸡专门化品系的主目标性状

(1)两系配套(A 系×B 系)。父系的选育侧重于产蛋数;母系的选育侧重于蛋重(因为蛋重有很强的母体效应,所以应作为母系的主选性状);这样A系和B系组成配套系,杂种优势大,生产的商品代母鸡不但产蛋多,而且蛋重、大。

(2)三系配套[A系(B系×C系)]。第一父系(B系)侧重于产蛋数和蛋重两个性状的选择,该两性状间是负相关,所以二者不能偏向任一方,要兼顾,建系中可以将产蛋总重量作为主选性状;第二父系(A系)侧重于产蛋数的选择;母系(C系)侧重于蛋重的选择。

(3)四系配套(A系×B系)×(C系×D系)。A系和B系侧重于产蛋数的选择;C系侧重于产蛋数和蛋重的选择,两性状同时兼顾;D系侧重于蛋重的选择。

3)肉鸡专门化品系的主目标性状

(1)专门化父系选育的主目标性状。一般有早期增重速度(体重)、配种繁殖能力、产肉率、饲料转化率四大性状。有的肉鸡专门化父系还强调体型外貌(如胸角度、龙骨、脚趾)等。

(2)母系选育主目标性状。一般有早期增重速度(体重)、产蛋性状、胸部发育和腿部结实度四大性状。

由上可见,父系和母系都选择早期增重速度(体重),其目的是使杂交所得的商品肉用仔鸡早期以最快的速度增重。另外,父系侧重于产肉性状和饲料利用率性状,母系侧重于繁殖性能的产蛋性状。

2. 专门化品系基础畜群的组建

基础群的组建对于品系选育尤为关键,关系到将来品系的成败。

基础群中较多的血统可以提供更多的选择空间和产生优良后代的机会,而优秀性能的个体可以对提高群体水平做出更多的贡献。所以基础群的血统要较宽广。

3. 制订主目标性状的技术指标

专门化父系和专门化母系的选育目标确定后,还应根据种群活体基因库的遗传资源现状,正确制订确实可行的主目标性状选育指标。

4.主目标性状的测定与评估

根据各主目标性状的选育指标和测定阶段及技术要求,准确测定和评估各主目标性状选育指标的可行性、有效性等。

5.实行独特的选配制度

从宏观交配制度来说,宜实行随机交配(但避免同胞或父女交配,以免近交系数过快增加)制度;同时在建系策划中,要明确规定各世代近交增量和年近交增量。

6.提供稳定的饲养管理等培育条件

猪的数量性状表型值受饲养管理等培育条件影响极大,在品系培育过程中,应长期全程提供稳定的饲养管理等培育条件(必要时应在策划书中予以具体规定)。

7.配合力测定

若干个专门化父系和专门化母系建成后,还需进行配合力测定,即在专门化父系和专门化母系间进行系间杂交测定,分别测定不同杂交组合的杂种优势率,从中选出杂种优势大的最佳组合作为配套系。

第六章　育种技术

在畜禽中进行培育、创造新品种的工作十分重要，尤其是需要培育能适应我国各种特殊生态环境或抗逆性、抗病性较强的高产品种以及能生产特殊产品的品种。所有家畜家禽品种，都是经过纯繁、杂交或分子标记辅助育种形成的。

第一节　杂交育种

杂交育种是改良提高现有品种的生产性能和创造新品种的一个极普遍而又极重要的手段，在国内外畜禽育种中已广泛应用。所谓杂交育种就是运用杂交将两个或两个以上的品种特性结合在一起，创造出新的品种。

一、导入杂交

导入杂交又称为引入杂交，指在保留原有品种基本特性的前提下，导入（引入）少量其他优秀品种血液来改良原有品种的某些缺点的一种杂交育种方法。

1. 操作方法

选择一个基本与之（原有品种）相同，但具有针对其缺点的优良性能的品种（引入品种）与原来品种杂交。

用引入品种的公畜与原有品种的母畜杂交一次，然后从杂种中选出理想的公畜与原有品种的母畜回交，理想的杂种母畜与原有品种的公畜回交,产生含25%外血的杂种,然后进行自群繁育。如果杂种还不够理想或者原品种的品质保留较小,可将杂种再与原品种回交一次得到含有12.5%外血的杂种,然后选择理想杂种,进行自群繁育。如,新荣Ⅰ系就是用此法育成的。荣昌猪用长白猪进行导入杂交,改进其体型和四肢软弱的缺点,料肉比由原荣昌猪的4.1∶1降到3.1∶1,取得了明显的效果,如图6-1所示。

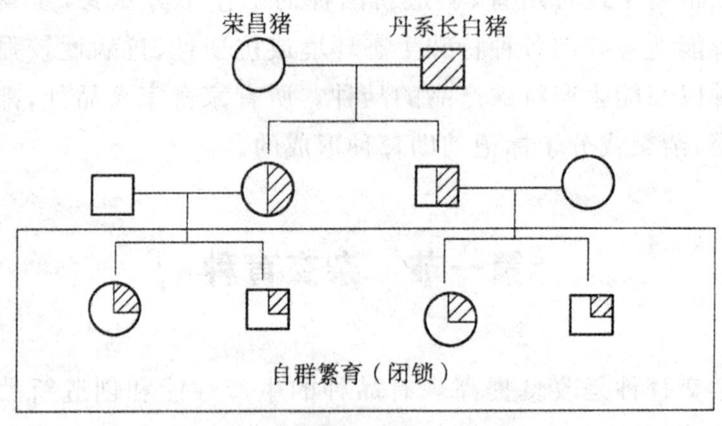

图 6-1 新荣Ⅰ系的引入杂交法

2. 应用范围

导入杂交多用于我国原有品种是优良品种,且具有独特的优点(如猪产仔多、肉质好等),但存在某些缺点(如猪瘦肉率低)时。为了保持我国原有优良品种的优点,克服我国原有优良品种的某些缺点,需要适当引入(导入)少量外血(如国外优秀品种),来改良我国该优良品种的相应缺点,使该优良品种更加优秀和全面。

新中国成立以后,我国曾对各种畜禽进行过大规模的杂交改良或杂交培育新品种,并取得了重大突破和较大成效。特别是在我国地方猪、鸡、奶牛、肉牛及羊的杂交改良上成绩卓著,且在杂交育种的方法上较多地采用了导入杂交的育种方法。

3. 注意事项

(1)引入品种的生产方向,应与原有品种基本相同,但又具有针对其缺点的显著优点。

(2)引入外血量要适当。一般外血引入量不超过1/8～1/4，杂交不超过一次，回交不超过两次。

(3)引入杂交育种成功的关键在于对杂种后代的细致选择和合理培育。否则，引入品种的优点会随着回交代数的增加而逐渐消失。

(4)应先进行小规模杂交实验。如果小规模杂交实验取得明显效果，就可以全面开展引入杂交育种工作。否则，应重新引入其他品种，再进行杂交实验。

二、改良杂交

改良杂交又称为级进杂交、改造杂交或吸收杂交。指利用某一优良品种(改良品种)彻底改造另一品种(被改良品种)生产性能的方向和生产力水平的一种杂交方式。

1.改良杂交的方法

从改良品种中选择优秀公畜与被改良品种的母畜交配，从其杂交后代中选择优良母畜再与改良品种的优秀公畜交配，如此连续几代，使被改良品种的生产方向及生产力水平逐代趋近改良品种，如图6-2所示。这是一种快速改造品种的方法。四代杂种含外血93.75%，四代以上杂种可称高血种，已和纯种差不多了。

2.应用范围

改良杂交在我国畜禽育种中应用较早，尤其是在粗毛羊改为半细毛羊、役用牛改为乳用牛和肉用牛方面获得了显著成效。

我国是世界上畜禽品种最多的国家，但我国很多地方畜禽品种的品质及性能较差，特别是已不适应现代社会对畜产品的主流消费。这些群众不养、市场不要的品种，已面临淘汰或濒危。用优秀高产品种来彻底改造这些低产品种，使其最大限度地接近

(或基本达到)优秀高产品种,从而得到广大养殖户的欢迎和市场的喜爱。

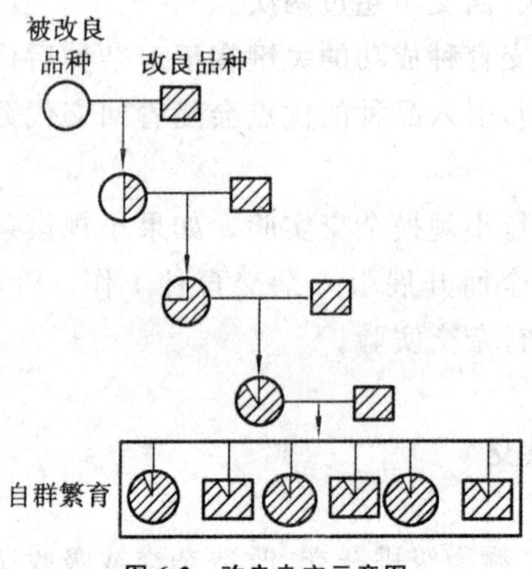

图 6-2 改良杂交示意图

例如在养牛业中,引入荷斯坦奶牛与黄牛进行杂交,使黄牛向乳用方向改良。杂种牛的产奶量逐代提高。若以荷斯坦奶牛 300d 产奶量为 100%,杂种一代母牛产奶量相当于同期荷斯坦奶牛的 54.6%,杂种二代提高到 59.51%,杂种三代为 95.96%,杂种四代为 96.26%。杂种四代以上的母牛产奶性能要比本地黄牛提高近 10 倍,基本上接近荷斯坦奶牛的生产水平。同时,杂种牛的生长发育和体型结构随杂交代次的增长也发生了明显变化,被毛黑白花,头清秀,颈细长,肋骨开张、弓圆,后躯较宽,外貌与荷斯坦奶牛大致相似。

引入西门塔尔牛与黄牛进行杂交,使黄牛向肉乳兼用方向改良,其改良效果也很显著。杂种三代、四代牛无论体型外貌还是生产性能都与纯种西门达尔相差无几。

3. 注意事项

(1)有明确的改良目标和具体的改良指标(是改良杂交成功与否的检验尺度)。

(2)正确选择改良品种(直接关系改良效果)必须选择符合育种要求,具有高产性能,适应当地自然经济条件,而且遗传性稳定的优良品种。

(3)加强对杂交后代的培育和选择,随着杂交代数的增加,杂种生产性能愈接近改良品种,对培育条件要求愈高。

(4)加强选种选配(尽可能加大优秀公畜的利用强度,如采用人工授精等)。

(5)逐代分析改良的实际效果。

三、育成杂交

用两个或两个以上的品种进行各种形式的杂交,使彼此的优点结合在一起,从而创造新品种的方法叫作育成杂交。

1. 简单育成杂交

简单育成杂交指用两个不同品种杂交以培育新品种的方法。我国的新淮猪、草原红牛等就是用简单育成杂交培育而成的,如图 6-3 所示。

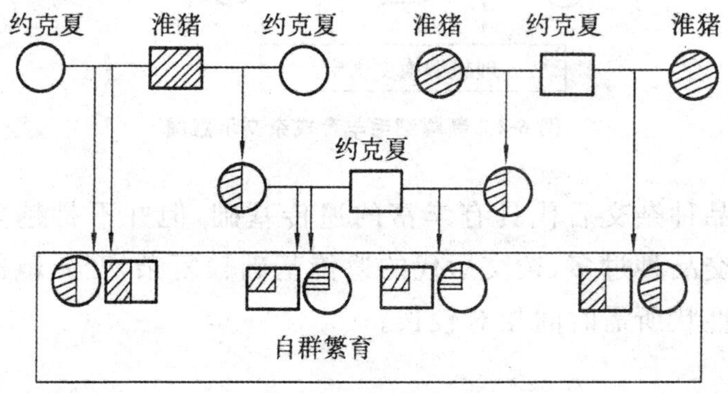

图 6-3　新淮猪育成示意图

注:图中箭头数表示所占比例。

淮猪:华南型,被毛黑色,体型中等,耐粗饲,早熟,产仔数中等;但生长缓慢,屠宰率不高。

简单育成杂交所用品种少,杂种遗传基础相对较简单,获得理想型和稳定其遗传基础较容易,因而育成速度快,所用时间短,成本较低。

2. 复杂育成杂交

复杂育成杂交指用3个以上品种杂交以育成新品种的杂交方法。新疆细毛羊就是用该方法育成的,如图6-4所示。

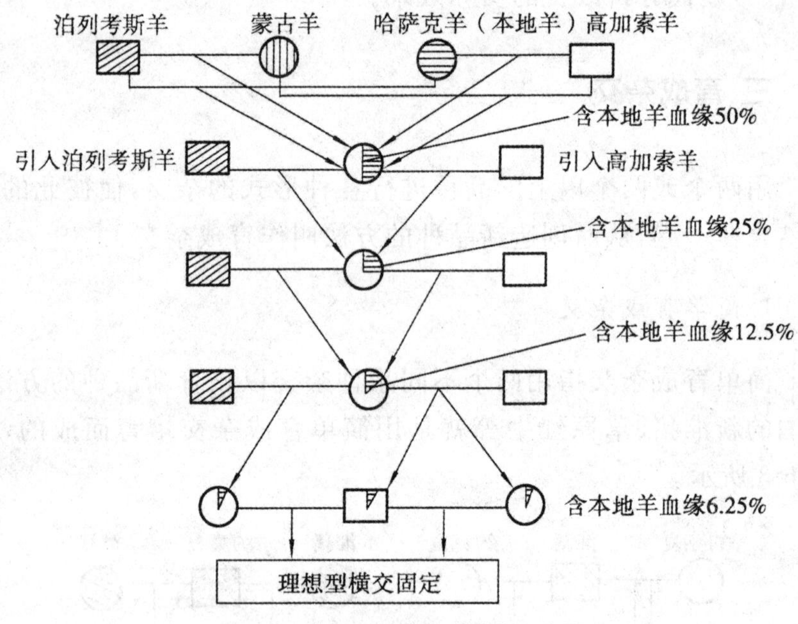

图6-4 新疆细毛羊育成杂交示意图

多品种杂交后代具有丰富的遗传基础,但并不是越多越好。因为杂交品种过多,杂交后代的遗传基础较复杂,变异范围大,固定优良性状所需时间相对较长。

第二节 动物分子标记辅助育种

分子标记辅助育种(molecular markers assisted breeding,

MMAB)是分子育种学的重要内容之一，它是在基因组分析的基础上结合常规育种，通过利用DNA标记技术对动物数量性状位点进行选择、保种、杂种优势分析和利用，以达到更有效地开展动物育种的目的。

一、分子标记辅助选择

分子标记辅助选择（molecular markers-assisted selection，MAS)是指在品种选育过程中，借助于分子标记信息对个体进行遗传选择，从而提高选种的准确率和遗传进展。

（一）分子标记辅助选择的理论基础

1983年Soller等提出了分子标记辅助选择方法，其理论是将现代生物技术与常规育种方法相结合，借助DNA分子遗传标记来选择数量性状基因型，使得能够同时利用数量性状的表型信息和标记位点信息，从而更准确地估计出育种值，提高选择效率，加快育种进展。

进行分子标记辅助选择的基本路线是：寻找含有主基因或基因位点(QTL)的染色体片段，一般在10～20cm之间，并确定主基因或QTL在该区域内的具体位置；找到与主基因或QTL紧密连锁的分子遗传标记和可能的候选基因；寻找与性状变异有关的特定基因及其功能位点；在分子遗传标记的辅助下对某一数量性状进行准确选择，改进遗传进展。

与其他水平的标记辅助选择相比，分子标记辅助选择直接反映DNA的序列差异，不受基因表达的影响，结果是可靠性强，标记位点丰富，遍布于整个染色体组，许多标记是共显性标记，不受杂交方式的影响，不受动物个体的生长发育阶段及环境条件的影响，加快了育种进程。同时，标记形式多样，如有RFLP标记、RAPD标记、AFLP标记、SSR标记和STS标记等。研究表明，有些分子遗传标记本身就是引起动物数量性状差异的主基因或

QTL,而有些分子遗传标记虽然对数量性状的表型值并无直接的影响,但它们与该性状有紧密连锁的关系;因而可以通过这些分子遗传标记跟踪与其紧密连锁的主基因或QTL从亲代到子代的传递。

(二)分子标记辅助选择的方法

随着分子遗传标记技术的不断完善和发展,遗传育种学家们先后提出了多种分子标记辅助选择的方法。例如,Soller等就提出了遗传标记的期望育种值,制定了选择指数:随后,Fernando等建立了包括个体表型值和亲属信息在内的混合线性模型;Lande等提出了复合选择指数;Whittaker等提出了以图谱为依据的标记辅助选择方法。Gimelfarb等还提出了利用QTL非加性遗传模型开展标记辅助选择的方法;Xie等提出了多步多性状选择的理论和方法;Olliver提出了遗传标记和QTL处于连锁平衡状态时的标记辅助选择方法等。下面将几种主要的标记辅助选择方法予以介绍。

1.复合选择指数法

复合选择指数法最初是由Lande等提出来的,该法把遗传标记信息和种畜的表型值分别按一定的加权值进行加权,合并成一个选择指数后,按指数大小进行的选择。其计算公式为

$$I = b_z Z + b_m M$$

式中,I为选择指数;Z为个体的表型值;M为与遗传标记相关的所有QTL加性效应的总和;b_z和b_m分别为Z、M的加权值($b_z + b_m = 1$):

其算式分别为

$$b_z = \frac{\sigma_G^2 - \sigma_M^2}{\sigma_P^2 - \sigma_M^2} = \frac{(1-P)h^2}{1-Ph^2}$$

$$b_m = \frac{\sigma_P^2 - \sigma_G^2}{\sigma_P^2 - \sigma_M^2} = \frac{1-h^2}{1-Ph^2}$$

式中,σ_G^2为加性遗传方差;σ_P^2为表型方差;σ_M^2为标记所解释的加

性遗传方差；P 为标记所解释的加性遗传方差所占的比例；h^2 为性状遗传力。

在复合选择指数法中，M 通常被赋予太大的权重，导致选择结果出现一定的偏差：鉴于此，Whittaker 等(1997)提出了杂交验证的方法，以尽量减少偏差。

2. 混合线性模型法

混合线性模型法是将分子标记信息整合进混合线性模型中，并把与标记连锁的主基因或 QTL 定义为固定效应，把多基因效应定义为随机效应的选择方法。

其计算公式为

$$Y_i = X_i\beta + V_i^p + V_i^m + \mu_i + e_i$$

式中，Y_i 为第 i 个体的表型值；$X_i\beta$ 为对应个体的非遗传固定效应之和；V_i^p、V_i^m 分别为来自父本和母本主基因或 QTL 等位基因的加性效应；μ_i 为个体的随机多基因加性效应；e_i 为随机误差：

随着新型分子标记的不断开发和利用，混合线性模型法在动物分子育种实践中得到了日益广泛的应用。

3. 标记辅助渗入法(MAI)

标记辅助渗入法(MAI)就是通过分子遗传标记，将特定的目标主基因或 QTL 等位基因从一个群体逐渐渗入另一个群体中去，再通过目标群体反复回交，使得该主基因或 QTL 等位基因在目标群体中始终以一定的频率存在。在实践的应用中其利用途径有两种，一是利用遗传标记进行目的基因渗入；二是利用遗传标记选择背景基因型。例如，利用标记辅助渗入法，美国 PIC 公司的专家们用中国梅山猪与西方品种猪杂交，以雌激素受体基因(ESR)为标记，用含有 50% 梅山猪血液的猪与西方猪进行反复回交，并进行选择，得到了产仔数高而肉用特性又好的猪品种(图 6-5)。

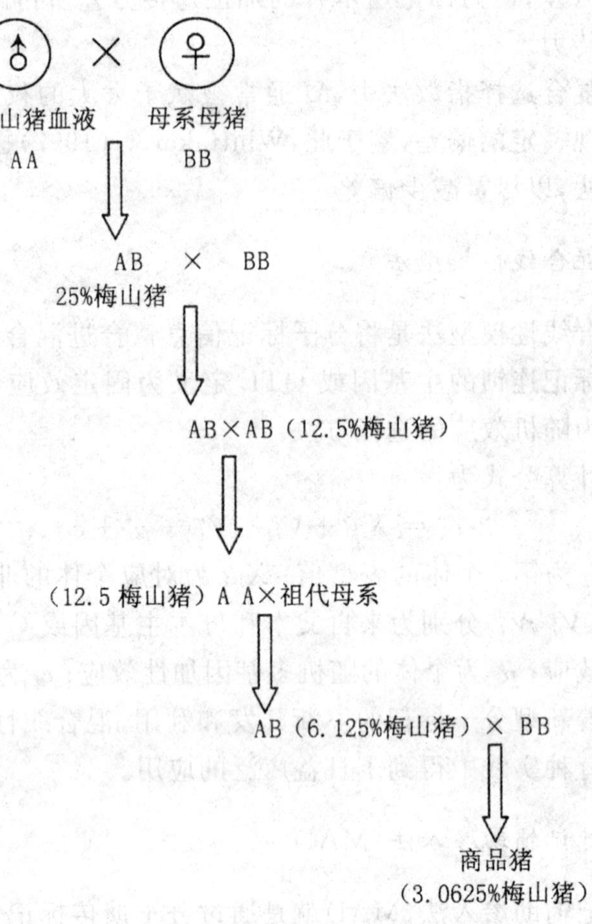

注：1. AA、AB、BB为ESR的基因型；

2. 一个A可使产仔数提高0.8头。

图 6-5 梅山猪 ESR 基因标记辅助渗入法

4. 候选基因法

候选基因法是通过分析分子遗传标记与数量性状的表型值变异之间的关系而进行的一种标记辅助选择方法。由于其具有统计功效强、应用广、费用低和操作简单等优点，适合在动物育种实践中应用。

候选基因法是通过分析 DNA 分子遗传标记与数量性状的表

型值变异之间的关系而进行的一种标记辅助选择方法。例如，在奶牛中经 κ-酪蛋白基因位点和乳蛋白基因位点的多态性分析，发现 DNA 的多态性与乳蛋白量和奶酪质量之间有相关性，奶牛的催乳素基因位点的 RFLP 多态性与产奶量有相关性等。因此，这些基因都可作为候选基因进行分析研究，并把它们用于选种。

候选基因选择法的优点是：①多态位点选择简单，操作简便；②总费用低，易于实施；③统计检验效率高；④结果便于应用。该法的缺点是：①难以区分候选基因与基因标记；②易受非候选基因的影响；③不能检出所有的 QTL。

（三）分子标记辅助选择的应用

分子标记辅助选择可在品种内或品种间进行，可对单个性状进行选择，也可对多个性状进行综合选择，适合于低遗传性状、限性性状和生长后期表达的性状。

Eduard 等克隆并测定了用于比较定位的猪 DUMI（duroc and berlin miniature）资源群体的促肾上腺皮质释放激素（CRH）基因，发现第 83 位 SNP 位点与背最长肌、平均背膘厚、胴体长度和平均日增重之间呈极显著的正相关，并且起累加效应。该结果将为 CRH 基因作为影响猪生长的胴体组成性状的有效 QTI。候选基因提供了可靠的依据。

抗病育种也是当前家畜遗传育种的一个热点问题。寻找控制抗病力主效基因 QTL 或分子遗传标记，是提高抗病力选育的重要手段。一批与抗病力密切相关的基因，如主要组织相容性复合体、天然抗性巨噬结合蛋白基因、干扰素基因等，已经作为候选基因受到了相当广泛的重视。

二、分子标记辅助保种

分子标记辅助保种（molecular markers-assisted conservation，MAC）就是利用与目标基因有紧密连锁的 DNA 分子标记对目标基因在保种过程中的分离和重组进行跟踪,通过有意识地选留而加以保护,使之不因遗传漂变而丢失。动物的保种是一项长期的工作,这就要求人们必须以群体遗传学理论为基础,来研究保种的理论和方法,制订行之有效的保种方案。1996 年,刘荣宗提出了标记辅助保种的理论和方法。

(一)分子标记辅助保种的方法

一般来讲,小群体保种中基因丢失主要有两个方面的原因:一是由于遗传漂变而造成的目标基因丢失;二是由于高度近交而导致的品种内部分基因纯合,而相应的部分基因则丢失了。针对这些原因,分子标记辅助保种主要采用以下方法。

1.跟踪保存目标基因

任何动物品种的优良种质特性都是由特定基因决定的。随着动物遗传图的构建,许多分子遗传标记在基因组或染色体上的位置,以及它们与特定基因之间的连锁关系将被探明,有些分子遗传标记本身就是特定的基因或 QTL。利用这些遗传标记可跟踪目的基因在保种群体的世代传递过程中的分离和重组,并可通过有意识地选留带有目的基因的个体作种用而加以保存,使它们不消失。

2.控制近交程度

在动物品种的保种工作中,由于群体过小,被迫高度近交是导致品种濒危灭绝的重要原因之一。因此,可以利用分子遗传标记来分析和监测各个世代中不同个体的近交程度,将实际近交程度小的个体选留作种用,就能降低实际的近交水平,防止近交系数上升过快。

3.分析保种群的种质特性遗传机制

我国地方畜禽品种繁多,在几千年驯养的历史长河中,由于不同地区的自然生态条件各异，社会经济发展不平衡，使它们形成了各自的遗传特性。畜禽品种资源的保护，必须首先对种质资源特性进行深入研究，目前，我国对种质资源的研究已在形态学、解剖学、生理学、细胞遗传学方面做了大量的工作，但从分子水平上积累的资料尚十分有限，有必要深入分子水平，彻底弄清其遗传机制，为其合理地保护提供坚实的理论依据。

4.评价动物遗传资源，为有效保护提供依据

在对曾遭外来基因干扰或侵袭的地方品种资源进行评价时，分子遗传标记能使人们更好地了解品种资源的群体遗传特征，进而揭示其所含有基因库的遗传多样性，为保护计划与方案的制订提供强有力的依据。

（二）分子标记辅助保种的特点

分子遗传标记是以碱基突变造成DNA片段长度多态性为基础的。20世纪80年代以后，研究DNA多态性的各种遗传标记方法发展极其迅速，并在动物品种资源保护中显示出了日益广阔的应用前景。应用分子遗传标记进行动物遗传资源保存具有如下特点。

(1)分子标记辅助保种可有效地监测和控制近交速率，可实现小群体保种。

(2)许多在常规保种中无法鉴定而加以保存的性状，可以通过分子标记辅助保种而得到有效的保存，从而扩大了保种的范围。

(3)分子标记辅助保种不易受群体大小和环境的影响，而是直接根据基因型所进行的保种，从而提高了保种的准确性。

(4)基于分子标记开展保种工作，在对保种性状进行保护的前提下，可对其他性状进行适当选育，达到保护与选育相结合的目的。

(三)分子标记辅助保种有待研究的问题

毫无疑问,分子标记辅助保种为我们有效地保存现有的动物遗传资源提供了一种新的途径,但学者们认为,尚对以下一些问题仍需在广度和深度上进行进一步研究。

(1)分子遗传标记辅助保种有限小群体的近交分析与控制的理论与方法。

(2)分子遗传标记对目标基因在多个世代传递过程中跟踪保护的方法与效果。

(3)分子标记辅助保种制度下适宜群体含量与结构以及标记辅助保种与地方畜禽品种选育、利用的有机结合等。

(4)地方动物品种遗传特性的有关分子遗传机制的研究,包括基因定位、基因效应、遗传方式以及DNA序列分析等。

第三节　基因芯片育种技术

基因芯片(gene chip)也叫DNA芯片(DNA chip)、DNA微阵列(DNA micro array)、寡核苷酸阵列(oligonucleotide array),是指将大量的寡核苷酸片段或基因片段作为探针有规律地排列固化于支持物表面上,产生二维DNA探针阵列;样品DNA或RNA通过PCR扩增或体外转录等技术掺入荧光标记分子,然后探针与标记的样品进行杂交,最后通过荧光检测系统对芯片进行扫描。通过对杂交信号的强弱来实现对生物样品快速、并行、高效地检测序列及其他生物信息。

一、基因芯片技术制作的基本过程

本节简单介绍DNA芯片制作的基本过程。

1. DNA 方阵的构建

选择硅片、玻璃片、瓷片或聚丙烯膜、尼龙膜等支持物，并作相应处理，然后采用光导化学合成和照相平板印刷技术可在硅片等表面合成寡核苷酸探针，或者通过液相化学合成寡核苷酸链探针，或 PCR 技术扩增基因序列，再纯化、定量分析，由阵列复制器(arraying and replicating device ARD)，或阵列机(arrayer)及电脑控制的机器人，准确、快速地将不同探针样品定量点样于带正电荷的尼龙膜或硅片等相应位置上，再由紫外线交联固定后即得到 DNA 微阵列或芯片。

2. 样品 DNA 或 mRNA 的准备

从血液或活组织中获取的 DNA/ mRNA 样品在标记成为探针以前必须进行扩增提高阅读灵敏度。Mosaic Technologies 公司发展了一种固相 PCR 系统，好于传统 PCR 技术，他们在靶 DNA 上设计一对双向引物，将其排列在丙烯酰胺薄膜上，这种方法无交叉污染且省去液相处理的烦琐。在 PCR 扩增过程中，必须同时进行样品标记，标记方法有荧光标记法、生物素标记法、同位素标记法等。目前采用的最普遍的方法是荧光标记法，用计算机控制的高分辨荧光扫描仪可获得结合于芯片上的目的基因的荧光信号，通过处理即可得出目的基因的结构或所要表达的信息。

3. 分子杂交

样品 DNA 与探针 DNA 互补杂交要根据探针的类型和长度以及芯片的应用来选择、优化杂交条件。如用于基因表达监测，杂交的严格性较低、低温、时间长、盐浓度高；若用于突变检测，则杂交条件相反。芯片分子杂交的特点是探针固化，样品荧光标记，一次可以对大量生物样品进行检测分析，杂交过程只要 30min。

4.杂交图谱的检测和分析

目前主要采用激光激发芯片上的样品发射荧光。不同位点信号被激光共焦显微镜,或落射荧光显微镜等检测到,由计算机软件处理分析,得到有关基因图谱。目前,如质谱法、化学发光法、光导纤维法等更灵敏、快速,有取代荧光法的趋势。

二、基因芯片技术在动物育种中的应用

基因芯片技术是20世纪90年代初发展起来的一门新兴技术,已被美国科学促进会列入1998年自然科学领域十大进展之一。目前基因芯片技术在动植物的遗传育种中发挥着重大的作用。

1.基因测序

基因芯片的一个芯片就可以完成数百次的常规测序,简化了测序过程,能在短期内收集大量信息。基因芯片的出现为杂交测序的实践提供了可能性。

2.基因的表达水平的检测

由于基因芯片可以固定成千上万个探针,使众多基因同时检测成为可能,不仅可以比较一个基因组在不同条件下的转录水平差异,也可以比较不同基因组中对应的基因的转录水平差异。如果将基因芯片技术应用于畜禽基因组研究,将大大加快其研究进程,为畜禽经济性状基因定位提供一个基础技术平台,为新品种的育成提供基因水平的依据。如它可识别动物的脂肪基因,通过人为引入突变使之发生变异,来减少肌肉中脂肪的含量。

3.基因多态性的检测

基因芯片用于基因再测序将加快DNA多态性鉴定,促进新品种的产生。虽然PCR技术进展使得有用的目标序列加速简单

的扩增成为可能，但用全手工操作的凝胶方法来分析 PCR 结果就限制了多态性分析；而基因芯片能平行分析数百个或数千个多态性问题，可用于快速、定量、非放射性获得所期望的基因信息。这对于通过各种技术选出优质、高产、抗病、抗不利环境的畜禽得到了有效和不可缺少的信息支持。这将转而促进动物育种和高产种群的选育、剖析和保持。

第四节　杂种优势的表现规律及其在商品畜禽生产中的利用

一、杂种优势的概念与度量

1. 杂种优势的概念

不同种群（品种、品系或其他类群）杂交所产生的杂种往往在生活力、繁殖力、生长势等方面优于其纯种亲本的现象称为杂种优势。

2. 杂种优势的度量

常用杂种优势量或杂种优势率度量杂种优势的大小。

在两品种（品系）杂交情况下，杂种优势量（amount of heterosis, H）是指 F_1 的平均性能优于两亲本平均性能的部分，如 A 品种（品系）与 B 品种（品系）杂交，则 F_1 的杂种优势量 $H = \overline{F}_1 - \frac{1}{2}(\overline{A} + \overline{B})$，于是 $\overline{F}_1 = \frac{1}{2}(\overline{A} + \overline{B}) + H$，即 F_1 的平均性能＝双亲均值＋杂种优势量。

杂种优势也常以相对值即杂种优势率（fraction of heterosis）H（%）表示，即

$$H(\%) = \frac{\overline{F}_1 - (1/2\overline{A} + 1/2\overline{B})}{1/2\overline{A} + 1/2\overline{B}} \times 100\%$$

二、杂种优势的表现规律

杂种优势量的变化很大,它决定于杂交亲本(如亲本间的遗传差异与亲本的遗传纯度)与环境。不同的性状其杂种优势水平也有很大差别。

1. 杂交亲本间的遗传差异愈大,杂种优势愈明显

若有两个群体 P_1 和 P_2,其等位基因 A 与 a 的频率不同,设 P_1 群体的频率为 p 与 q,P_2 群体的频率为 p' 与 q',频率差 $y = p - p' = (1-q)(1-q') = q' - q$,于是 $p' = p - y, q' = q + y$。由于 $\mu = a(p-q) + 2dpq$,这里,a、d 和 $-a$ 分别为基因型 AA、Aa、aa 的基因型值,因而

$$\mu_{p_1} = a(p-q) + 2dpq$$

$$\mu_{p_2} = a(p-y-q-y) + 2d(p-y)(q+y)$$
$$= a(p-q-2y) + 2d[pq + y(p-q) - y^2]$$

$$\bar{\mu_P}(\text{亲本均值}) = 1/2(\mu_{p_1} + \mu_{p_2})$$
$$= a(p-q-y) + d[2pq + y(p-q) - y^2]$$

为求 μ_{F_1} 值,可列出如下棋盘格:

			P_1 的配子	
			A	a
			p	q
	A	$p-y$	$p(p-y)$	$q(p-y)$
P_2 的配子	a	$q+y$	$p(q+y)$	$q(q+y)$

将三种基因型的基因型值乘其频率并总加得

$$\mu_{F_1} = a(p^2 - py) + d[p(q+y) + q(p-y)] - a(q^2 + qy)$$
$$= a(p-q-y) + d[2pq + y(p-q)]$$

$$H_{F_1}(F_1 \text{ 的杂种优势量}) = \mu_{F_1} - \bar{\mu_P} = dy^2$$

若考虑所有基因座的联合效应，并假定各基因座的效应是加性的，则 H_{F_1} 可表示为各基因座 dy^2 之和：

$$H_{F_1} = \sum dy^2 \tag{6-1}$$

从式(6-1)可见，两杂交亲本间基因频率之差 y 愈大，具有这种差异的基因座愈多，F_1 的杂种优势量就愈大。

因此，宜选用遗传起源不同和亲缘关系相距较远的甚至是地理起源上不同的纯种作杂交亲本；对于现有的来源不清的杂种母畜群可用遗传起源上与之无相关的公畜配种。

2. 杂交亲本愈纯，后代优势愈明显

从式(6-1)中可看出，只有当两个亲本的遗传纯度高且为相对等位基因的纯合子时，亲本间基因频率之差 y 才能达到最大值，F_1 的优势量才能大。因而两亲本的遗传纯度对杂种优势的影响也很大。

用一个假设的例子说明。设仔猪初生重由 2 对等位基因(Aa，Bb)控制，并设不同基因座具有相同的加性效应，其中 A 和 B 为 200g，a 和 b 为 100g，等位基因间完全显性；显性效应为 120g。不同基因型的亲本间杂交具有不同的杂种优势结果，见表 6-1。

表 6-1 不同杂交组合的杂种优势率

杂交组合编号	Ⅰ	Ⅱ	Ⅲ
P	AAbb×aaBB	AAbb×aaBb	Aabb×aaBb
效应	600g 600g	600g 620g	620g 620g
F_1	AaBb	$\frac{1}{2}$AaBb $\frac{1}{2}$Aabb	$\frac{1}{4}$AaBb $\frac{1}{4}$AaBb $\frac{1}{4}$AaBb $\frac{1}{4}$AaBb
效应	840g	840g 620g	840g 620g 620g 400g
F_1 均值	840g	730g	620g
F_1 优势率	40%	12%	0

综上可见,在实践中为获得较大的杂种优势,宜提倡采用有一定遗传纯度的品系作为杂交亲本,用未纯化过的亲本杂交,杂种优势将受到限制,故有必要在育种场按计划培育或保持一些品系。用两个差异较大的有一定遗传纯度的品系杂交,不仅杂种优势较之品种间杂交明显,且优势稳定,杂种均一性好。

3. 同类型杂种互交,杂种优势量逐代下降

同类型杂种互交,杂种优势量将逐代下降,证明如下:

F_1 互交得到的 F_2,其基因频率为 $(p-y/2)$,$(q+y/2)$,因为 $\mu=a(p-q)+2dpq$,所以

$$\begin{aligned}\mu_{F_2}&=a(p-1/2y-q-1/2y)+2d(p-1/2y)(q+1/2y)\\&=a(p-q-y)+d[2pq+y(p-q)-1/2y^2]\end{aligned}$$

$$H_{F_2}=\mu_{F_2}-\mu_{\bar{P}}=1/2dy^2=1/2H_{F_1} \tag{6-2}$$

由式(6-2)可见,F_2 的杂种优势量仅为 F_1 的一半。同理,以后各世代的优势量均按上一代的半数递减。这实际上也反映了亲本间的遗传差异程度对杂种优势的影响。

在商品生产中不论采用何种杂交方式,都不能让同一种类型的 F_1 或者商品代的个体进行互交。互交不仅使杂种优势量降低,且由于基因的分离重组,互交后代还显得十分不整齐。

4. 不同类性状的杂种优势程度不同

不是所有的性状均能呈现杂种优势。遗传力高的性状如胴体性状,当杂交时,无论两亲本的遗传差异程度有多大,一般只呈现低的或不呈现杂种优势;反之,遗传力低的性状,如繁殖力与生活力,则可呈现较高的杂种优势,其原因可用式(6-2)说明。该式中的 d 为杂合子的基因型值(用与两纯合子的中点值之差度量),也即该基因座的基因的显性效应。遗传力高的性状主要以基因的加性效应为基础,非加性基因作用(显性效应和上位效应)很小甚至不具有此种效应,故对高遗传力性状而言,H_{F_1} 甚小或为零。可见,杂种优势一般只出现于非加性基因作用为主的性状。

因此，对于低遗传力性状，由于选择一般不易奏效，而杂交能使其获得杂种优势，故杂交法已成为改良繁殖力、生活力性状的主要手段。而对于高遗传力的性状，由于一般不能指望杂种会超过双亲均值，故要使这些性状在商品群中表现良好，就只有在育种群中采用纯种繁育法对这些性状进行强度选择、严格选留（精选）。

5. 环境对杂种优势表现的影响

杂种优势常受到环境条件如营养水平、饲养制度、温度、健康状况等的影响。应该给予杂种以相应的饲养管理条件，以保证杂种优势能充分表现。虽然杂种的饲料利用能力有所提高，在同样条件下，杂种比纯种表现更好，但是高的生产性能是需要一定物质基础的。在基本条件不能满足的情况下，杂种优势不可能表现。

还有一些实验发现，大多数性状（生长速度明显除外）在较差的环境下，其杂种优势量似乎比在较好的环境下还要高。

三、利用杂种优势的方法

（一）选用适宜的杂交方式，提倡品系间杂交

1. 杂交方式的种类

1）二元杂交

二元杂交既指二品种杂交，也指二品系杂交。二元杂交就是用两个不同品种或品系进行杂交，所产生的二元杂种全部作为商品用。二元杂种无论公母全部不作种用，不再继续配种繁殖（图 6-6）。

选用能够产生最大特殊配合力的两个种群（品系或品种）杂交一次，产生的一代杂种不论公母全部作商品畜禽利用，其基础父母群始终保持纯种状态。

二元杂交生产组织简单,收效迅速,且能充分获得个体杂种优势。举例说明,若有二元杂交:A×B→(AB),由于A和B均属纯种,二元杂种(AB)每一基因座的一个等位基因来自A,另一个等位基因来自B,因此二元杂种可获得100%的个体杂种优势(表6-2)。但二元杂交未能提供获得母本或父本杂种优势的机会。

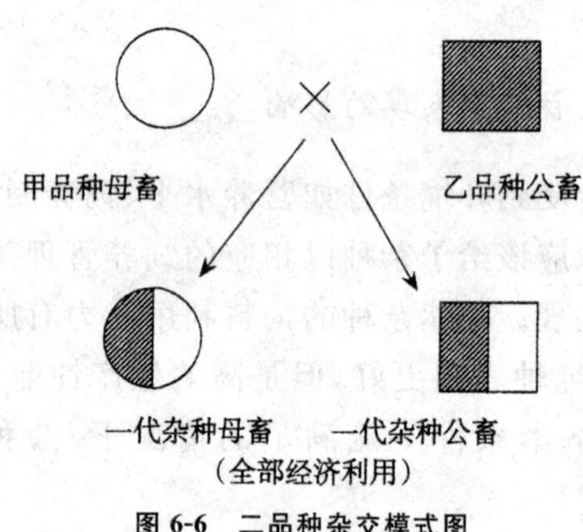

图6-6 二品种杂交模式图

表6-2 不同杂交方式的三种杂种优势率

杂交方式	商用后代符号	各种杂种优势率		
		个体杂种优势	母本杂种优势	父本杂种优势
纯种繁育		0	0	0
二元杂交 A♂×B♀	(AB)	1	0	0
回交				
A♂或B♂×(AB)♀	A(AB)或B(AB)	1/2	1	0
(AB)♂×A♀或B♀	(AB)A或(AB)B	1/2	0	1
三元杂交 C♂×AB♀	C(AB)	1	1	0
四元杂交 AB♂×CD♀	(AB)(CD)	1	1	1
轮回杂交				
两品种		2/3	2/3	0
三品种		6/7	6/7	0

这种杂交方法简单易行，特别是在选择杂交组合时较为简单，只需做一次配合力测定。而且杂种优势明显，并具有良好的实际效果。例如，猪的平均日增重优势率为6%左右，饲料利用率约3%，肉用牛的生长优势率在5%左右，奶牛品种间杂交的产奶量有3%～12%的杂交优势等。

二元杂交的缺点：其一表现为杂交的组织工作并不简单。因为始终需要有纯种个体来补充，所以必须在杂交的同时做好纯繁工作，以确保每次杂交时都有两个纯种作杂交亲本。故纯种母本需求数量大，成本高。其二是由于杂种母畜直接用为商品，因而不能充分利用繁殖性能方面的杂种优势。

2)回交

回交是指两个种群杂交，所生杂种母畜再与两个种群之一杂交，所生杂种不论公母一律用作商品。例如以长白猪作父本、民猪作母本杂交，所得二元长白杂种猪再与长白猪杂交，所生的二代杂种一律育肥出售，这种杂交即为回交。

回交有如表6-2所示的两种形式，一种是F_1母畜与任何一个亲本的公畜回交；另一种是F_1公畜与任何一个亲本的母畜回交。因为母本杂种优势一般比父本杂种优势重要，所以，回交中常用杂种母畜作母本。若用杂种母畜作母本，则回交可获得100%的母本杂种优势。回交是在强调利用母本杂种优势以改良母畜的繁殖性能的情况下提出的。缺点是只能获得50%的个体杂种优势。

3)三元杂交

三元杂交是用两个种群杂交，产生在繁殖性能方面具有显著杂交优势的母本群体，再用第三个种群作父本与之杂交，以生产经济用杂种群体(图6-7)。例如，在猪的生产中，用长白猪与大白猪先行杂交，所生二元杂种母猪再与杜洛克公猪杂交，所生三元杂种不论公母一律育肥出售。

4)四元杂交

四元杂交是指两种截然不同的二元杂种相互交配(如

AB♂×CD♀),所生后代[如"(AB)(CD)"](称作四元杂种)全部供作商品用。由于四元杂种的父本和母本都是杂种,因此,这种杂交方式能同时充分开发母本杂种优势、父本杂种优势和个体杂种优势。另外,四元杂交在互补性的利用上可能比三元杂交更好,商用后代所具有的优良性状可能更加全面。

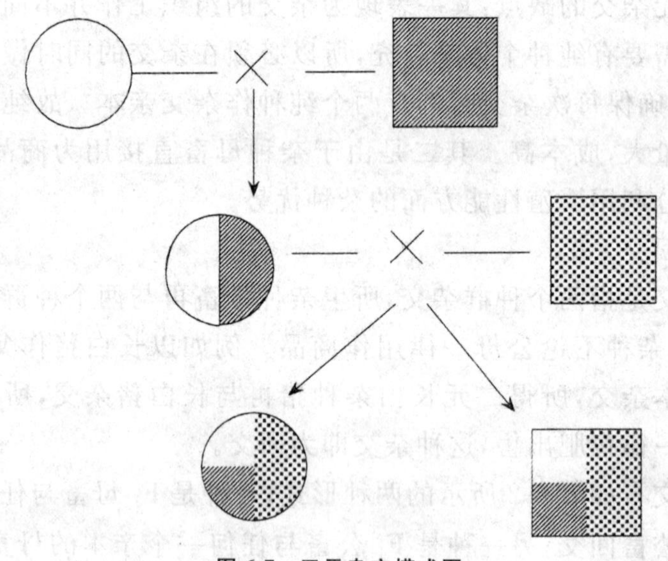

图 6-7　三元杂交模式图

5)轮回杂交

轮回杂交指两三个或更多个品种的个体轮流杂交,各世代的杂种母畜除选留一部分优秀者用于繁殖外,其余的母畜和全部公畜均供作商品用(图 6-8)。其目的是要做到在若干年内全部使用自己生产的母畜,而又能获得一定程度的杂种优势。

轮回杂交的优点是:①所有母畜全是本场生产的杂种,可不从其他畜群引进母本,纯种也可少养,还可少冒疫病传染的风险,因此从管理和健康角度看是其最大优点。②能在连续世代获得一定程度的杂种优势。

轮回杂交的缺点是:①不能获得父本杂种优势;母本和个体杂种优势也降低了(三品种轮回杂交与三元杂交相比,母本和个体杂种优势都丧失 1/7,即 14.3%;二品种轮回杂交与三元杂交相比，两类杂种优势丧失得更多，均丧失1/3)，这是由于每次参加轮回交配的父本与母本间不存在100%的遗传差异。②一般不能很好地利用亲本性状的互补性，也不符合目前国情，不利于选用地方品种作母本，因为参与轮回杂交的品种无法固定谁作父本、谁作母本（而这又与现代育种要求父本、母本的性状应各有侧重点相违背）。③不可能考虑终端父本（terminal sire）问题，而终端父本对商品畜的遗传影响很大。④不利于取得终端产品规格的一致性，不利于集约化生产体系实施全进全出的畜群更新和卫生制度。因此，像猪、禽等繁殖周期短的动物没必要使用轮回杂交方式；在牛等动物中使用，也应考虑选用体形和性能两方面基本相当的品种参与轮回，否则其商用后代的体形等性状将参差不齐。

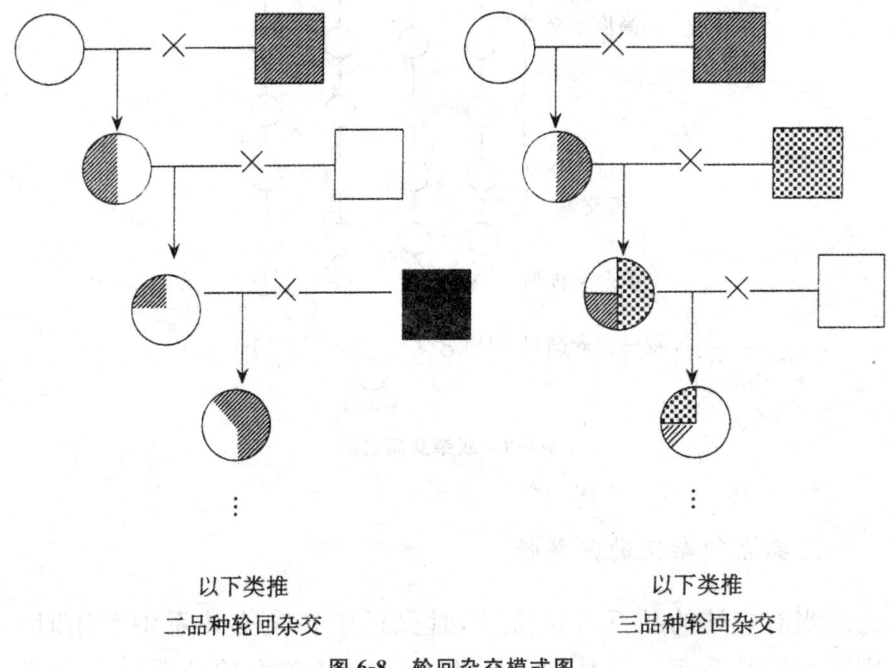

图6-8 轮回杂交模式图

6）双杂交

这种杂交方式最初用于生产杂交玉米，先用高度近交建立近交系，再用轻度近交保存近交系，同时进行各近交系间的配合力测定。后来在鸡的配套杂交系中也曾采用,具体过程如图 6-9 所示。目前畜牧生产中一般采用的双杂交,不再强调用高度近交的方法建系。

双杂交涉及四个种群,组织工作就更为复杂一些。目前,许多国家在肉蛋鸡生产中基本上应用四元杂交进行生产。如在我国饲养数量较多的 AA 肉鸡、艾维茵肉鸡、海兰蛋鸡、罗曼褐蛋鸡商品代都是通过双杂交生产的;肉猪多数是长白、大约克、杜洛克三元杂交或用汉普夏、杜洛克、长白、大约克培育配套系进行配套系杂交。

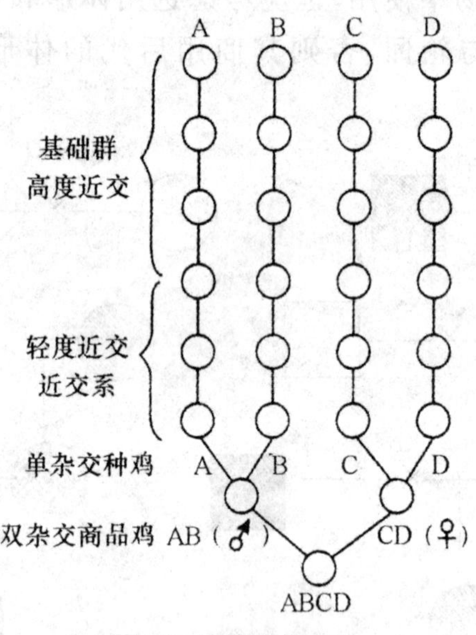

图 6-9　双杂交模式图

2. 品系间杂交的优越性

当有较纯的品系可供挑选,且又适于在杂交体系中利用时,则宁愿用品系而不用品种。因为遗传差异较大的品系间杂交要比品种间杂交优越,表现在杂交后代有以下特点:①杂种优势更明显;②杂种优势更稳定;③整齐度更好。

品系有两类:一类是通用品系(dual-purpose line),也称一般品系(single line),即既可用作父系又可用作母系的品系;另一类是专门化品系(specialized line)。已经证明,属于不同种群的专门化父系和专门化母系之间的杂交在以上三方面要比通用品系之间的杂交效果更好。因此,大力开展品系间杂交已势在必行。

(二)搞好杂交亲本的选优提纯,提高二亲本的特殊配合力

1.亲本种群的选优提纯

杂种优势的获得首先取决于杂交亲本的基因优劣和纯度。因此,杂交的亲本种群的选优和提纯工作,是一个最基础而又往往容易被人们忽视的环节。

选优就是通过选择,使杂交亲本种群原有的优良、高产基因的频率尽可能增大。提纯就是通过选择和近交,使得亲本种群在主要性状纯合子基因频率尽可能增加,个体间的差异尽可能减小。可见,亲本群体遗传纯合度的提高,直接关系到后代的杂种优势表现。不仅如此,亲本群体纯合度的提高,还有利于扩大杂交亲本间的基因型差异。

选优和提纯是两个不同的概念,但不应将它们视为两个截然分开的措施,两者同样重要而且相辅相成,可以同时进行和同时完成。事实上,只有亲本群体愈纯,杂交双方基因频率之差才能愈大,进行配合力测定的误差才能愈小,杂种优势才能愈整齐、愈规格化。反过来,提纯只有在选优,即优良高产基因的纯合子频率增大的前提下才能发挥其作用。这些都是杂种优势利用效果好坏的关键。

选优提纯的较好方法之一是建立品系。用此法来选优提纯亲本种群,其优点是品系比品种小,容易选优提纯。

2.提高特殊配合力的选择法

做好杂交亲本的工作之一是提高某一杂交配对之间的特殊配合力。

1)反复选择法

反复选择法(recurrent selection,RS)是提高两杂交亲本间特殊配合力的方法之一,如图 6-10 所示。比方说,测试品系的某基因座的基因型为 aa,则希望受测群体通过与测试品系的测交以及群内选择使自身的 A 基因频率逐代提高并成为 AA 纯合群体。按照杂种优势理论,基因型分别为 aa 和 AA 的两纯合群体杂交,其杂种优势肯定明显且稳定,即该杂交组合的特殊配合力已得到提高。

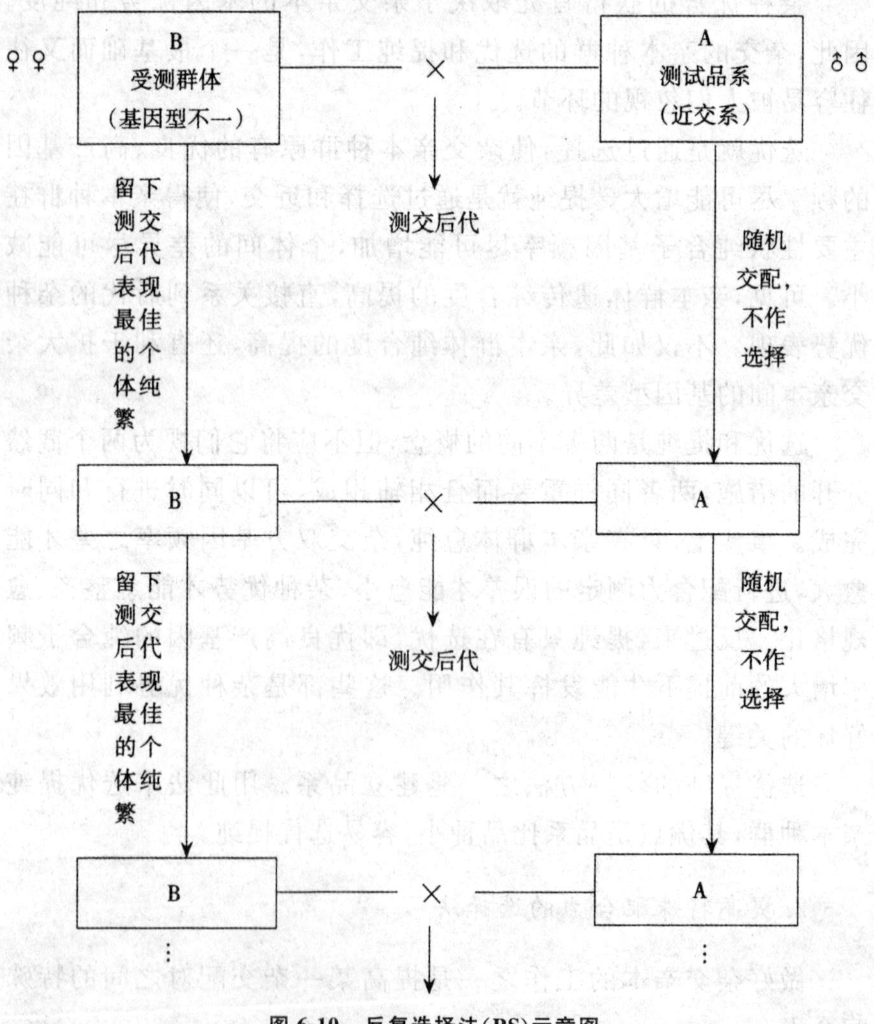

图 6-10 反复选择法(RS)示意图

2)正反交反复选择法

正反交反复选择法(reciprocal recurrent selection,RRS)是在RS法基础上发展起来的另一种提高杂交亲本间特殊配合力的方法,如图6-11所示。

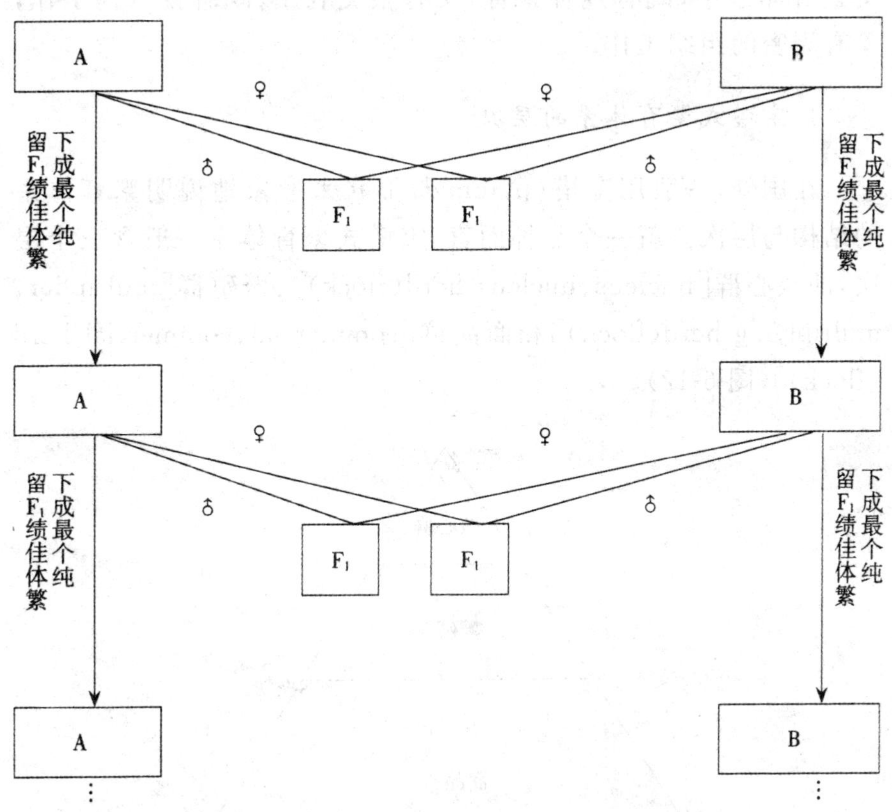

图6-11 正反交反复选择法(RRS)示意图

RRS法较RS法更符合畜牧业实际,更具实践意义,但由于个体评定均依赖于杂交后裔成绩,故两法都存在世代间隔较长的缺点。目前,RRS法在畜牧实践中尚未得到普及,对其效果也存在不同看法,但仍不失为提高二亲本特殊配合力、可供选用的选择法。

（三）建立科学的杂交繁育体系

杂交繁育体系(crossbreeding system for commecial production)是有效地开展畜禽育种和杂交利用的一种组织体系。在杂交繁育体系中,既有纯种繁育,又有杂交利用;既有技术性工作,又有周密的组织工作。

1. 宝塔式繁育体系的层次

在国外,一般用宝塔(pyramid)形状来形象地说明繁育体系的结构与层次。就一个品种而言,宝塔式繁育体系一般含三个层次,即核心群[nucleus、nucleus herd(flock)]、繁殖群[multiplier、multiplying herd(flock)]和商品群[commercial、commercial herd(flock)](图 6-12)。

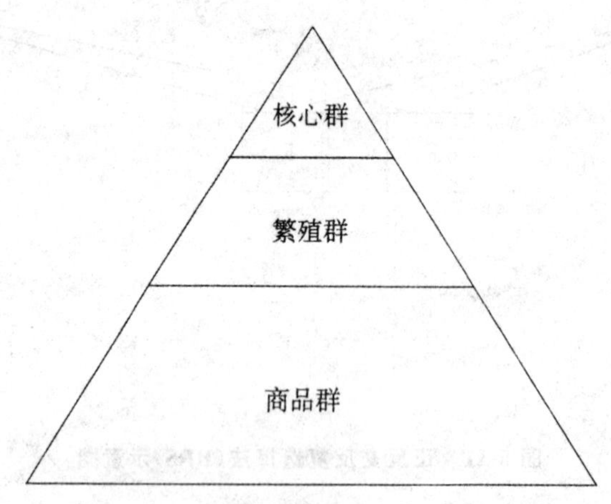

图 6-12　含三个层次的宝塔式繁育体系

下面以三元杂交[C♂×(A♂×B♀)♀]为例对四个层次加以说明:

位居塔尖的第一层次(顶层)为核心群。核心群在杂交繁育体系中担负杂交亲本的选优提纯任务,即按各品种在杂交体系中所起作用对相应性状进行科学测定与连续且高强度的选择,力求获得最大的年遗传进展。

第二层次叫作纯繁群(纯种的扩繁群)。由于一般只让母系设立纯繁群,故第二层次又被称为母本纯繁群。其任务是扩繁核心群的种畜,以满足杂交对母本种畜在数量上的需要。繁殖群的种畜来自核心群。

第三层次叫作杂交繁殖群。其任务是开展A♂×B♀,并推广 F_1 仔母畜。

第四层次叫作商品群。其任务是开展C♂×AB♀,并饲养商用后代C(AB),作为商品上市。商品群母畜主要来自繁殖群,少部分来自核心群。

生产上常提到曾祖代、祖代、父母代与商品代等概念,现以四元杂交为例用图6-13表示即可理解。

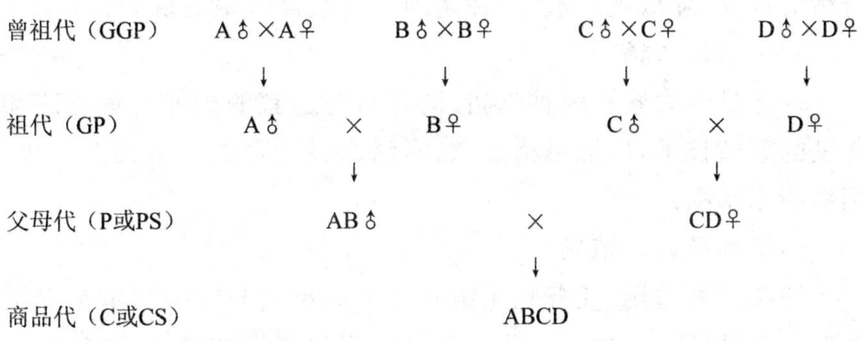

图6-13 四元杂交示意图

注:① GGP, great grandparents; GP, grandparents; P, parents; PS, parents stock; C, commercial; CS, commercial stock.

②若四元杂交体系无纯繁群,则曾祖代群即核心群;若设立了纯繁群,则曾祖代群为纯繁群。

2. 商品畜生产繁育体系的组成

以猪的三元杂交体系为例说明商品畜生产繁育体系的组成。它包括以下组成部分。

1)原种猪群(场)

系指经过高度选育的种猪群,应包括母本原种群和第一、二轮杂交父本的选育群。原种猪场的主要任务是通过选择改良原种猪品质,不断提高年遗传进展,或培育专门化品系,为下一级种猪群(繁殖群)提供高质量的更新猪。原种猪场的猪群必须健康无病,最好建立SPF(specific pathogen free,无特定病原体)猪群。

2)种猪测定站

为不断提高种猪质量,改善种猪性能,每个种猪场都应有供本场使用的测定场所。测定猪舍应按种猪测定要求进行规划、设计、建造。

3)人工授精站

为了充分利用优良公猪,可以通过建立人工授精站,以人工授精形式提高优良公猪利用率,减少繁殖场和商品生产场饲养种公猪的数量,降低生产成本,并达到缩短改良时距的目的。

4)种猪繁殖场

任务是扩大繁殖纯种母猪,同时研究适宜的饲养管理方法和优良的繁殖技术,保证母猪多产、多活、全壮,育成猪生长发育快,饲料利用率高。

5)杂种母猪繁殖场

即杂交繁殖场,任务是用第一母本的母猪与第一父本杂交生产一代杂种(F_1)母猪。一代杂种(F_1)母猪同样要进行选择,选择生产性能优良、体形好、有效乳头多、体质健壮的小母猪供杂交生产使用。

6)商品猪场和专业饲养户

任务是用终端父本公猪与一代杂种(F_1)母猪配种,开展商品猪生产,满足市场需要。

3.改良时距与缩短改良时距的措施

改良时距(improvement lag),或称遗传时距(genetic lag),是指任何两个相邻层次间性能的差异。为加快核心群的遗传进展传递到商品群的速度,缩小改良时距,根据我国情况,在杂交繁育体系建设中应着重采取以下措施:

(1)人工授精中心所用公畜,必须是来自育种场或种畜测定中心的最优秀公畜。

(2)无必要设立父本纯繁群,特别是终端父本纯繁群。

(3)母本纯繁群更新所用公畜须来自育种群,不宜由本群选留补充,也不宜来自其他母本纯繁群。

(4)母本纯繁群、杂交繁殖群和父母代种畜的年龄结构应合理,年更新率不能过低。

(5)育种场出售的父本公畜和母本公、母畜,种畜测定中心出售公畜,均应按质论价、分级作价、保证质量。

只有做好以上工作,商品群才能充分享受高层次群(场)的改良成果,才能提高育种产出,使核心群为遗传改良所投入的大量资金迅速地、成百倍地回收,使产品具有较强的竞争力。

第五节 豫西黑猪8个微卫星基因座的多态性分析

一、引言

豫西黑猪是一个很有发展潜力的地方猪种,具有肉质优良,性成熟早、抗逆性好、适应性强等特性。但是近些年来,由于引进猪种以及杂交猪种的推广冲击和自然环境的改变,豫西黑猪面临引进猪种的强大竞争力冲击和现代化集约式养殖模式造成的基因混杂、毛色分离和养殖数量急剧下降的严峻问题。为了防止豫西黑猪品种资源灭绝或被混杂,尤其是防止其重要优良基因丢失,本研究选用了8个微卫星位点以聚类分析的方法对豫西黑猪的个体遗传变异情况进行了分析,试验检测了46头黑猪的遗传多态性指标,对比15头长白猪的遗传多态性得出,豫西黑猪的多态信息含量较高,遗传多态性丰富。

二、材料与方法

豫西黑猪血样来源于栾川县亨利养殖专业合作社和张村益生元养殖专业合作社,其中亨利养殖基地采样 26 个,张村散养基地采样 20 个,长白猪血样 15 个,来源于正大食品屠宰场。本实验所用的血样共 61 个,每头猪采血 2mL,采集血样使用全血基因组 DNA 提取试剂盒法抽提总 DNA,由试剂公司合成引物序列,将合成的引物序列进行扩增并对 PCR 扩增产物检测和聚丙烯凝胶电泳。电泳结果采用 Population Genetic Analysis 32、PIC-CALC 等软件对豫西黑猪和长白猪的等位基因数(Na)、杂合度(Ho),以及多态信息含量(PIC)进行了分析比对。

三、结果

通过对豫西黑猪和长白猪的遗传多态性指标进行分析比对表明:考虑到豫西黑猪这一品种样本中有不同于传统黑猪的黑色被毛的红毛猪,以毛色进行划分时,将实验动物分为黑猪、红猪和白猪三个群体,平均有效等位基因数是黑猪的最多(3.1062),红猪的最少(2.9248);观测杂合度是红猪的平均最大(0.6797),黑猪的平均杂合度最小(0.5372);多态信息含量上黑猪的平均多态信息最高(0.6061),白猪的平均多态信息含量最低(0.5696)。以地域和毛色进行划分时,将实验动物分为亨利场黑猪、亨利场红猪、张村黑猪、张村红猪和白猪五个群体,亨利场黑猪的平均有效等位基因数最多(3.1224),张村红猪的平均有效等位基因数最少(2.2711);亨利场红猪的平均杂合度最大(0.5938),张村黑猪的平均杂合度最小(0.4583);亨利场黑猪的平均多态信息含量最高(0.6086),张村红猪的平均多态信息含量最低(0.4832)。结合所有实验数据我们可以得到:黑猪的多态信息含量最高,遗传多态性最好;整体上来说,本研究所选的豫西黑猪群遗传较为丰富。

四、讨论与结论

本次实验选用的8个微卫星位点在三个群体中的等位基因频率有很明显的不同，黑猪、红猪和白猪的平均观测杂合度和平均多态性信息含量都大于0.5，表明了8个微卫星位点都是高度多态性标记，三个群体遗传多样性都很丰富。结合本次实验的12个微卫星位点来说，两个场各自的两个猪群间遗传结构差异不大，遗传距离较小，遗传相似度较高，亲缘关系较近。对比吴井生等(2012)对枫泾猪、江燕等(2013)对南阳黑猪与栾川黑猪的研究结果，豫西黑猪的遗传多态性较丰富。本次实验还有待更深入的研究和探讨，这将为进一步丰富豫西黑猪的种质资源特性，优化豫西黑猪保种和开发利用等提供理论依据。

第七章　动物转基因技术

动物转基因技术是以动物个体作为基因受体的基因表达技术。目的基因导入动物体之后，其行为和表达调控与导入离体培养的动物细胞系有很大差别。所以，即使单纯出于研究目的，动物细胞系也不能替代转基因动物。近年来，由于大量研究结果的积累，研究转基因动物已被公认是基础生物学、医学和农业研究的重要手段，在生命科学的各个领域得以应用，为人类认识自身、战胜疾病提供了有力的工具。

第一节　认识转基因

转基因技术是指通过基因工程的手段，将人们所需要的基因片段转移到特定的生物体中，并使之产生可遗传对应性状的技术。

转基因技术是基因工程的关键技术，而基因工程又是整个生物技术的核心。生物技术包含的内容广泛，主要有基因工程、细胞工程、发酵工程以及蛋白质工程等，基因工程这个核心工程的发展带动了其他几个工程的发展，从而在整体上推动了现代生物技术的快速发展。另外，转基因技术对农业发展、能源发展和人类疾病治疗等方面都起到了很大作用。

在农业应用方面，转基因技术在农作物的改良以及畜牧、水产养殖等方面都有很好的前景。现代生物技术发展以前，人类是用传统育种的方法得到抗病、抗虫、优质、高产的各种作物。但传统育种的过程是一个非常缓慢又艰辛的过程，并且还由于不同物种之间的杂交不亲和，使优良性状转移的范围受到很大的限制。而重组 DNA 技术可以打破生物界之间的界限，基本上使原核生物之间、真核生物之间，甚至原核生物与真核生物的基因都能重组，大大增加了各种优良性状转移的可能性，并可以缩短育种周期。转基因技术的目的性强、效用显著，是很多传统育种方法难以达到的。

动物养殖业的动物种类有哺乳类、爬行类、两栖类、鱼类、贝类和各种昆虫。养殖业要获得好的利润也需要培育优良的品种，传统育种方法虽然已取得很好的成绩，但生物技术中的转基因技术又为养殖业提供了更为有效的技术手段，使养殖业在短时间内大量繁殖优良动物品种和创造新性状的优良品种成为可能。运用转基因技术给牲畜、鱼转入能够大大增加生长激素分泌量的基因，会使它们长得特别快，在短时间内就可供食用。近年来转基因动物作为生物反应器的研究也越来越受到人们的重视，正在向商业化生产道路上迈进。

传统农业育种方式主要是通过物种之间的杂交实现的，传统杂交育种具有目的性差、操作烦琐、育种周期长等缺点。在传统育种的过程中，并不能对基因组进行操作，无法特异地、稳定地保证目标性状在后代间的稳定遗传。转基因技术以及产品的诞生打破了育种科学中关于物种的限制，使性状的导入不再依赖同源物种。

能源方面，转基因技术也有其用武之地。在石油开采中，石油是通过油层的压力自发地沿着油井的管道向上喷出或被抽出，但是靠油层自身压力来采油，其采油量仅占油田石油总储存量的 1/3 左右，剩下的 2/3 就得依靠二次采油和三次采油。在三次采油工艺中，就可以用转基因技术来构建能产生大量二氧化碳和甲烷等气体的基因工程菌株或选育产气量高的菌株。把这些菌体连同它们所需的培养液一起注入油层中，这些工程菌在油层中不仅产生气体增加压力，还能分泌高聚物、糖酯等表面活性剂，降低油层表面张力，使原油能从岩石、沙土中松开，黏度降低，从而提高采油量。

医药卫生领域也是基因工程应用广泛、发展迅速、成绩显著并且潜力很大的一个领域。转基因技术在改进医药的生产、开发新的药品资源以及改善医疗手段等方面都起到了显著的效果。这种技术可以替代化学合成法或组织提取法等成本昂贵的生产技术,还可以提供灵敏度高、反应专一、实用性强的临床诊断新试剂和新方法,以及提供安全性能好、免疫能力强的新一代疫苗。转基因疫苗是将病原体的抗原基因克隆在细菌或动植物细胞内,用来生产病原体的抗原,而不是用病原体本身作为疫苗,因此安全性能很高。

第二节 全球转基因动物及其产品研发情况

转基因动物(transgenic animal)顾名思义,就是通过基因工程手段,将外源 DNA 稳定整合到动物基因组中,所形成的动物个体。在这个概念里有两层含义:一是有外源基因的导入;二是稳定整合。稳定整合的深层含义是指这一基因改变能够稳定遗传给后代。随着转基因技术的不断发展,转基因动物的内涵也随之发生变化。出现了基因打靶、RNAi 等新的技术手段,可以实现基因的插入、敲除和精确的修饰。即不再是仅仅局限于插入外源的,也就是来自其他物种的基因:如人的基因转入动物体内;而是通过新的技术手段可以对自身的遗传物质进行精确的修饰:如利用锌指和 TALEN 技术,可以通过对自身基因组中单个碱基的操作,实现目的基因功能的失活。所以,转基因动物越来越多地被另外两个称呼基因修饰动物(genetically modified animal,GMAs)和改性活生物体(living modified organisms)所取代。

转基因动物产品的研发有两大驱动力:一是科学技术的发展,有其探究生物奥秘的内在需求。二是社会发展,面临诸多亟待解决的问题,需要新技术的出现来提供解决方案。转基因动物及其产品的研究绝不是象牙塔中，少数科学家曲高和寡的玩意儿，而是在未来可能帮助我们创造更多惊奇地解决社会问题，如人口众多、资源匮乏、疫病疫情多、环境污染等的一把钥匙。

目前，转基因动物的产品研发主要涵盖以下几个方面。

一、医学研究和药物生产

1. 生物制药

把转基因动物作为生物反应器，生产稀有的、用其他方法不易得到的、有生物活性的人类药用蛋白等药物。主要的动物生物反应器有：乳腺生物反应器、血液生物反应器、膀胱生物反应器、精液生物反应器、家禽生物反应器等。其中，发展最快的是动物乳腺生物反应器。

乳腺生物反应器表达蛋白种类从最初的抗凝血酶Ⅲ（ATryn）、抗胰蛋白酶（hAAT）、蛋白 C（hPC）、纤维蛋白原（hFIB）、血清白蛋白（hSA）、人凝血因子Ⅷ（hF-Ⅷ）和Ⅸ（hF-Ⅸ）等血源产品扩展到市场潜力巨大、其他系统难以生产且在乳腺中表达有明显优势的组织型纤溶酶原激活剂（tPA）、乳铁蛋白（hLF）、葡萄糖苷酶（hGlu）、抗体、超氧化物歧化酶（hSOD）等，其中近 30 种进入临床开发（表 7-1），而用于治疗抗凝血酶缺乏症的 Atryn 已上市。

表 7-1 部分已投放市场或开发的生物技术药物

产品类型	产品	用途
药用蛋白	蛋白酶激活因子	肺栓、心肌梗死
	蛋白酶抑制因子	呼吸窘迫综合征
	抗凝血酶Ⅲ	动脉移植等
	可溶性受体 CD-4	艾滋病
	人血清蛋白	烧伤、血量扩积等
	干扰素	抗病毒、抗肿瘤

续表

产品类型	产品	用途
药用蛋白	胰岛素	糖尿病
	抗胰蛋白酶	肺气肿
	血纤维蛋白	外科创伤
	C蛋白	深部静脉血栓
	人凝血因子Ⅷ	血友病
营养蛋白	葡萄糖苷酶	肌肉糖原贮积病
	酯酶抑制因子	心肌梗死等
	胶原蛋白	类风湿等
	乳铁蛋白	抗胃肠道感染等
	溶菌酶	抗胃肠道感染等
	红细胞生成素	肿瘤化疗等
	人催乳素	提高免疫力等
	人乳清白蛋白	苯酮尿症
	人乳清过氧化酶	提高免疫力等
	人胆盐刺激脂酶	助脂消化
抗体	人免疫球蛋白	提高免疫力等
	人分泌性抗体	尿道感染、蛀牙等
	抗癌抗体	结肠癌等
	路易斯单抗	乳腺癌等
疫苗	乙肝疫苗	预防乙肝
	鸡法氏囊病毒疫苗蛋白	预防鸡法氏囊病

注:引自美国商业交流公司、Genzyme公司和D&MD医药投资发展公司报告。

2.人类疾病动物模型

转基因动物模型通过精确地失活某些基因或增强某些基因的表达来制作各种各样的研究人类疾病(如AIDS这样的疾病)的动物模型、治疗模型和新药筛选模型,对诊断和开展遗传疾病的研究十分有效。目前已建立的疾病模型有:癌症、动脉粥样硬化、镰状细胞性贫血、囊状纤维化、红细胞增多症、肝炎、免疫缺陷、自发性高血压等。

中国首例转基因猕猴在云南昆明培育成功，为未来人类重大疾病的非人灵长类动物模型的深入研究奠定了坚实基础。两只转基因猕猴在外观上与普通猕猴无异，但在特殊光源下，通体会呈现绿色。此前，国际上有美国和日本科学家成功获得转基因猴模型。

3.异种器官移植

对器官供体动物研究较多的是猪。国外相关机构利用猪胎儿神经细胞、胰腺细胞等作为供体，治疗人类帕金森病和糖尿病等疾病（表 7-2）。

表 7-2　利用猪组织器官作为异种移植的现状

组织/器官	用途	研发阶段
胎儿神经细胞	帕金森和亨廷氏病	临床Ⅰ期
	帕金森综合征	临床Ⅰ期
胰腺细胞	糖尿病	完成动物（猴）试验
	糖尿病	临床Ⅰ期
肝细胞	肝坏死	临床Ⅰ期
肾脏、心脏、肝脏	肝衰竭（肝脏）	临床Ⅰ期
	器官衰竭	临床前期

在生物学、医学的发展上，转基因动物做出了巨大的贡献，特别是在孤儿药的研发和生产方面。与传统的制药方法相比，利用乳腺生物反应器生产药物蛋白的成本更低，效率更高，质量更好。因此，随着全世界对药用蛋白和疫苗的不断需求，利用转基因动物作为药物生产工厂是未来的趋势。

二、畜牧业

1. 改善畜产品品质

转基因技术用于育种,不仅可以加快改良遗传性状的进程,使选择的效率提高,改良的机会更多,而且可以稳定地整合外源基因,还能将这种性状遗传给后代,包括提高肉、乳、羊毛等品质和产量,加快生长速度等。

通过转基因技术可以制备出不同特性的牛奶,如改变牛奶成分、生产功能牛奶,以满足人们多样化的需求。研究人员以无性繁殖将人类基因注入复制胚胎,然后植入奶牛体内,生产的牛奶会含有人类蛋白质,有助保护初生婴儿免受细菌感染。

2. 提高动物生长率

在提高生产性状方面,科学家最早将人的生长激素基因导入动物体内,如以不同的启动子携带生长激素基因导入猪的基因组中,产生的转基因猪明显提高了饲料转化率、增重率,减少了脂肪;将生长激素导入兔子基因组中,产生的转基因巨兔体型和体重比普通兔大数倍;利用牛耳上的细胞进行无性繁殖技术成功培育出了敲除 Myostatin 基因的转基因克隆肉牛,其产肉量高,肉质更为优良。

3. 动物抗病育种

疯牛病、奶牛乳房炎、口蹄疫、猪瘟、猪繁殖与呼吸综合征、高致病性禽流感等动物疫病是影响畜牧业健康、可持续发展的重要因素。通过培育抗病的转基因动物新品种,将实现从源头上消灭动物疫病,这是对抗动物疫病的一个有效的新方法。如使用 RNA 干涉技术和转基因体细胞克隆技术,分别培育出抗猪瘟和抗猪繁殖与呼吸综合征的大白猪。

三、观赏动物

美国得克萨斯州的约克镇技术公司将海洋珊瑚虫的发光基因转移到鱼体内获得转基因斑马鱼,这种转基因斑马鱼的发光呈现两种光泽:一种是在普通光线下呈现红色;另一种是在黑暗环境中如果接受紫外线照射则发出荧光。转基因斑马鱼在2004年1月就公开在市场上出售,而公开销售的价格为每条鱼5美元。

科学家将绿色荧光蛋白基因(GFP)、红色荧光蛋白基因(RFP)和黄色荧光蛋白基因分别导入斑马鱼体内,从而得到各种荧光闪闪、异彩纷呈的转基因斑马鱼。

第三节 动物转基因技术

一、动物转基因技术的一般步骤

动物转基因技术是把单个有功能的基因或基因簇导入动物的基因组中去,并使其后代能够得到表达的一种操作技术,是DNA重组技术在动物中的应用。生产转基因动物的一般步骤如下。

(1)选择能有效表达的蛋白质。

(2)克隆和分离编码这些蛋白质的基因。

(3)选择能与所需组织特异性表达方式相适应的基因调节序列。

(4)把调节序列与结构基因重组拼接,并在培养细胞或小鼠中预先检验其表达情况。

(5)把拼接的基因引入受精卵的细胞核中。

(6)把引入后的受精卵移植到子宫,完成胚胎发育。

(7)检测幼畜是否整合外源基因、外源基因的表达情况以及外源基因在其后代中的传递情况。部分后代细胞携带有转入的外源基因,利用这些动物培育新的品系。

在这个技术中涉及基因工程、胚胎工程和分子诊断等技术,其关键是目的基因的选择和提高外源基因导入的成功率。步骤(1)～(4)涉及基因工程的基本技术,在此不再叙述。

二、导入基因的方法

1.显微注射法

显微注射法是在显微注射仪上将外源 DNA 直接注入细胞。用一支口径很小的吸管将受精卵固定,再将另一吸管插入受精卵直接注入外源基因,接着移植到受体动物的子宫,完成发育过程(图 7-1)。为了减少细胞的损伤,吸管以非常小的角度逐渐变细。如果原核膨胀表示基因注入,如果将外源基因注入细胞质内,只有核膜消失时外源基因才有机会与受体细胞基因相结合。所以,注射到细胞质中的外源基因整合率很低,只有注射到原核内才能提高整合率。现已有人将基因注入卵母细胞核内,再让卵母细胞体外成熟,体外受精,由于卵细胞较大,可以大大提高转化效率。这种方法的优点是不但可以控制注入 DNA 的量,而且可以把外源 DNA 注入细胞的不同部位,但是需要逐个操作每一个细胞,因而无法一次进行大量的处理。

迄今为止,人们已利用此方法将胸苷激酶基因、生长激素基因和鼠 *myc* 基因转入哺乳动物细胞,这种方法不仅可以获得转基因动物所用的转基因动物细胞,而且也可以通过哺乳动物细胞来生产有用的蛋白质。

2.精子载体法

精子载体法是通过精子吸附 DNA,再通过受精作用把目的基因传给子代动物，从而获得转基因动物（图 7-2）。1989 年，Arezzo 用吸附有外源基因氯霉素乙酰转移酶基因的海星精子与卵子受精，将外源基因整合到受精卵中，并发现氯霉素乙酰转移酶基因在胚胎内获得表达。

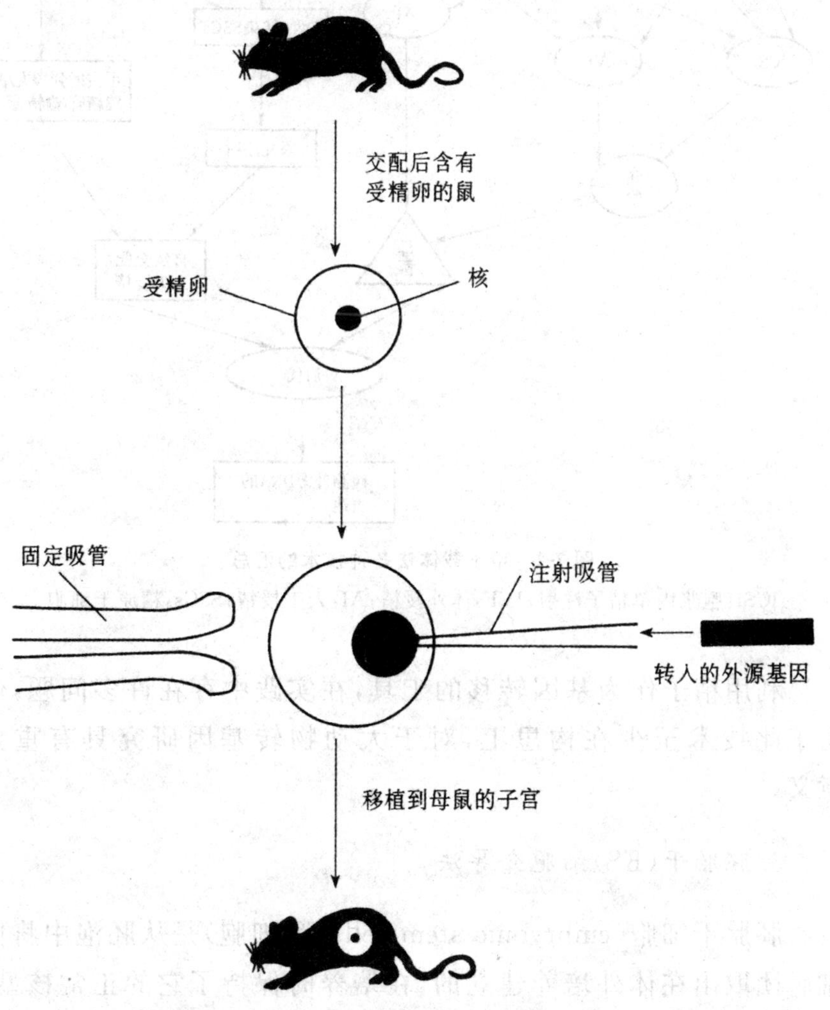

图 7-1 通过微注射生产转基因动物示意图

此法的优点是利用精子的自然属性克服了人为机械操作给胚胎造成的损伤，提高了转基因效率，且操作简便、无须昂贵的实验设备，该技术已成为转基因动物研究的热点。

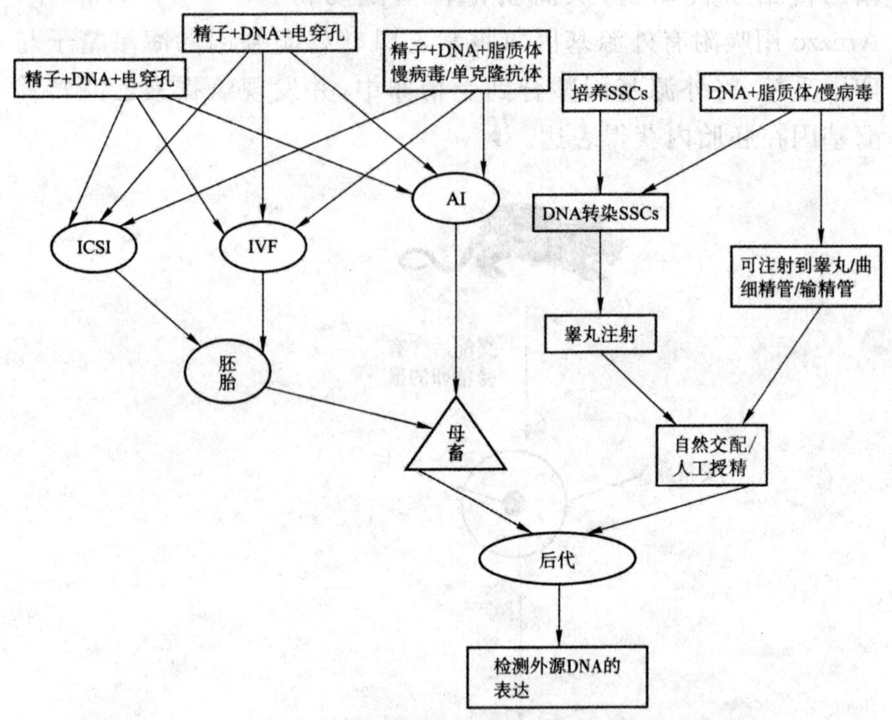

图 7-2　精子载体法各种技术的汇总

ICSI:胞浆内单精子注射;IVF:体外授精;AI:人工授精;SSCs:精原干细胞

利用精子作为基因转移的工具,在实践中存在许多问题,但由于此技术至少在构思上,对于大动物转基因研究具有重要意义。

3. 胚胎干(ES)细胞介导法

胚胎干细胞(embryonic stem cell,ES 细胞)是从胚泡中将内细胞团取出在体外培养建立的,在培养时保持了它的正常核型。胚胎干细胞注入寄主胚泡后,参与胚胎形成,进入嵌合体动物的生殖系统。用 DNA 转染法或反转录病毒介导法可将基因导入胚胎干细胞,选出带有目的基因的细胞克隆,然后导入受体胚胎(图 7-3)。然而出生的后代都是嵌合体,若由这些嵌合体胚胎中再分离出干细胞,用核移植技术将其细胞核植入无核卵细胞,就可以提高转基因的效率。

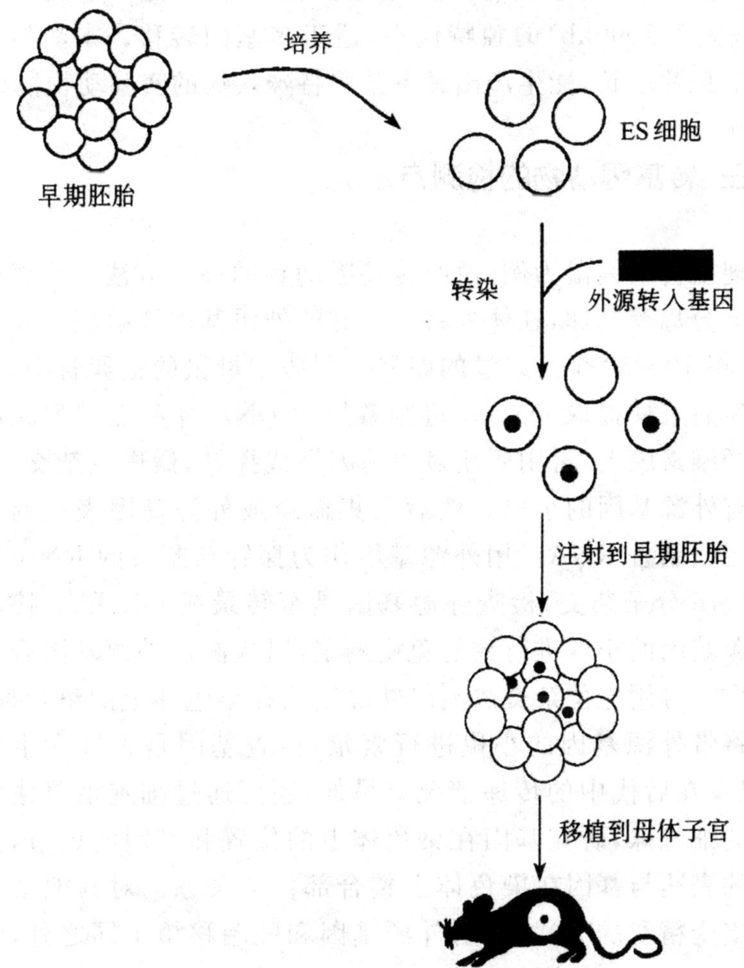

图 7-3　ES 细胞介导的转基因动物生产

4. 染色体片段显微注入法

染色体介导法是指从人或动物染色体上割取特定的染色体片段(M 期)或分离出来之后,以其为媒介将外源基因注入动物早期胚胎中,以获得外源 DNA 的动物,严格地讲称为转染色体动物。通常采用离心分离法或流式细胞仪(flow cytometry)分离法分离染色体。

尽管目前该技术应用困难较大,且成功率很低(0～0.002%),但由于它具有不需经基因重组就可转移超大型外源DNA(大于1000kb)的独特优点,适于多基因转移。本法导入的遗传信息片段长,能生产出具备某些特殊疾病的实验动物模型。

三、转基因动物的检测方法

现以转基因鼠为例,说明转基因动物的检测方法。雌鼠受精后12h分离受精卵,在体外将加工好的外源基因注射到受精卵原核内,将10～30个注射过的卵移植到假孕母鼠的输卵管中,待幼鼠出生后采样提取DNA。将制备好的DNA样品点到尼龙膜或硝酸纤维素膜上,再用所注射的基因做成探针,做斑点杂交,检测出带有外源基因的小鼠。然后采集血样或外源基因表达的器官组织用以制备RNA。用外源基因作为探针与制备的RNA进行Northern分子杂交,检查外源基因是否转录成mRNA。接着对带外源基因的小鼠进行放射免疫测定,以检测由外源基因合成的蛋白质。可用原位杂交法测出外源基因在染色体上的整合部位,还可将带外源基因的小鼠进行繁殖,检查基因是否进入生殖系统,以及在后代中的传递情况。另外,还可通过细胞培养建立转基因的细胞株,研究基因在染色体上的位置和基因的调节,找出基因的表达与基因在染色体上整合部位的关系。对其他动物除了收集受精卵的方式、注射外源基因和胚胎移植不同之外,其余的检测方法都是相同的。

第四节　提高转基因效率的策略

一、外源基因的整合机制

外源基因稳定整合到受体基因组后,成为受体基因组的一部分，称为转基因(transgene)。

许多转基因构件的表达强烈地受着其在宿主染色体上整合位点的影响，这种现象称为位置效应。目前，转基因整合的基因座位具有位置效应已被公认。用兔β-球蛋白和人-鼠杂合β-球蛋白基因进行转基因小鼠的研究结果表明，在大多数转基因小鼠中，外源基因拷贝变化数为每二倍体细胞含5～50个，且大多数基因拷贝保持完整，但不同转基因小鼠中外源基因所整合的染色体位点却不同。S1核酸酶保护实验结果也证明了在这些不同的转基因小鼠中，所整合的外源基因有的表达活性很低，有的则根本无表达，其中只有当β-球蛋白基因整合在小鼠第3号染色体上时，才可在转基因小鼠的骨骼肌中表达。

二、转基因表达载体的构建

外源基因在动物的特定组织中要高效表达有两个前提：一是选用的调控成分要能指导目的基因在组织中高效、特异地表达，即定位表达。二是整合到动物染色体组中的表达载体要处于一个开放和活跃转录的状态，最终都归结到表达载体的构建。

1.目的基因选择

由于转基因动物的研制周期长，前期投入大，外源基因的整合机制不明确，选择目的基因时应注意以下几个方面：首先考虑那些正常情况下浓度低，翻译修饰复杂，难以表达或表达量低，而临床应用前景广阔的蛋白基因；构建表达载体时采用基因组结构的表达效率要高于cDNA结构，所以选择完整的基因结构来构建载体。基因下游3′端对基因的表达也很重要，一些末端结构对mRNA本身在胞内的稳定起决定作用。

2.启动子的选择

无论是建立动物乳腺生物反应器，还是动物病理模型，首先要保证目的蛋白的特异性和高效表达。这就要求表达载体的启动子调控元件应选用不同组织的基因启动子元件。启动子是RNA聚合酶进行精确有效转录必需的。一般对非特异性表达基因而言,只能用组成型或广谱型与之重组,而对特异性表达基因而言,所选用的启动子必须具有严格的时空作用特异性。

第五节 动物转基因技术成功应用的案例

近几年来,随着核移植等转基因技术的不断完善和分子生物学的迅猛发展,转基因研究在不同的家养动物中进展很快,并取得了一定的成绩,现分别予以阐述。

一、转基因猪

猪是与人类生活关系最为密切的家畜之一。因其妊娠期短,繁殖力很强,后代生长快等特点,猪成为常用的实验研究动物。并且猪在解剖、组织、生理和营养代谢等方面均与人类最接近,因此,转基因猪也吸引了众多科学家投入了极大热情。近几年来,随着核移植等转基因技术的不断完善和分子生物学的迅猛发展,转基因猪在猪品质改良、人类器官移植供体和动物生物反应器、建立人类疾病模型等方面取得了诸多进展。

在猪品质改良方面,主要是生产肉质中富含多不饱和脂肪酸的猪以及提高猪的瘦肉率。日本科学家在2004年将菠菜Δ-12去饱和酶基因转入猪体内培育出6头转基因猪,其体内的不饱和脂肪酸要比一般的猪高大约20%。2008年中国农业大学利用传统的打靶技术培育出肌肉生长抑制素基因敲除猪,瘦肉率明显提升。还可以通过转基因技术将在骨骼肌中特异表达的卵泡抑素基因整合到猪基因组中,从而解除肌肉生长抑制素对肌肉生长的抑制作用,促进肌肉生长发育,提高产肉率。

在异种器官移植方面，由于猪在器官大小、结构和功能上与人类较为相似，是目前最有希望成为异种器官移植的理想来源。转入的补体抑制因子即衰退加速因子(hDAF)的转基因猪及α-1，3-半乳糖转移酶基因敲除猪的诞生，为异种器官移植展示了良好的前景。

在构建人类疾病模型方面，通过精确引入或者失活与人类疾病及病原体相关基因的表达，使转基因动物产生与人类相似的疾病，为科学研究提供了重要的实验材料。目前，已有人类遗传性疾病基因打靶的哺乳动物模型、老年痴呆症模型、亨廷顿舞蹈症模型等数种疾病动物模型在猪上成功建立。

二、转基因牛

关于转基因牛的研究中，目前绝大多数是转基因奶牛，转基因牛的培育可采用如图 7-4 所示流程。其目的之一是获得产奶量更高，生长速度更快的新型牛品种。在众多科研工作者的共同努力下，转基因牛在牛乳腺生物反应器、抗病育种和品种改良等方面取得了诸多进展。

奶牛的乳房是一种天然、高效的合成蛋白质的器官，并具有良好的渗透屏障，能有效地限制外源基因表达的产物进入体循环，对转基因奶牛自身的损伤小，并且奶牛的泌乳量大，这是转基因牛的独特优势，其乳腺生物反应器就像一座生产活性蛋白的药物工厂，可以源源不断地生产出人类所需的药用蛋白。所以，奶牛乳腺生物反应器已成为 21 世纪生物制药发展的重点方向之一，具有很广阔的发展空间。1990 年，美国 Genzyme Transgene 公司成功培育出了世界上首例转人乳铁蛋白转基因牛。目前，分别有人溶菌酶、人乳铁蛋白、人乳清白蛋白等多种转基因牛的成功报道，并且有些已经进入临床试验，部分已经进入了产业化生产。

牛乳腺炎一直是畜牧业亟待解决的问题之一，而通过转基因的方式能让牛乳中表达溶葡萄球菌酶、防御素、溶菌酶等，一定程度地提高了牛抵御乳房炎的能力。另外,利用转基因方法培育抗疯牛病转基因牛也是目前牛抗病育种研究的热点,包括我国在内的许多国家都已成功将引起疯牛病的 *PRNP* 基因敲除,得到抗疯牛病的牛。

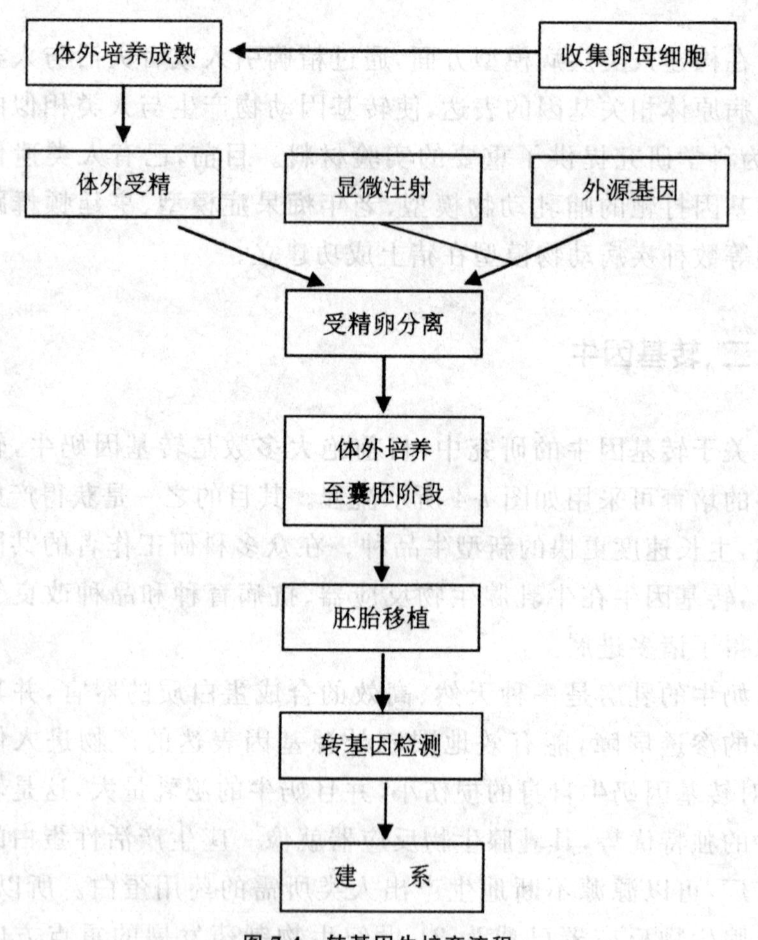

图 7-4　转基因牛培育流程

三、转基因羊

在转基因羊育种方面,主要有提高绵羊的产毛性能、改善羊奶品质及提高抗病力 3 个目的。在提高产毛性能上,科学家通过转基因手段使毛角蛋白基因过量表达或转入生长激素,结果发现转基因羊的羊毛更富光泽，毛脂的含量明显提高。在提高抗病能力方面，利用将增强机体免疫力的蛋白基因转入动物基因组中，如插入 TLR2、TLR4 等抗病基因，使其过量表达，以提高机体免疫力。此外，敲除易感基因以及在动物乳腺等器官中特异表达抗菌肽（如溶菌酶等）也能够使动物免疫力增强，提高抗病力。朊病毒（PrP）是一种对羊极为致命的病毒粒子，能引起羊的致命性疾病，科学家通过研究已成功获得朊病毒基因敲除的转基因羊，这对畜牧业生产和人类健康都有着积极的作用。

现在，转基因山羊和转基因绵羊已经能够生产大量的药用蛋白，部分表达产物已表现了一定的应用前景。例如，由转基因的奶绵羊生产的 α-抗胰蛋白酶可以用来治疗由遗传缺陷引起的肺气肿，每只羊的年产值为 15000 美元；目前治疗急性心肌梗死最好的溶血栓药物 t-PA（组织纤维蛋白溶酶原活化因子）由转基因的奶山羊生产，每只羊的年产值为 75000 美元；治疗血友病的凝血因子 Ⅷ 由转基因的奶绵羊生产，每只羊的年产值为 37000 美元。

转基因羊的另一个目的是利用转基因技术改良羊毛生产性状。研究人员将大肠埃希菌合成半胱氨酸的酶基因导入绵羊基因组内，培育成功了能增加羊毛产量的转基因绵羊。人们还将一种由小鼠高硫角蛋白基因启动子驱动的羊类胰岛素生长因子基因通过显微注射导入绵羊基因组中，获得了转基因绵羊。这种羊可以特异性地在毛囊细胞中类胰岛素生长因子，从而产毛性能得到了改良。转基因羊的净毛率比对照组的同胞绵羊提高了 6.2%，羊毛生长每天增加了 31.4g，羊毛相对密度增加了 1%。

在作为乳腺生物反应器方面，许多科学家选用羊作为研究对象，因为山羊的繁殖速度比奶牛快，而蛋白质产量又比小鼠或兔子高，这一优势使羊乳腺生物反应器的研究成果非常丰富。最值得一提的是，由 GTC 生物治疗公司研发、提取自转基因山羊的乳汁的抗凝血酶药物 Atryn 于 2006 年 6 月 2 日被欧洲药品管理局正式批准上市销售。2009 年 2 月，Atryn 获得 FDA 批准在美国上市。这是成功上市的第一例由转基因动物生产的产品。其他在羊乳腺中表达的珍贵的药用蛋白凝血因子Ⅸ、凝血因子Ⅶ、人抗胰蛋白酶、蛋白C、抗凝血酶Ⅲ、组织纤溶酶原激活剂(tPA)等目前也处于不同的临床阶段。

此外,表达蜘蛛牵丝蛋白的转基因山羊也已获得成功,这种称为“生物钢”的材料可以用于制造高级防弹衣,还能制造战斗飞行器、坦克、雷达、卫星等装备的防护罩等,用途极其广泛。

四、转基因兔

家兔具有多胎、世代间隔短等特点,因而用家兔作转基因动物模型来研究外源基因的表达及人类某些特殊疾病等比其他大家畜更经济、更合适;其泌乳量高,妊娠期短、窝产仔数多、乳蛋白含量高,在充当动物生物反应器生产异源蛋白质方面具有重要的研究意义和开发利用价值。近十几年来,转基因兔研究有了很大进展,在改良育种、生物制药和人类疾病动物模型方面取得了显著成果。其中,由荷兰Pharming公司研发的转基因兔乳汁中提取的人C1酯酶抑制因子,作为一种用于治疗遗传性血管性水肿(HAE)的药物,已分别于2010年和2014年通过欧洲药品管理局和美国FDA批准上市,成为继Atryn之后被批准的第二种由转基因动物生产的药物。

五、转基因鸡

将外源DNA导入鸡可能的技术路线如图7-5所示。

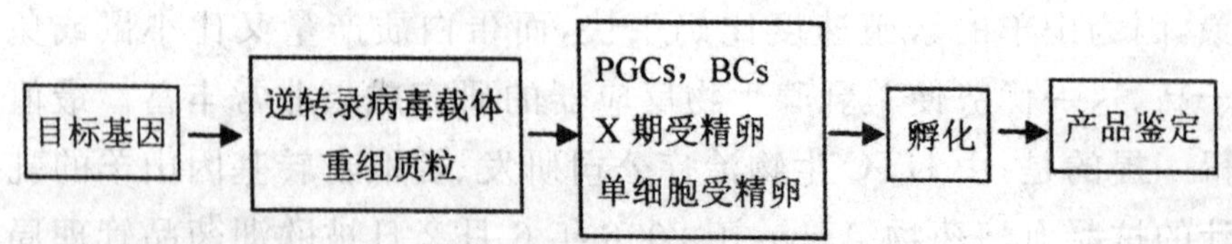

图7-5 培育转基因鸡技术路线示意图

利用转基因技术进行抗病育种。一方面可以通过将抗病基因导入受体中获得抗病品种;另一方面可以通过基因敲除的手段将内源的病毒受体基因破坏,从而达到抗病的效果。目前,在抗禽流感病毒及马立克病毒转基因鸡方面已取得诸多进展。最后,转基因鸡可以应用于基础科学研究。鸡是重要的生物模型,尤其是在肢的发育、体节分化、眼的发育等发育生物学领域,转基因鸡将成为重要的实验模型,加速研究进程。

第六节 转基因动物及其产品在安全性方面存在的问题

转基因生物的安全问题已受到各国政府和人民的广泛关注。证实转基因动物应用的安全性,是转基因动物商品化的前提。不解决这些问题,用转基因技术培育人们所期待的优良品种和生物制品,尤其是它们的商业化生产及安全使用就难以实现。

下面就转基因动物及其产品的安全性问题做简要介绍。

一、转基因动物和基因敲除(knockout)动物的生物安全性

转基因动物和基因敲除动物分别是接受某一重组子的染色体整合并获得某一遗传性状和丧失某一遗传性状的基因改造动物。就安全性评估而言,基因敲除动物的安全级别应低于转基因动物。而转基因动物因获得不同于野外型外源基因的表达性状,理论上应该在针对外源基因产物的防护设施中操作。其安全级别的评估应以重组子本身的遗传特性和特定基因产物的性质来进行判断。

二、转基因水产动物的生态安全性

在长期演化过程中,水生生态系统是遵循一定规律演变的。

转基因水产动物是由人工创造的,它在养殖和其他生产行为中不可避免地会发生逃逸到自然水体的事件。转基因水产动物进入自然水域生态系统会对其产生什么样的影响是值得人类共同关注的大问题。从生态安全角度考虑,任何人工物种的引入应当以不干扰水生生态系统的演替进程、不破坏水生生态系统的生物多样性和遗传多样性为前提。转基因水产动物作为人工遗传修饰的个体在环境释放后,可能与野生种交配导致外源基因的扩散,改变物种原来的基因组成,造成种质资源的混乱。转基因个体比其他物种更具有适应性和竞争力,而某些野生品种不具竞争力,因此还可能破坏原有的种群生态平衡,并威胁物种的遗传多样性。外源基因的多样化可能生产出一些对环境具有潜在威胁的生物怪物。因此,在将其实用化之前,必须对这些影响进行全面的预测,并采取相应的措施。与食品安全一样,建立一套生态安全评估体系来对转基因工作实行认证制度是非常必要的,对于那些只有生产转基因动物的能力而不能保证其生态安全的部门不予发放准入证。一般情况下彻底解决这一问题的有效途径之一是让转基因的水产动物不育,切实可行的方法是培育其三倍体。中国科学院水生生物学研究所鱼类基因工程研究组与中国工程院刘筠院士合作,研制出了不育的转“全鱼”基因三倍体“863”吉鲤。吉鲤含两套鲤染色体和一套鲫染色体,体型优美,酷似鲫,规模化养殖实验结果证实,“863”吉鲤高度不育,不存在任何可能的基因逃逸,人们可及时有效地控制其种群规模,在推广养殖上具有生态和遗传安全性。

三、转基因食品的生物安全性

国际经合组织(organization for economic cooperation and development,OECD)于1993年提出了食品安全性评价的实质等同性原则。如果转基因植物产品与传统产品具有实质等同性,则可以认为是安全的;反之,则应进行严格的安全性评价。在进行实质等同性评价时，一般要考虑以下主要方面：①有毒物质。必须确保转入的外源基因或基因产物对人畜无害。②过敏原。自然条件下存在着许多过敏原性物质，如果在基因工程中将可能形成过敏原的基因转入目标植物，则很可能导致产生的过敏原对人体造成不利的影响。

研制优质的转基因水产动物的最终目的是服务于人类，因此只有在证实转基因动物对人类健康有益无害的前提下，才能实现其育种的价值，并被应用于养殖。目前，普遍公认的转基因食品安全性评价原则是 1993 年经济合作与发展组织(OECD)提出的“实质等同性”原则，即转基因食品是否与目前市场上销售的传统食品具实质等同性。因此，必须展开转基因动物的生物营养学和消费安全性研究。闫学春等报道了以转生长激素基因鲤作为食物，以猫作为实验动物进行喂养，3 个月后，对实验猫的生理学指标、血液学指标以及几种组织的重金属含量和外源基因残存量进行测定。结果表明，用转生长激素基因鲤作为食物，并未发现对猫有任何不利影响。中国科学院水生生物学研究所鱼类基因工程研究组将草鱼的生长激素基因注入鲤的受精卵，培育出一种带有草鱼生长激素基因的转基因鲤，它是由黄河鲤和草鱼生长激素基因组成的转“全鱼”基因鱼。转基因鲤 F_1 不仅增长速度比对照鱼提高 42%，而且饲料利用效率提高 18.5%，具有明显的快速生长和饲料节省效应。营养成分分析指出，转基因鲤鱼体干物质的比例和蛋白质含量提高、脂肪含量减低，是一种优质食用鱼。该研究组用 420 只小鼠进行了转“全鱼”基因鱼食品消费安全的详细研究。高强度饲喂转“全鱼”基因鱼，对小鼠的生长、脏器发育、血液生理生化指标、繁殖能力及其后代的生长发育均无影响，实验证实了转“全鱼”基因鱼食品与非转基因鱼在食品安全上具有实质等同性。

转基因动物及由转基因动物生产的食品安全某种程度上受外源基因的种类所左右。目前转基因动物使用的外源基因的表达产物多为激素类或酶类等蛋白质，一般是无毒的。表达的产物对人体无毒副作用或不利的影响,但也不排除有些激素类表达产物可能对人体有一定的作用,所以转基因动物的食品安全应该受到重视。随着转基因技术的发展,转移的外源基因会多样化,其中有可能将一些有争议的基因作为目的基因,例如有人可能会将河豚毒素基因作为外源基因,这样生产转基因水产动物的安全性就应该受到质疑。在不远的将来,转基因水产动物新品种应用于水产养殖将会实现,对这种水产动物进行全面的生理学、遗传学、发育生物学、毒理学和营养学等方面的研究,尤其是对人体的健康影响进行深入的研究是非常必要的。因此,建立转基因动物研究的准入体系,以防止乱用外源基因,建立一套全面的评价和检验转基因动物的营养价值和食品安全的法律法规以及检验标准是非常必要的。

四、转基因动物生产的药物安全性

研究表明,利用转基因动物生产出来的药物的安全性可根据其结构与天然蛋白结构是否一致来判断。但在生产过程中,转基因动物如何适应良好农业规范(good agricultural practices,GAP)、优良实验室规范(good laboratory practice,GLP)和优良制造标准(good manufacturing practice,GMP)的认证,如何避免转基因动物的遗传物质进入药物还是应该重点强调的问题。另外,作为动物药厂(生物反应器)的动物本身一旦不“产药”了,对该动物的后续处理也是应该慎重考虑的问题。

总之,转基因研究作为动物的育种手段远远没有完善,还需要我们进一步研究与实验,逐步解决基因转移中所面临的各种问题,使这一技术在动物遗传育种中得到广泛的应用,能够更好地为养殖业服务。

第八章 动物克隆技术

“克隆”一词来源于英语词“clone”或“cloning”的音译，其含义是通过无性方式繁殖生物后代。动物克隆技术，主要是采用细胞核移植技术，它指的是将一种细胞的细胞核，移植到另一种事先已除去了细胞核的细胞中去，由供体的细胞核与受体的细胞质，重新组成一个核杂种细胞，表达核供细胞基因组的表型。

第一节 我们身边的克隆现象之人类身体中的克隆——干细胞

一、细胞分裂是一种自我克隆

自然界中细菌、低等动物和植物都能进行克隆，而且这种克隆属于个体的克隆，即克隆的对象是一个完整的个体。高等动物包括人类在内，是无法完成自我克隆的。经过数亿年的进化，在自然条件下高等动物必须通过有性繁殖才能获得后代。

那么，这是不是意味着高等动物体内没有克隆现象呢？其实不然。虽然高等动物从个体角度来讲不能自我复制，但其体内的大多数细胞还是通过分裂进行更新换代的，细胞的分裂本身就是一种克隆形式。

在我们的身体里大约有 200 多种共计 60 万亿个细胞，这些细胞组成了不同的组织和器官。正是因为这些细胞在我们的身体里各司其职、相互协调，我们才能学习、运动、吃饭、看书，才能看得见、听得到、感觉得到周围的事物并做出反应。那么,如此多的细胞是从哪里来的呢?它们都来源于我们最初的样子——受精卵。当精子与卵子相遇时,便组合成了生命体的第一个细胞,也就是受精卵。在以后的发育中受精卵遵循类似于细菌分裂的方式,以一变二、二变四、四变八的方式进行分裂,这样的分裂可以称为细胞的自我克隆。最初的三次分裂所获得的细胞(也就是8-细胞期)都具有发育成任何组织(包括胎盘组织)的潜力,我们称这种潜力为"全能性"。再以后的发育,细胞就开始各自分工了。到了囊胚阶段,有的细胞要定向发育成胎盘组织,我们称为胚胎滋养层细胞,而另外的细胞定向发育成胎儿,我们称为内细胞团细胞。内细胞团细胞继续分裂和分化,形成了前面提到的60万亿个不同种类的细胞,并因此构成了完整的人体,如图8-1所示。

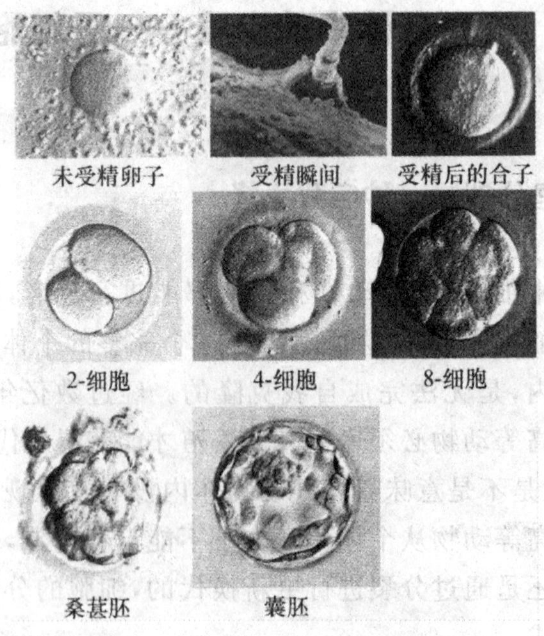

图8-1 人类早期胚胎发育各阶段形态图

自胎儿开始形成时,细胞就要经历更新与换代。比如皮肤细胞,由于它直接接触外面的环境,很容易受到摩擦、紫外线或有害物质的伤害。受损的细胞就不能够继续执行它的功能，就要提早结束自己的生命。可是，如果这样一直持续下去，那么我们的皮肤就会天天减少，最后变得“体无完肤”了。不只是皮肤细胞，每天发生在我们身体里的细胞死亡现象不计其数，死亡频率比较高的细胞有小肠上皮细胞，因为肠道负责吸收营养，还要通过蠕动排泄废物。血液中的免疫细胞要不停地和外来病菌作斗争，其寿命也不长。如此下去，我们身体中可用的细胞越来越少，怎么还可以活到今天呢？其实大家大可不必担心，因为随着一部分细胞的死亡，还会有新的细胞生成以替代死亡细胞的功能。

二、能够自我复制的人体干细胞

在我们身体发育过程中，为了补充已经死亡的细胞，早就有一些特殊的细胞埋伏在身体里，一旦某一组织的细胞丧失功能，这些特殊的细胞马上启动程序，分化成这一组织的细胞，使生命得以延续。我们把这些具有“后备军”性质的细胞称为干细胞，如图 8-2 所示。

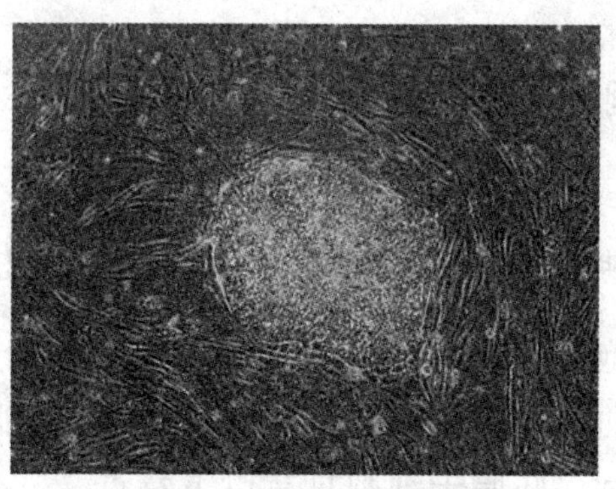

图 8-2　人体干细胞集落

干细胞是一类具有自我复制能力的多潜能细胞，在一定条件下，它可以分化成多种功能细胞。根据干细胞所处的发育阶段分为胚胎干细胞和成体干细胞。根据干细胞的发育潜能分为全能性干细胞、亚全能性干细胞、多能性干细胞和单能性干细胞。干细胞是一种未充分分化的细胞,具有再生为组织器官的潜在功能,在再生医学中具有很高的潜在应用价值。

与身体中的其他细胞一样,干细胞也是由受精卵发育而来,只不过它在发育过程中所处的状态比其他体细胞更早一些。在人体中干细胞也有很多种类,例如在生命的胚胎阶段,8-细胞期之前的细胞就是一类干细胞,它可以发育成身体的任何组织,我们称这类干细胞为全能性干细胞(totipotent stem cell)。上面提到的内细胞团细胞能够发育成胚胎,我们称为胚胎干细胞(embryonic stem cell)。胚胎干细胞可以分化成除胎盘之外的任何细胞类型,我们可以称为亚全能性干细胞(pluripotent stem cell)。在成体中弥补损伤细胞的干细胞称为成体干细胞,有的成体干细胞具有多潜能性,可以分化成好几种细胞类型,我们称为多能性干细胞(multipotent stem cell)。例如,骨髓里的造血干细胞可以分化成所有类型的血细胞,这样的干细胞就是多能性干细胞。还有一些干细胞,它们只能定向分化成一种细胞,例如肌肉中的干细胞只能分化成肌肉细胞,这样的干细胞被称为单能性干细胞(unipotent stem cell)。

三、干细胞的生物学特点

1.胚胎干细胞的生物学特点

胚胎干细胞是一种高度未分化的全能干细胞,它具有发育的全能性。具有向各种系统细胞分化转变的能力,能分化为成体的所有组织和器官。胚胎干细胞具有以下特点。

(1)具有多向分化潜能,可分化为成年个体任何一种组织细胞。

(2)具有无限增殖性。

(3)人体胚胎干细胞的来源受到伦理、道德的限制,取材较为困难。

(4)可在不经诱导的情况下自动分化,因此在移植入成体后其分化不好控制,易形成畸胎瘤。

2.成体干细胞的生物学特点

成体干细胞是一种主要用于维持细胞功能的稳态,负责组织和器官的修复和再生,发育等级较低的细胞。具有以下特点。

(1)分化潜能较低。尽管成体干细胞具有横向分化的潜能,通常只能向某几种细胞类型分化,分化方向由其组织来源决定。

(2)应用时不存在组织相容性的问题,避免了移植排斥反应和使用免疫抑制剂引起的副作用。

(3)取材相对容易,受伦理学争议较少。

(4)其分化需要诱导,因此致瘤风险较低。

四、干细胞的自我更新功能

干细胞除了可以分化成别的细胞外,它的另一大特点就是自我更新。干细胞在分化成别的细胞之前,总要先进行分裂;之后,其中一个细胞仍然是干细胞,另一个细胞根据条件不同可以分化为别的细胞,也可以作为干细胞以备日后之用。这样,即使我们的小肠细胞、血细胞、皮肤细胞等天天消耗,源源不断的干细胞也可以成为我们坚强的后盾。

虽然干细胞可以不断地自我更新与分化,但它终归是细胞,和其他细胞一样,在分裂数次之后,受环境因素影响或因细胞本身代谢能力逐渐衰退,它的更新与分化速度会越来越慢,当分化速度赶不上细胞凋亡的速度时,人体也就变得越来越衰老。此外,干细胞分化为特定的成体细胞是有一定条件的。在人体内,它必须在特定的微环境中以及适合的调节信号指导下才能向成体细胞分化。如果一个人的手指断了,在自然条件下干细胞无论如何都不能长出一根新的手指。这一点不像前面介绍的低等动物,前面提到的涡虫即使身体被切为两截,这两截也会各自长出缺失的部分。原因就在于人体的大多数干细胞已经是分化程度很高的干细胞了,正常情况下它们是不会重新形成一个完整器官的。

五、人胚胎干细胞的培养

与小鼠ES细胞相比,人类ES细胞(hESC)的分离和培养要难得多。近年来,为优化人类ES细胞的分离和培养条件进行了大量的研究,实现了人ES细胞的无饲养层培养,并对其在体外培养中的生长特性等有了更多的认识。现已发现,人ES细胞与小鼠ES细胞有许多不同之处。比如,人ES细胞生长缓慢,培养中易出现自发分化;LIF不能支持人ES细胞处于未分化状态;人ES细胞表达阶段特异性胚胎细胞表面抗原SSEA-3和SSEA-4,而小鼠ES细胞表达SSEA-1等。

人类ES细胞的具体培养方案在不同实验室各不相同,各实验室可根据自己的条件参考有关文献确定培养方法。由于人类早期胚胎极其珍贵,因此必须严格按照伦理和临床规范进行操作。一般在获取了生长第5d或第6d的囊胚后,用免疫学方法进行分离。内细胞团接种到小鼠饲养层细胞上培养10天左右,便可将细胞团切割成小块并转移到新的饲养层上继续培养。人类ES细胞的连续培养常用胰蛋白酶消化进行传代,也有使用胶原酶消化或用机械法进行传代的。此外,应注意传代密度,接种的细胞太少不易生长,一般4～6d传一次。人ES细胞对营养要求很高,一般需要每天换液。在人ES细胞培养中使用明胶有利于饲养层细胞贴壁。

六、干细胞的应用前景

干细胞研究是在生物和医学领域十分热门及具有远大发展前景的前沿课题,并由此产生了一种全新的医疗技术,即干细胞技术，又称为再生医疗技术。

1.揭示发病机制

细胞生长、分化和发育是生命活动的基本过程。多种信号转导通路参与细胞生长、分化和发育。胚胎干细胞的分化和增殖构成动物发育的基础；而成体干细胞的进一步分化则是成年动物组织和器官修复再生的基础。干细胞研究揭示了未分化细胞如何变成分化细胞，其过程涉及基因表达的执行与关闭，单一细胞如何发展成为器官，健康细胞如何取代更换受伤或病变坏死的组织细胞的过程。但我们对这些“决定”基因及使之启动或关闭的因素知之甚少。

干细胞研究可以揭示疾病的发生机制和发展过程。研究发育过程的细胞分化是病理研究的基础。越来越多的实验研究证实，人类最严重的医学难题，如癌症和先天缺陷就是由已分化成熟的细胞去分化（退化）和干细胞在分化过程中受阻滞（异常分化）而引起。癌症的形成是经过多阶段、多基因长期累积突变而来的，一般体细胞短暂的生命可能无法累积足够的基因突变而形成癌症，但是长寿而且具有自我再生功能的干细胞，就可能累积大量的突变而形成癌症。所以通过了解正常细胞的分化发育过程，了解调控干细胞分化的基因，将有助于洞悉此类疾病的形成原因，并研发治疗策略。随着由人的皮肤诱导多能干细胞研究取得的重大突破，发达国家正在围绕细胞因子、核质互作、细胞诱导、细胞抑制、激素水平、细胞外基质等对细胞的分化影响开展研究，以期揭示相关疾病的发生机制。

2.改变了研制药品和进行安全性实验的方法

提供了新药的药理、药效、毒理及药代等研究的细胞水平的研究手段，大大减少了药物实验所需动物的数量，可能发展成为一种新的药物筛选模式。科学家早已应用肿瘤细胞株来筛选具有潜力的抗肿瘤药物，但很多时候并不能真正代表正常的人体细胞对药物的反应,因此,干细胞研究不会取代在整个动物和人体身上进行实验。

3.发展再生医学

干细胞最显著、最有潜力的应用在于通过干细胞移植促进人类个体组织器官或细胞功能的修复。

将干细胞直接移植到患者体内治愈退化性疾病,即所谓的"细胞疗法",是医学谋求的重建式的医疗模式。如骨髓移植用于白血病的治疗,其主要目的便是造血干细胞的移植,它是众多白血病患者起死回生的救星;通过人体多能干细胞中发育出心肌细胞,并移植到逐渐衰退的心肌,以便增加衰退的心脏功能;移植完整的胰腺或分离的胰岛细胞用于减少胰岛素的用量等研究已经取得了初步成果。

从理论上说,应用干细胞技术能治疗各种疾病,又可以克服组织不相容现象,避免服用免疫抑制药物引起的毒副作用。较传统治疗方法具有无可比拟的优点。例如,体细胞核转移(SCNT)技术(通过把患者自身体细胞的核与捐献者的去核卵细胞相融合、发育,从内细胞群中取得ECC,诱导其分化为需要的细胞,最后移植回患者体内。)获得了与患者遗传性相同的ECC,避免了免疫排斥现象。

可以预见的是,在不久的将来,那些传统医学方法难以医治的顽症,诸如白血病、早老性痴呆、肝硬化、糖尿病等都将通过干细胞技术获得治愈的希望。

七、干细胞技术研究中存在的问题

最近10年来,从干细胞基础研究到动物实验以至临床试验均取得了举世瞩目的成就。可以说,人类各种疾病都可以通过干细胞技术来治疗。但如此诱人的前景要成为现实,仍有很多问题亟待解决,如安全性问题、技术障碍和伦理纷争等。

1. 安全性问题

干细胞能否应用到临床治疗上的关键问题之一是它的安全性。干细胞研究的最终目的是为了临床应用。而由基础研究到临床应用，在保证有效性的同时，安全性问题至关重要。目前用于干细胞分离培养的体系中含有动物成分，这可能会导致今后用于人体医疗的干细胞遭到污染。iPS技术和其他一些新技术的出现，虽然规避了受精卵、胚胎，但其研究中涉及的癌症关联基因及基因处理过程会使细胞更倾向于变成癌细胞。

任何事物都有两面性，应用胚胎干细胞也有其不利的一面。当胚胎干细胞所形成的混杂成纤维的各类细胞被注入成年小鼠内时，就会形成一种称为"畸胎瘤"的肿瘤。人类胚胎干细胞及分化后的种子细胞是否具有同样的致肿瘤性，如何克服等问题均有待深入的研究。解决这个问题的办法也许是：建立遗传学上的安全机制——在胚胎干细胞中插入自杀基因，当移植的胚胎干细胞变得致肿瘤时可以摧毁它们。因此，在将胚胎干细胞用于治疗之前，研究人员必须确有把握它们已足够分化，而不会不适当地扩散或形成不需要的有害组织。因此，为了保护接受治疗的患者，必须对胚胎干细胞进行严格的纯化。

2. 技术难题

我们必须深入基础研究，理解导致人体中细胞特化的细胞事件，从而能够指导干细胞发育成移植所需的特殊组织类型。如果要治疗帕金森病，干细胞移植到人体后不能分化为神经细胞就会失去意义。要实施以细胞为主的治疗策略，必须要可以轻易地、可复制地操纵干细胞过程，以确保所得的干细胞确实具有分化、移植及再生的特质。干细胞必须能蓬勃再生并产生足够量的组织，确保分化出来的细胞为所需的细胞种类，确保细胞移植后在病患体内能存活，确保移植后与病患体内邻近的组织融合，确保在移植受者有生之年能产生适当的功能，避免危害移植受者。这样将来才有可能将干细胞应用于临床。

但目前对干细胞横向分化能力尚存争议。巨大争议的根源在于骨髓干细胞向组织细胞分化的实验证据不一致、不充分,这有待进一步研究提供令人信服的证据。

定向分化技术、克隆技术等是干细胞应用面临的技术障碍。如何利用身体已经特化的健康体细胞进行转化,来替代受损或死亡的组织细胞,是干细胞应用面临的技术难题。目前,干细胞研究面临的最大问题就是如何在不破坏胚胎的情况下,使数量较多的成人体细胞转化为多潜能干细胞甚至特化的组织细胞,这在细胞治疗发展上将有重要意义。哈佛大学、加州大学等研究小组开展的体细胞核转移的研究和克隆干细胞研究,希望能安全地将干细胞直接移植到患者体内治愈各种退化性疾病。

临床试验需要规范化。目前的临床试验绝大多数是小规模、单中心、非随机的。由于临床试验纳入样本量非常小,说服力不强,临床试验的结果也五花八门,指标少,缺乏系统分析。自2006年下半年以来,很少有临床试验方面的报告发表,这缘于欧洲出台的关于干细胞临床试验的共识文件,其中提到不再推荐做单中心的、非随机的小规模试验,而建议开展随机、双盲、对照、大规模、多中心的临床试验。但大规模、规范化的临床试验虽然需要很长周期,但能更准确、科学地评价干细胞治疗的效果。

3. 法律和道德障碍

胚胎干细胞被誉为“万能细胞”,有着巨大的医学应用潜力。但一直以来,获取人体胚胎干细胞必须摧毁胚胎,这一点颇受非议。

美国法律禁止使用政府资金资助人胚胎研究,但美国卫生和福利部可以资助来自胚胎和胚胎生殖细胞的多能干细胞的研究。科学家们认为这一决定是值得赞赏和高瞻远瞩的。这也从一个侧面反映了胚胎干细胞研究的重要性及艰巨性。但DHHS的这一决定却遭到某些国会、教会和人权组织人士的反对。他们认为进行胚胎干细胞研究就等于是怂恿他人“扼杀生命”，这是不道德的、违反伦理的。

4.成本问题

干细胞在医学领域的重大潜力及面临的技术难题和伦理学障碍，以及干细胞研究能够不损坏胚胎提取干细胞或者找到胚胎干细胞的替代品，并能够诱导定向分化，并保证用于人体不会导致癌症及免疫排斥的发生，这些问题的解决和新技术的突破无疑会增加研究的成本，进而增加患者的治疗成本。

第二节　动物转基因技术和克隆技术的比较

转基因技术和克隆技术都属于基因技术的范畴，将转基因技术与动物克隆技术有机结合形成转基因克隆技术。

转基因技术和克隆技术都是生命科学的结晶，人类因此会更深刻地认识生命本质，生产力也会因此得到巨大发展。但对神圣的基因“动手脚”使这两个技术也成为了真正的双刃剑。

从生殖方式来说，转基因技术、克隆都是无性生殖。

转基因技术指的是转入了外源基因，打破生殖隔离，引起生物体的性状变化；而克隆算得上是一种“复制”，像动物细胞核移植，克隆产物本身的形状与母体没有区别。

克隆是对单体的复制，这和转基因有着很大的不同。转基因技术可以保持生物基因的多样性，而克隆却没有什么帮助，反而有一定的威胁。

转基因技术和克隆技术都是属于基因技术的范畴，将转基因技术与动物克隆技术有机结合形成的转基因克隆技术，在畜牧业上应用使转基因动物生产效率大为提高。先将目标基因导入家畜体细胞，再利用克隆技术使携带目标基区的家畜后代数目迅速扩增，具有生产效率高、周期短、成本低等明显优势。

第三节　动物克隆技术的操作程序

一、动物克隆技术的分类

哺乳动物的克隆技术包括胚胎分割(embryo splitting)和细胞核移植两种。早期动物克隆方法是采用胚胎分割,即用显微技术将未着床的早期胚胎一分为二、一分为四或更多次地分割,然后分别移植给受体,通过妊娠产生多个遗传性状相同的后代的克隆方法,由此发育成的动物个体为胚胎克隆动物,属最简单的人工动物克隆方式。细胞核移植是指把一个细胞的细胞核移植到一个去核的成熟卵母细胞的胞质中,由此发育成的动物个体为核移植克隆动物或核质杂交动物。现在一般将通过细胞核移植技术得到的动物称为克隆动物,即真正意义上的克隆动物,这种方法是目前动物克隆的主要方法。

二、动物克隆技术的基本原理

1. 胚胎分割的基本原理

哺乳动物 8-细胞期以前胚胎的每个卵裂球都具有"全能性"(totipotent),这一阶段胚胎的卵裂球都有调整发育为一个正常个体的可能性。

大多数哺乳动物的早期胚胎在不同程度上具有调节发育的能力。即使去掉早期胚胎的一半,剩余的部分仍可以调整其发育方向,发育为一个完整的胚胎。反之,若把两个早期胚胎融合在一起,它们不是发育为两个连在一起的胚胎,而是在细胞间重新调整,仍发育为一个胚胎,即大多数哺乳动物的胚胎发育是调整发育。但随着发育的向前迈进，其调整能力逐渐减弱，细胞的组织发育方向变得愈来愈固定，直至调整能力完全丧失。胚胎发育到桑葚胚及囊胚阶段时，胚胎细胞发生初步的分化，单个卵裂球的调整发育能力减弱，若一枚分割胚仅有很少的几个卵裂球时，体外培养时可能发育为假囊胚，移植于受体后可能繁殖一段时间，但最终不会妊娠产仔。这一时期的胚胎在分割后，分离的成堆卵裂球可发挥调整发育能力而使分割胚重新致密化，使卵裂球重新分布而发育到囊胚。

生物体细胞的全能性已被许多实验所证实。近年来，随着对胚胎干细胞（embryonic stem cell，ES）和原始生殖细胞（primordial germ cell，PGC）的深入认识，发现它们也具有全能性和调整能力。

早期动物克隆方法是采用胚胎分割，即用显微术将未着床的早期胚胎一分为二、一分为四或更多次地分割，然后分别移植给受体，妊娠产生多个遗传性状相同的后代的克隆方法，由此发育成的动物个体，属于最简单的人工动物克隆方式。

2.细胞核移植的基本原理

随着对胚胎分割局限性认识及克隆技术的发展，人们开始研究核移植技术并取得成功，产生克隆动物的效率比分割技术大大提高，也就基本上替代了利用胚胎分割生产克隆动物的研究和开发。用于该技术的动物细胞又分为两种，一是来自早期胚胎，即胚胎细胞；二是来自成体动物的各种组织，即体细胞。

胚胎细胞、胚胎干细胞、胎儿成纤维细胞以及成体细胞的每一个细胞核具有相同的遗传物质。已分化细胞的细胞核移植到成熟卵母细胞中，可因其特殊因子的作用，使植入核基因表达被重新编排或调整，将“发育钟”拨回到受精状态，即恢复“全能性”。因此，经过核移植后的重组胚胎可以正常发育为具有相同遗传物质的新生个体。

三、动物克隆技术

(一)胚胎克隆技术

胚胎克隆技术主要是指胚胎分割、胚胎融合、胚胎核移植技术、重构胚的激活和克隆胚胎的培养和移植等,分别介绍于下。

1. 胚胎分割技术

所谓胚胎分割(embryo splitting)是将一枚胚胎用显微手术的方法分割成二分胚、四分胚甚至八分胚,经体内或体外培养,以得到同卵双生或同卵多生后代的技术,也是胚胎克隆的一种方法。

1)分割器械

分割胚胎的工具可用显微玻璃针或显微分割刀。玻璃针可用直径 2~3mm 的玻管拉制。要求针柄部长 50~60mm,针部长 40mm,针尖用于切割部(相当于刀刃)的长度为 20~30mm,直径约 15μm,针柄和针体部呈 160°的弯角,以便操作(图 8-3a)。显微分割刀有用手术刀片或不锈钢剃须刀片改装磨制而成的显微手术刀。把刀片用小钳折成宽 3~4 mm、长 15~20mm 的长条,在细油石或显微磨床上把尖端磨成割脚刀状(图 8-3b)或矛状(图 8-3c)的刀刃,分别用于垂直分割和水平分割。在磨制过程中要随时在显微镜下检查,刀刃要锋利且无缺口,刀体后端固定一个金属细柄,以便固定在操纵台上,也可以用盖玻片磨制玻璃显微刀

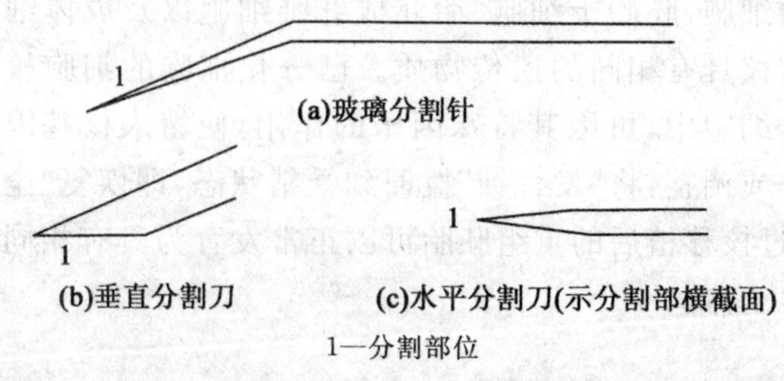

图 8-3 胚胎分割针及分割刀的分割部分示意图

片，还可以使用商品化的专用显微手术刀片进行胚胎分割。

2)胚胎预处理

为了减少切割损伤，胚胎在切割前一般用链霉蛋白酶进行短时间处理，使透明带软化并变薄或去除透明带。

3)胚胎分割

(1)早期胚胎卵裂球分离培养。对早期卵裂阶段的胚胎，一般采用卵裂球分离培养法进行同卵双生或同卵多生动物的培育。这一阶段胚胎因为卵裂球较大，直接切割对卵裂球的损伤较大。常用的方法是用微针切开透明带，用微管吸取单个或部分卵裂球，放入另一空透明带中，空透明带通常来自未受精卵或退化的胚胎。分割后的半胚由于胚细胞较少，需用琼脂包埋移入中间受体后在体内或直接在体外培养。琼脂包埋方法如下：将装入透明带的分割胚置入血清中，使血清充满透明带，用 0.9%NaCl 把琼脂分别溶解为 1.0%和 1.2%的琼脂液，将 1.0%的琼脂液倒入 3.5cm 的培养皿中，加温至 37℃，将胚胎放入琼脂液中；在包埋吸管中吸入一段含 20%血清的 PBS，紧接着吸入一个气泡，然后把胚胎依次吸入管中，冷却至室温后，使琼脂固定；取出含胚胎的琼脂柱到 20%血清 PBS 中，完成第一次琼脂包埋。再用类似的方法，用口径略大的包埋吸管进行第二层琼脂(1.2%)包埋。将包埋好的分割胚移入同期发情的受体，妊娠足月即可获得人工同卵双生动物。这种方法在小鼠上取得二分割成功，在绵羊、牛、马及山羊的早期胚胎分割中也证明具有较高的同卵双生率。

(2)桑葚胚和囊胚的分割。对于这一阶段的胚胎，可用固定吸管吸引固定胚胎或不进行固定而直接分割。操作时，把显微玻璃针或显微分割刀的分割部调节到胚胎的正上方，然后把针沿胚胎正中的二等分线向下移动，把胚胎轻轻压住，针稍微陷入透明带，继续下切，胚胎被压扁，调整分割针使其稍向前用力，胚胎即被切开。如果胚胎细胞或透明带仍部分连接，可使分割针继续沿长轴方向稍微运动，使其分离。但不可来回拉动分割针，以免胚细胞松散。直至胚胎一分为二，再把裸露半胚移入预先准备好的空透明带中,或直接移植给受体(图 8-4)。

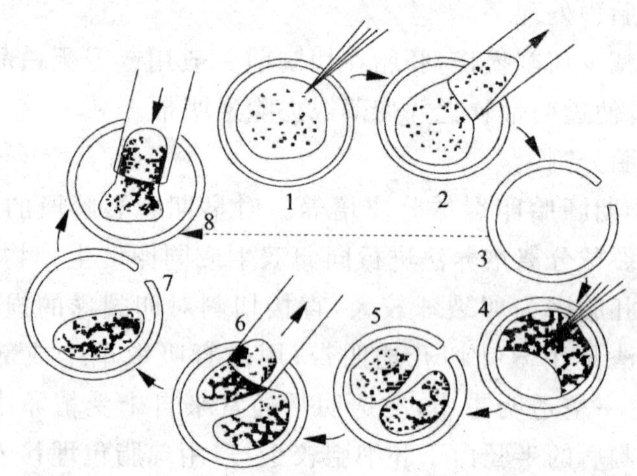

1—切开未受精卵的透明带;2—用毛细管吸出内容物;3—空透明带;
4—将胚胎分割为两群细胞;5—两枚半胚;6—吸出一枚半胚;
7—原透明带内留存一枚半胚;8—将吸出的半胚移入空透明带内

图 8-4　胚胎二分割步骤

4)分割胚的培养

分割后的半胚需放入空透明带中或者用琼脂包埋移入中间受体在体内或直接在体外培养。半胚的体外培养方法基本同体外受精卵的培养。体内培养的中间受体一般选择绵羊、家兔等动物的输卵管,输卵管在胚胎移入后需要结扎以防胚胎丢失。

5)分割胚胎的保存和移植

胚胎分割后可以直接移植给受体,也可以进行超低温冷冻保存。由于分割胚的细胞数少,所以耐冻性较全胚差,解冻后的受胎率也低于全胚。

2.胚胎融合技术

胚胎融合(embryo fusion)是指通过显微操作使 2 枚或 2 枚以上的受精卵或胚胎发育成为 1 枚胚胎的技术,由此发育而成的个体称为嵌合体(chimera)。胚胎所产生的嵌合体对发育生物学、免疫学、遗传学、医学和畜牧生产技术研究等具有十分重要的意义。哺乳动物嵌合体的研究报道主要是小鼠和绵羊。后来又建立了牛、猪、山羊嵌合体以及大鼠-小鼠种间嵌合体和马-斑马属间嵌合体。

通过操作早期胚胎可制备出大量的嵌合体，但一些非哺乳类的脊椎动物，胚胎或胚胎细胞的融合常常因为身体某些部位的重复，或者是已经激活的胚胎细胞不能被完全置换，由此造成身体某些部位的畸形。

哺乳动物的实验性嵌合体一般是通过操作附植前的胚胎制作的。一般将两个或几个胚胎进行聚合(聚合性嵌合体)，或者将细胞注射到囊胚(注射性嵌合体)。附植前早期胚胎嵌合体的制作方法可分为二种。

1)早期胚胎聚合法

该方法可采用从发育到2细胞至桑葚期的胚胎，但最常用的为8细胞阶段的胚胎，发育太早或太晚的胚胎，由于细胞之间的联系过于紧密，因此很难进行聚合。具体操作时先将透明带去掉，然后将两枚裸胚聚合，在 CO_2 培养箱中培养，使之发育到囊胚，再移植给受体，获得嵌合体个体。聚合用的培养液大多是0.05%～1%的植物血凝素(phyto haem agglutinin,PHA)。聚合过程有的在琼脂小凹中，有的用血凝滴定板，也有的在液体石蜡油中的小液滴中进行。一般在PHA中放置培养10～20min，也可先作用3～5min后再使两枚胚胎聚合。聚合后的胚胎用培养液洗两次，用Brinst液，改良PBS液或Witten液等培养20～24h，使之发育到囊胚阶段，然后再移植给受体。

2)分裂球聚合法

该方法常用于将发育阶段相同的两胚胎分裂球进行聚合，也可将发育阶段不同的胚胎分裂球聚合，制作嵌合体个体。通常是在一个透明带中，人为地将发育阶段不同胚胎的分裂球，或者分裂球与特殊的细胞(如肿瘤细胞)聚合在一起。按这种方式，使用2～16细胞期、桑葚胚后期的分裂球都可以培育出嵌合体个体。

3)囊胚注入法

注入法制备嵌合体是指当哺乳动物的受精卵发育到囊胚阶段且其已分化为两种明显不同的组织——内细胞团(ICM)和滋养层细胞以后,将目的细胞或细胞团注入囊胚腔,使注入细胞与内细胞团结合后共同发育,以获得嵌合体。也有人将某一囊胚的ICM完全用另一囊胚的ICM代替,这种方法称为囊胚重组,曾被成功地用来进行种间妊娠,制备的嵌合体其胎儿周围的胎膜来自另一种动物。这种方法可广泛用于研究基因型已知的ICM的发育能力和具有不同基因型的滋养层细胞之间在个体发育中的相互关系。

3. 胚胎细胞核移植技术

胚胎细胞核移植技术主要是以胚胎卵裂球的细胞作为核供体,进行细胞核移植,其方法和体细胞核移植基本相同。

利用体细胞核移植法克隆动物的基本操作步骤大体为:①体细胞的采集和培养:取动物某一组织体细胞在体外培养,经饥饿法或添加其他药品,诱导细胞使基因组重排,使基因的程序性表达重新从头开始,这样就使已失去全能性的体细胞恢复全能性;②采集卵细胞并去除卵细胞的细胞核;③取出体细胞的细胞核;④用显微注射法注入去除核的卵细胞中去;⑤将重组胚细胞在体外进行适当培养;⑥将转核胚置入同期母体子宫,完成发育,所产生的动物幼子为克隆动物(图8-5)。

4. 重构胚的激活

在正常受精过程中,精子穿过透明带触及卵黄膜时,引起卵子内钙离子浓度升高,卵子细胞周期恢复,启动胚胎发育,这一现象称激活。在胚胎克隆过程中,通常用一定强度的电脉冲作用于卵母细胞,造成卵母细胞内外膜结构出现瞬时通道,胞质内的钙离子进入受体核区,激活细胞核,恢复细胞周期,启动胚胎发育。在融合过程中,卵母细胞也可被激活,但激活率不高,还需要进行进一步的激活处理才能发育,这类重组胚在电融合完成后或胞质内注射后，还需要进一步的激活处理。激活处理方法包括电激活及化学激活两类。

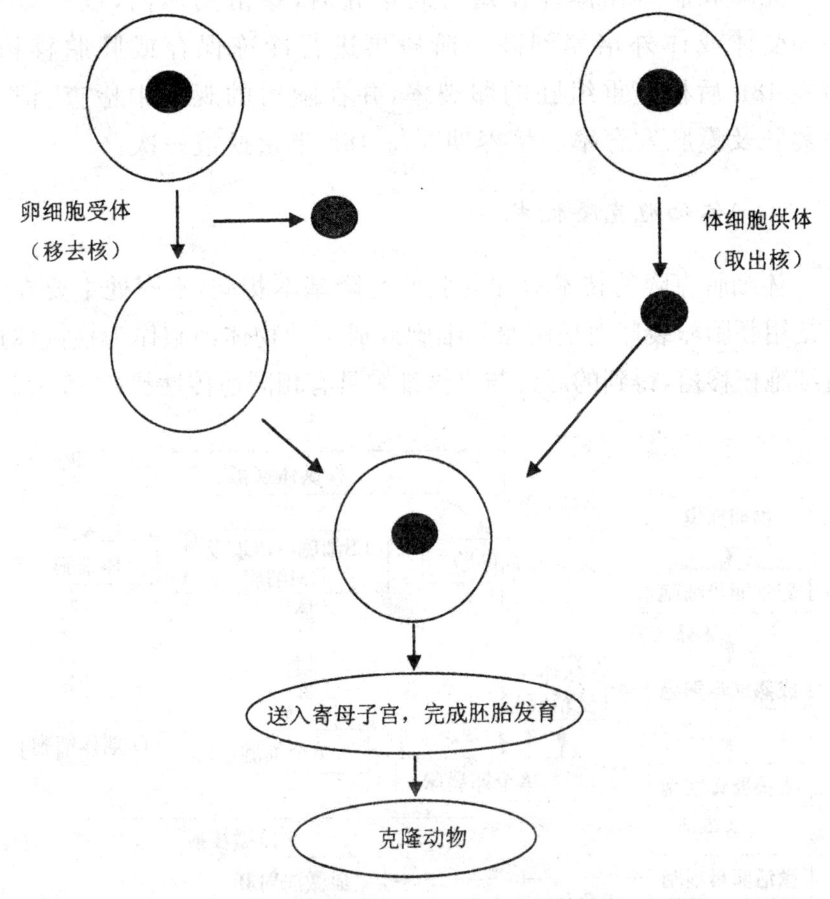

图 8-5 体细胞核移植法克隆动物的流程

电刺激是一种广泛运用的重构胚的激活方法，绵羊、猪等都用电激活的方法成功地产生了克隆后代。

除电激活法之外，单独使用化学激活剂也可对重组胚进行激活，这称为化学激活法。化学激活常用于已通过其他方式融合的重组胚激活，常用的化学激活剂包括 7％乙醇（处理 5～7min）、离子霉素（5μmol/L，处理 5min）、钙离子载体法 A23187（5μmol/L，处理 5min）、$SrCl_2$（氯化锶，5～10mmol/L，处理 30～180min，也有处理时间达 12h 者）。

5. 克隆胚胎的培养和移植

克隆胚胎可在体外作短时间培养后,移植到体内,也可以在中间受体或体外培养到高级阶段再进行冷冻保存或胚胎移植。培养 48h 后检查重组胚的卵裂率,并在随后的观察中检查、记录桑葚胚及囊胚发育率。培养期间每 48h 半量换液一次。

（二）体细胞克隆技术

体细胞克隆的技术程序与胚胎克隆基本相同,不同处主要在于不是用胚胎卵裂球而是用胎儿细胞或成年动物体细胞作为核供体进行细胞核移植,得到的后代与供体细胞具有相同遗传性状(图 8-6)。

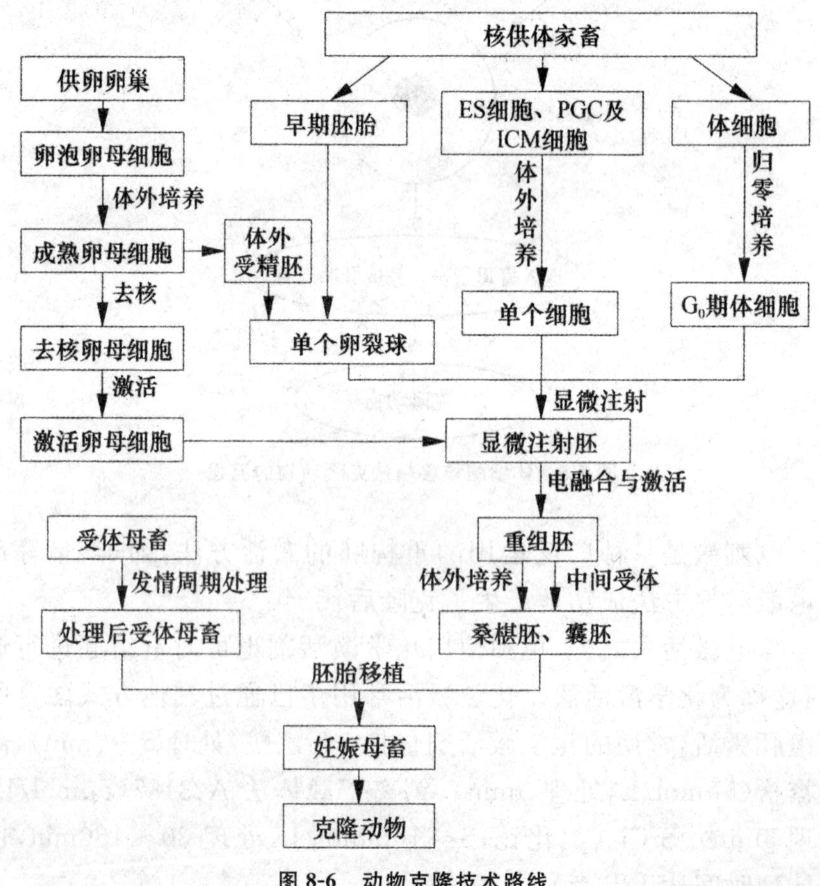

图 8-6　动物克隆技术路线

Dolly 羊与以往的克隆动物的最大区别是它的核供体是高度分化了的体细胞，而不是尚保留细胞全能性的早期胚胎细胞(图 8-7)。Dolly 羊的成功既证实了完全分化了的动物体细胞仍然保持着当初胚胎细胞的全部遗传信息，而且能够恢复全能性而形成完整个体。

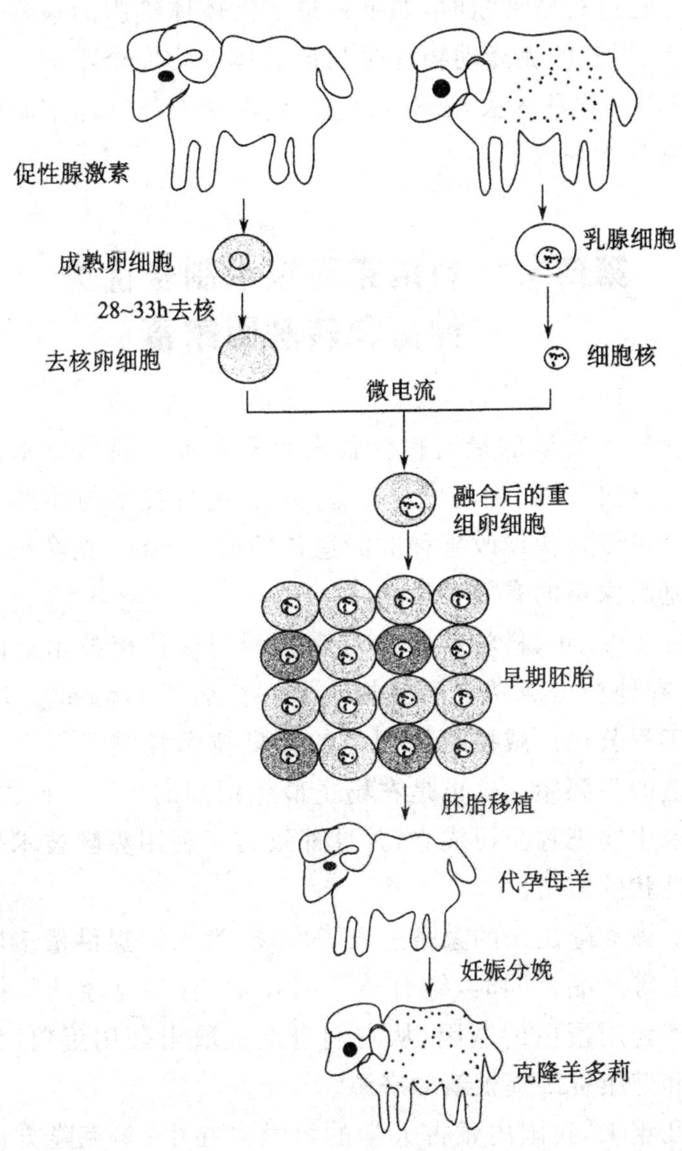

图 8-7　Dolly 羊的克隆示意图

但需要提醒的是,以单细胞培养出来的克隆动物并不是核供体动物的完全复制。众所周知,细胞核 DNA 并非包含机体全部的遗传信息,细胞质中线粒体 DNA 在机体某些遗传特征方面也起重要作用。细胞核含有成千上万的基因,细胞质线粒体 DNA 只有不到 50 个遗传基因,但其对动物大脑的发育和行为却有直接影响。在进行核移植时,如果只是把供体体细胞的核移入受体卵母细胞,得到的克隆动物有时和核供体动物完全不同。但若将线粒体 DNA 也移入去核卵母细胞,克隆动物与其体细胞提供者的行为就基本一致了。

第四节 利用克隆技术制备优秀种畜和转基因家畜

克隆技术发展的最直接受益者是畜牧业。克隆技术是动物繁殖、扩大优良动物种群的一个新手段,这种技术与传统的育种技术结合可以很快地改善种群的遗传结构。同时,克隆技术也是制备转基因家畜的有效手段之一。

早在 1985 年,科学家威拉得森就利用核移植技术克隆出了首例牛,在他获得成功之后就加入了一个名为 Grenada Genetics 的生物工程公司。威拉得森用他的克隆技术复制了很多具有高经济价值的牛胚胎。这也是农场主最想饲养的牛。在此之后,相继有多家生物工程公司成立,并且都致力于利用克隆技术生产具有优良性状的家畜。

这些被克隆出来的家畜进入了农场,为人们提供量多质好的奶、皮、毛等产品。同时,结合转基因技术,有些克隆动物携带了能够生产药用蛋白的基因,从它们身上提取出药用蛋白,为人类的医疗和健康资源提供新的来源。

近几年来,我国内蒙古大学的科学家在牛、羊克隆方面做了大量的研究工作,获得了一大批优秀种公羊和种公牛的克隆群体。这些克隆出来的种羊和种牛已经参与当地牧场的羊或牛的繁殖,取得了很好的经济效益和社会效益。

一、迅速扩繁同基因型的优秀个体

自1987年牛胚胎细胞核移植成功,牛克隆胚胎的重复克隆已达6个世代,并获得第三代克隆牛,由1枚胚胎反复克隆已得到190枚克隆胚胎,母牛繁殖后代数可呈几何级数增长。因此,随着克隆技术的不断完善,在畜牧业上可真正实现家畜胚胎的工厂化生产,迅速扩大同基因型的优良种群,从而大幅度提高现有畜群的生产水平,增加畜产品产量,改善畜产品质量。

二、动物克隆技术是动物育种的捷径

传统的动物育种方法是优选劣汰,以选择效应的世代积累实现动物群体的遗传改良。这种方法费时、费力、效率低,育成一个品种一般需要几代到几十代:动物克隆避免了优良基因组合在有性繁殖过程中的分离和漂变,把核移植、ES细胞培养与MOET育种等现代生物技术相结合,就能迅速提高优良基因及其组合在群体中的频率,扩大优良母畜的遗传贡献,从而大大加快育种进程,提高育种效率。

三、动物克隆技术是家畜遗传资源保护的有力措施

无论是家畜(禽)品种还是野生动物,其遗传资源保护在世界各地显得日益紧迫,刻不容缓。有了家畜体细胞克隆技术,我们可以将转基因技术和体细胞克隆技术恰当结合,对这两项技术进行整合、综合和优化,从而提高转基因动物的生产效率。目前,动物克隆技术和转基因技术的整合方式有两种:一种是以动物体细胞(包括动物成体细胞、胎儿成纤维细胞等)为受体,将目的基因

以 DNA 转染的方式导入能进行传代培养的动物体细胞中;另一种是以这些体细胞为核供体进行动物克隆。用体细胞转染技术进行目的基因转移,可以避免家畜生殖细胞来源困难和低效率。另外,这样的转基因体细胞系可以让我们实现转基因整合预检和性别预选,使基因转移效率大大提高。有人统计过,绵羊的体细胞克隆转基因技术比常规显微注射转基因技术所需动物数量减少 2.15 倍。对于与性别有关的性状而言,例如在乳腺中表达的产物,我们希望得到的转基因动物都是雌性,这样在泌乳阶段通过奶汁的摄取就可以获得转基因产物。转基因动物克隆技术的应用不仅可以使转基因动物后代数量迅速扩增,而且还能够实现传统的显微注射法所不能做到的大片段基因转移。更重要的是,在进行核移植之前,我们就可以判别核供体细胞是否带有我们想要的外源基因,这样可以保证我们获得的克隆胚胎都是转基因胚胎,产生的后代也都是转基因后代。如果转入的基因可以稳定地表达和遗传,我们还可以利用克隆技术进一步扩大转基因动物的数量。

事实上,在克隆绵羊获得成功的第二年,科学家就利用克隆技术获得了表达治疗人类血友病的凝血因子Ⅸ转基因克隆绵羊“波利”(Polly)。之后,人们陆续获得了转基因克隆猪、转基因克隆牛等。由此可见,动物克隆技术是高附加值转基因动物研究开发最重要的利器之一。

第五节 动物克隆存在的问题

动物克隆技术的出现震撼了整个世界,给畜牧生产、人类疾病的基因治疗等带来了巨大的变化,改善了人类的生活和健康水平。但科学家对克隆技术的认识远没有完结,已有越来越多的证据表明,克隆健康的动物远比想象的更为困难,克隆技术还存在很大风险。

一、技术尚不成熟

动物克隆实验的成功仍然具有极大的偶然性和随机性。迄今为止，克隆实验的成功率始终很低，很多在围生期就已经死亡，即使能在出生后存活，也能发育到青春期，但发育到成年仍有异常。例如，在培育 Dolly 的过程中，科学家从克隆出的 277 个绵羊胚胎中最终成功使母羊受孕并生产的只有 Dolly 一个，成功率只有 0.36%。而且，克隆动物基因组重新编程的机制尚不清楚，克隆技术效率低。

二、克隆动物的体细胞突变、寿命及其他遗传问题

在 1996 年 Dolly 诞生之初，科学家就密切关注着它的健康状况，通过对其身体的检测，人们发现 Dolly 在出生时并非一个彻彻底底的新生儿，因为它的部分细胞和器官具有成年绵羊才会有的特征。也就是说，刚出生的多莉已经具有某些衰老的特征了。在多莉 6 岁的时候，科学家发现它患上了关节炎，这一疾病通常情况下只会发生在老年羊身上。其实，在人们发现多莉的健康存在问题之前就对克隆动物的早衰及健康心生疑虑。法国研究人员获得的研究数据表明，一头用耳皮细胞作为核供体获得的克隆牛，其心脏和血液都存在致命的缺陷。在我国诞生的世界首例克隆山羊也因为肺部发育缺陷在出生后不到两天就死亡了。另外，在其他不同克隆动物身上也发现了各种各样的发育畸形。

其实，克隆动物的健康问题不仅仅体现在出生之后，在其出生之前人们就发现克隆胚胎的发育存在很多问题。通过正常的有性生殖获得的受精卵具有较高的发育率，其胚胎发育状况也比较正常。但是通过体细胞核移植获得的克隆胚胎的发育率低下，在发育过程中胚胎存在各种各样的发育障碍，有很多胚胎还没等到在子宫内着床就已经停止发育，即使个别胚胎能够着床，也可

能在分娩之前流产。这也是为什么克隆效率低下、获得一只克隆动物如此艰难的原因。

不仅如此,在出生的克隆动物中,人们经常会发现一些异常的生理表型,其中包括出生时胎儿体重过重、胎盘过大、围产期死亡率高、心肺功能不全、早衰等现象。所以,毋庸置疑的是,大多数克隆动物是存在健康问题的。

现有克隆动物技术已经出现了许多严重问题,包括克隆动物发育迟缓、心肺存在缺陷、免疫系统功能不全等先天性疾病或体型过大等基因上的缺陷。

克隆羊、克隆牛和克隆鼠都存在体型过度庞大的问题。而且,克隆牛、克隆羊、克隆猪也存在发育不良、免疫系统缺陷和心肺功能不健全的问题。即使没有以上问题,生产克隆动物费用昂贵,距大规模应用还有很多问题需要解决。

三、社会学和伦理学问题

“多莉”的诞生让人感到了不安和恐惧,因为按照“多莉”的克隆技术,人们已经听得见克隆人正在向人类步步逼近。英国理论物理学家霍金认为,“多莉”的出生标志着生物技术终有一天会将超人的理想变为现实,那时,就有可能由一部分具有特殊基因的人来统治其他没有特殊基因的人。

不少人认为克隆技术发展将对整个人类社会,尤其是医学界和生物学界带来巨大的福音。而持反对意见的主要是那些社会伦理学家。他们认为克隆技术一旦推广,那将是人类适德的沦丧。他们担心,培植人类胚胎细胞的计划最终将导致大量复制人类的出现。当人类的繁衍不是靠自然的交配而生育,却是靠高科技手段流水线作业式的定型复制,那么人类还能叫自然人类吗?地球又该用怎样的方式来接纳这批人类的复制品?而且,大量基因结构完全相同的克隆人,可能诱发新型疾病的广泛传播,这对人类的生存是不利的。而与技术问题相比,更令人担忧的是,克隆人将对现有社会的家庭结构、伦理体系造成巨大冲击。

“科学是一柄双刃剑”，善良的人们可以利用它来为人类服务，为人类造福，而邪恶的人们却能用它来危害人类的生存。任何科学技术的发展，都有利有弊，只要人类正确运用克隆技术，那么它一定会有益于人类。

参考文献

[1]李婉涛,张京和.动物遗传育种[M].3版.北京:中国农业大学出版社,2016.

[2]吴常信.动物遗传学[M].2版.北京:高等教育出版社,2016.

[3]李碧春.动物遗传学[M].3版.北京:中国农业出版社,2016.

[4]李碧春,徐琪.动物遗传学[M].2版.北京:中国农业大学出版社,2016.

[5]苏玉虹.动物遗传育种技术[M].北京:中国农业科学技术出版社,2012.

[6]龙敏南,楼士林,杨盛昌.基因工程[M].北京:科学出版社,2017.

[7]文铁桥.基因工程原理[M].北京:科学出版社,2017.

[8]张惠展.基因工程[M].4版.上海:华东理工大学出版社,2016.

[9]陈斌.动物遗传育种[M].2版.重庆:重庆大学出版社,2007.

[10]王铁岗.动物遗传育种基础[M].北京:化学工业出版社,2009.

[11]李宁,朱作言.动物遗传育种与克隆的分子生物学基础研究[M].北京:科学出版社,2009.

[12]陈国宏,张勤.动物遗传原理与育种方法[M].北京:中国农业出版社,2009.

[13]欧阳叙向.家畜遗传育种[M].2版.北京:中国农业出版

社,2013.

[14]刘榜.家畜育种学[M].北京:中国农业出版社,2007.

[15]张沅.家畜育种学[M].北京:中国农业出版社,2001.

[16]卢红.东平湖鲤的种质遗传特征研究[D].济南:山东大学,2013.

[17]李倩.微山湖四鼻须鲤鱼种质资源状况的初步研究[D].苏州:苏州大学,2010.

[18]郭金峰.三个黄颡鱼群体遗传多样性的微卫星标记分析[D].泰安:山东农业大学,2007.

[19]韦宇拓.基因工程原理与技术[M].北京:北京大学出版社,2017.

[20]静国忠.基因工程及其分子生物学基础——分子生物学基础分册[M].2版.北京:北京大学出版社,2009.

[21]金红星.基因工程[M].北京:化学工业出版社,2016.

[22]刘晓君,徐慧芳.转基因知多少[M].北京:中国社会出版社,2009.

[23]国家农业生命科学技术科普基地.转基因作物与我们的生活[M].北京:科学出版社,2016.

[24]梁成光.话说克隆技术[M].北京:中国劳动社会保障出版社,2013.

[25]沈孝宙.转基因之争[M].北京:化学工业出版社,2008.

[26]方舟子.食品转基因[M].上海:少年儿童出版社,2007.

[27]郑月茂.转基因克隆动物理论与实践[M].北京:科学出版社,2012.

[28]朱水芳.转基因产品[M].北京:中国农业科学技术出版社,2017.

[29]范兆廷.水产动物育种学[M].2版.北京:中国农业出版社,2012.

[30]杨青平.转基因解析[M].河南:河南人民出版社,2014.

[31]祁潇哲,黄昆仑.转基因食品安全评价研究进展[J].中

国农业科技导报,2013,15(4):14－19.

[32]王宇,沈文星.国内外转基因作物发展状况比较分析[J].江苏农业科学,2014,42(6):6－9.

[33]祁潇哲,贺晓云,黄昆仑.中国和巴西转基因生物安全管理比较[J].农业生物技术学报,2013(12):1498－1503.

[34]张成,刘定富,易先达.全球转基因作物商业化进展及现状分析[J].湖北农业科学,2011,50(14):2819－2823.

[35]陈洁君,张维,宛煜嵩,等.全球转基因作物发展现状及趋势[J].农业生物技术学报,2011,19(2):369－374.

[36]连丽霞,王永佳.美国与欧盟各国转基因食品安全管理比较研究[J].中国农业科技导报,2010,12(5):51－56.

[37]熊本海,李奎,罗清尧,等.转基因产品可追溯管理及溯源技术研究进展[J].农业生物技术学报,2012,20(8):965－970.

[38]杜长斌,孙孝文,楼允东,等.微卫星在水产动物种质资源研究方面的应用[J].水产学杂志,2000,13(1):68－73.

[39]孙效文,张晓锋,赵莹莹,等.水产生物微卫星标记技术研究进展及其应用[J].中国水产科学,2008,15(4):689－703.

[40]杜长斌,楼允东,沈俊宝,等.微卫星分子标记技术在鱼类遗传连锁图谱构建中的应用[J].上海海洋大学学报,2000,9(3):254－258.

[41]王思宁,赵琪,戴绍军.植物细胞核蛋白质组学研究进展[J].现代农业科技,2013(5):225－226.

[42]张钦.水牛、牦牛及马Y染色体分子遗传多样性研究[D].西安:西北农林科技大学,2015.

[43]张鑫.水牛6个Y染色体基因的拷贝数变异研究[D].西安:西北农林科技大学,2016.

[44]徐舒远.水牛Y-SNPs筛选及多拷贝基因鉴定[D].西安:西北农林科技大学,2014.

[45]代俊萍.浅谈“测交”在生产实践中的应用[J].中学生数理化(学研版),2013(8):62.

[46]徐新明,李彦飞,付雪峰,等.中国美利奴羊(新疆型)初生重的遗传力估计及非遗传因素分析[J].中国畜牧兽医,2014,41(6):168-171.

[47]陈颖,汪旭升,许玲莉,等.基因表达数量性状定位的研究进展[J].生命科学,2009,21(1):38-42.

[48]李潇.基因表达水平成为年老的标志[J].中国生物化学与分子生物学报,2007(4).

[49]李慧慧,张鲁燕,王建康.数量性状基因定位研究中若干常见问题的分析与解答[J].作物学报,2010(6).

[50]宋卫涛,薛敏开,李慧芳,等.北京鸭、娄门鸭和绍兴鸭杂交 F_1 代生长发育和肉用性能分析[J].中国家禽,2017,39(8):61-63.

[51]彭巍,徐尚荣,赛琴,等.补饲对母牦牛同期发情处理的效果分析[J].黑龙江畜牧兽医,2012(17):138-141.

[52]刁显辉,孟详人,刘玉峰,等.绵羊体外受精技术条件的比较研究[J].黑龙江畜牧兽医,2010(21):50-51.

[53]杨雪.分娩与断奶背膘厚度及产仔月份对母猪繁殖力的影响[D].石河子市:石河子大学,2014.

[54]李光轩.公猪精液品质与母猪繁殖力相关性研究[D].西安:西北农林科技大学,2014.

[55]王乐乐.体尺外貌表型测定在种猪生产中的应用研究[D].保定:河北农业大学,2015.

[56]姚雪瑞,许永男,金庆国,等.不同培养体系对延边黄牛卵母细胞体外受精胚胎发育率的影响[J].黑龙江畜牧兽医,2017(15):111-113.

[57]罗光彬,李元玲,贾俊龙,等.不同添加物质对猪卵母细胞体外成熟的影响[J].黑龙江畜牧兽医,2012(13):60-62.

[58]高光平,高桂生,张东林,等.中药对猪生长性能、腹泻和僵猪活化的影响[J].黑龙江畜牧兽医,2012(23):104-105.

[59]武瑞,富艳玲,高峰,等.中药乳膏剂对乳房炎奶牛乳腺

局部免疫影响的研究[J].黑龙江畜牧兽医,2007(9):87—88.

[60]闫春梅,张雅斌,郑伟,等.鸭绿江鲤鱼种质资源的微卫星分析[J].东北农业大学学报,2011,42(12):102—106.

[61]刘根娣.兰州大尾羊生长发育规律与屠宰性能及肉质分析研究[D].兰州:西北民族大学,2010.

[62]张丽,刘艳芬,贾汝敏,等.畜禽育种理论教学与学生育种实践能力培养[J].高等农业教育,2017(1):72—74.

[63]杨德成.浅谈如何搞好家畜种群选配[J].科技情报开发与经济,2011,21(2):180—181.

[64]王爱芳,贾旭升,杨建.如何制定奶牛场的选种选配计划[J].新疆畜牧业,2011(10):37—39.

[65]付海涵.奶牛生产管理软件的研究与开发[D].武汉:华中农业大学,2007.

[66]秦续彦.基于PDA奶牛智能育种管理系统的设计与实现[D].哈尔滨:东北农业大学,2010.

[67]谷波.浅述我国猪种资源的保护与利用[J].新课程(下),2012(6):181—182.

[68]王均辉,王舒宁.畜禽品种资源保存理论与方法的思考[J].中国畜牧兽医文摘,2014,30(5):53—54.

[69]李建江,宋锐,牛莳洲,林丽果.我国畜禽遗传资源保护利用现状分析[J].西北民族大学学报(自然科学版),2015,36(3):16—21.

[70]吐芽.畜禽遗传资源开发与可持续利用思考[J].中国畜禽种业,2017,13(2):3.

[71]蒋秋斐,罗晓瑜,洪龙,等.奶牛分子育种技术研究进展[J].中国畜牧兽医,2016,43(10):2694—2700.

[72]杨少华.中国荷斯坦牛TRIB3和SAA家族基因对产奶性状的遗传效应分析及功能验证[D].北京:中国农业大学,2015.

[73]张桂香.我国畜禽遗传资源开发与可持续利用的思考[J].中国农业科技导报,2014,16(3):23—28.

[74]何平.真核生物中的微卫星及其应用[J].遗传,1998,20(4):42－47.

[75]Schlotterrer C,Amos B,Tautz D. Conservation of polymorphic simple sequence loci in cetacean species[J]. Nature, 1991,354(6348):63－65.

[76]Tautz D. Hypervariability of simple sequences as a general source for polymorphic DNA markers[J]. Nucleic Acids Res,1989,17(16):6463－6471.

[77]W. Wang, Y. B. Yang, X. Y. Ma, X. L. Yu, and I. Hwang. Changes in Calpain and Caspase Gene Expression at the mRNA Level during Bovine Muscle Satellite Cell Myogenesis and the Correlation between the Cell Model and the Muscle Tissue [J]. Russian Journal of Bioorganic Chemistry,2017,43(3):270－277.

[78]You Bing Yang, Muthuraman Pandurangan, Dawoon Jeong,InHo Hwang. The effect of troglitazone on lipid accumulation and related gene expression in Hanwoo muscle satellite cell [J]. Journal of Physiology and Biochemistry,2013(69):97－109.

[79]You Bing Yang, Muthuraman Pandurangan, InHo Hwang. Changes in proteolytic enzymes mRNAs and proteins relevant for meat quality during myogenesis and hypoxia of primary bovine satellite cells[J]. In Vitro Cellular & Developmental biology-Animal,2012,48(6):359－368.

[80]You Bing Yang, Muthuraman Pandurangan, InHo Hwang. Targeted suppression of μ-calpain and caspase 9 expression and its effect on caspase 3 and caspase 7 in satellite cells of Korean Hanwoo cattle[J]. Cell Biology International,2012(36):843－849.

[81]You Bing Yang,Kyoung Mi Park,InHo Hwang. Viability of C2C12 mouse myoblast cells under chemical hypoxic condi-

tion[J]. Journal of Agriculture & Life Sciences, 2011, 42(1): 31－35.

[82]Rizwan Wahab, You Bing Yang, Ahmad Umar, Surya Singh, InHo Hwang, Hyung-Shik Shin, Young-Soon Kim. Platinum quantum dots and their cytotoxic effect towards myoblast cancer cells (C2C12)[J]. Journal of Biomedical Nanotechnology, 2012, 8(3): 424－431.

[83]王伟,杨又兵,曾珍珍,等. 两个黄河鲤鱼群体肌纤维特性及肌肉营养成分分析[J]. 黑龙江畜牧兽医,2017(6上):239－243,299.

[84]马秀英,王伟,庞有志,等. 两个黄河鲤鱼群体遗传多样性的微卫星标记分析[J]. 黑龙江畜牧兽医,2016(12上):22－26.